MikroComputer-Praxis

Herausgegeben von
Dr. L. H. Klingen, Bonn, Prof. Dr. K. Menzel, Schwäbisch Gmünd
Prof. Dr. W. Stucky, Karlsruhe

Programmiersprachen für Mikrocomputer

Ein Überblick

Von Wolfgang J. Weber, Frankfurt
und Dr. Karl Hainer, Frankfurt

Springer Fachmedien Wiesbaden GmbH

CIP-Titelaufnahme der Deutschen Bibliothek

Weber, Wolfgang J.:
Programmiersprachen für Mikrocomputer : ein Überblick / von Wolfgang J. Weber u. Karl Hainer. – Stuttgart : Teubner, 1990
(MikroComputer-Praxis)
ISBN 978-3-519-02665-5 ISBN 978-3-322-94719-2 (eBook)
DOI 10.1007/978-3-322-94719-2

NE: Hainer, Karl:

Gesamtherstellung: Druckhaus Beltz, Hemsbach/Bergstraße
Einband: P.P.K, S-Konzepte T. Koch, Ostfildern/Stuttgart

MikroComputer–Praxis

Herausgegeben von
Dr. L. H. Klingen, Bonn, Prof. Dr. K. Menzel, Schwäbisch Gmünd
Prof. Dr. W. Stucky, Karlsruhe

Programmiersprachen für Mikrocomputer

Ein Überblick

Von Wolfgang J. Weber, Frankfurt
und Dr. Karl Hainer, Frankfurt

Springer Fachmedien Wiesbaden GmbH

CIP-Titelaufnahme der Deutschen Bibliothek

Weber, Wolfgang J.:
Programmiersprachen für Mikrocomputer : ein Überblick / von
Wolfgang J. Weber u. Karl Hainer. – Stuttgart : Teubner, 1990
(MikroComputer-Praxis)
ISBN 978-3-519-02665-5 ISBN 978-3-322-94719-2 (eBook)
DOI 10.1007/978-3-322-94719-2

NE: Hainer, Karl:

Ursprünglich erschienen bei B.G. Teubner, Stuttgart 1990

Gesamtherstellung: Druckhaus Beltz, Hemsbach/Bergstraße
Einband: P. P. K, S-Konzepte T. Koch, Ostfildern/Stuttgart

Vorwort

Durch die Wahl einer Programmiersprache sind einerseits die Regeln festgelegt, nach denen man verfahren muß, um einen Computer in seinem Sinne zu instruieren und darin Prozesse anzustoßen. Andererseits gibt aber die Sprache auch Konzepte vor, die der Programmierer seinen Problemlösungen zugrundelegt. Dabei unterscheiden sich die verschiedenen Programmiersprachen zum Teil erheblich durch den Umfang der zur Verfügung stehenden Begriffe und Befehle.

Wir beschreiben im folgenden die Merkmale gängiger Programmiersprachen, die auch auf Kleincomputern wie zum Beispiel 16-Bit-Rechnern der Klasse IBM PC verfügbar sind. Ziel ist dabei, einen Eindruck von den Eigenarten der jeweiligen Programmiersprache zu vermitteln. Es wird keine Einordnung längs einer linearen Bewertungsskala angestrebt, sondern die Beschreibung der speziellen Möglichkeiten und der damit im Zusammenhang stehenden Einsatzbereiche. Nebenbei erhoffen wir uns eine Versachlichung einschlägiger Diskussionen zwischen den Verfechtern einzelner Sprachen - beruht doch häufig die Herabsetzung anderer Sprachen nur auf der Unkenntnis der dort jeweils vorhandenen Möglichkeiten und der vorgesehenen Verwendungen.

Nur in wenigen Gebieten ist der Wandel und der Ausbau des erforderlichen Kenntnisstandes so intensiv wie im Bereich der Computer und ihrer Anwendungen. Wenn wir uns hier vornehmen, einen Überblick über derzeit benutzte höhere Programmiersprachen für Mikrocomputer zu geben, so ist uns dabei bewußt, daß dieser Themenkreis ständigen Veränderungen ausgesetzt ist und daß die Bedeutung der herkömmlichen Programmierung in vielen Bereichen durch Anwendung von Programmgeneratoren, durch Computer Aided Software Engineering (CASE) und durch Einsatz "intelligenter" Systeme zurückgehen wird.

Unsere Darstellung richtet sich insbesondere an solche Leser, die bereits über Kenntnisse einer höheren Programmiersprache verfügen und einen Eindruck von den Möglichkeiten weiterer Programmiersprachen gewinnen möchten. Es ist jedoch nicht möglich, in diesem Rahmen vollständige Sprachbeschreibungen zu geben. Der Leser sollte daher auch nicht erwarten, nach der Lektüre des Buches in einer ihm bislang neuen Sprache selbständig programmieren zu können.

Um einen Vergleich der behandelten Sprachen zu erleichtern, sind die jeweiligen Beschreibungen so weit wie möglich ähnlich aufgebaut mit Abschnitten über Datenstrukturen, Anweisungen und Steuerstrukturen, Blockstrukturierung, Besonderheiten und Beispielprogramm. So soll der Leser in die Lage versetzt werden, eher abschätzen zu können, welche Programmiersprache geeignete Ausdrucksmöglichkeiten für einen gegebenen Aufgabentyp zur Verfügung stellt.

Richtlinien zur konkreten Entscheidung für oder gegen eine bestimmte Sprachimplementation wird der Leser hier nur zum Teil finden können. So gehen in vielen Fällen die Implementationen über die übliche Sprachnorm hinaus, zum Beispiel durch die Berücksichtigung weiterer Datentypen. Bei der Bewertung eines vorliegenden Programmentwicklungssystems stellen sich außerdem rein praktische Fragen, so zum Beispiel nach der zulässigen Größe des Quelltextes, nach dem Zeitbedarf für den Übersetzungsprozeß und für die Dauer der Programmausführung, nach der Qualität des erzeugten Maschinenkodes, nach der Güte des Editors, nach der Kompatibilität zu bereits existierenden Sprachimplementationen auf anderen Rechnern oder nach den Möglichkeiten zur Einbindung vorhandener Programmbibliotheken, auch aus anderen Programmiersprachen.

Zur Benutzung einer speziellen Sprachimplementation wird neben der Kenntnis der Syntax der jeweils verwendeten Programmiersprache noch weitergehendes Wissen benötigt über die benutzte Gerätekonfiguration, über das zugrundeliegende Betriebssystem und insbesondere über den Editor. Zur Erfassung und Korrektur der Quelltexte sind nun bildschirmorientierte Editoren gängig, mit denen die Bearbeitung mehrerer Zeilen möglich ist. Im Unterschied dazu wurde vor der Einführung von Bildschirmgeräten zeilenorientiert gearbeitet, was die Syntax der frühen Programmiersprachen beeinflußt hat. Zusätzlich sind bei kompilierenden Sprachen noch Kenntnisse über die Handhabung der Übersetzungs- und Bindeprozesse erforderlich. Interaktive Programmentwicklungsumgebungen bieten hier wichtige Erleichterungen und Hilfestellungen, und in der Praxis zeigt sich immer stärker ihre große Bedeutung.

Dieses Buch ist entstanden aus der Weiterentwicklung unserer Arbeitsunterlagen zu Lehrveranstaltungen mit Vorlesung und Praktikum, die wir an der Johann-Wolfgang-Goethe-Universität in Frankfurt am Main durchführten.

Unser Dank gilt den aktiven Teilnehmern unserer Veranstaltungen, insbesondere Herrn Alexander Piesenecker, der durch eine Mitschrift bei der Formulierung eines ersten Entwurfs mitwirkte, und Herrn Heiner Högel, der wertvolle Hinweise zu Einzelfragen gab. Ebenso danken wir dem Teubner-Verlag herzlich für die vertrauensvolle Zusammenarbeit.

Frankfurt a. M., im Juni 1990 W. J. Weber, K. Hainer

Inhaltsverzeichnis

Kapitel I

Einführung

Die Aufgaben, die mit Computern bearbeitet werden können, gliedern sich im wesentlichen in folgende Bereiche:

- numerische Berechnungen, zum Beispiel das Lösen von Gleichungssystemen für ein ingenieurwissenschaftliches Problem;
- Verwaltung und Bearbeitung großer Datenbestände, zum Beispiel die Lagerhaltung in einem Versandhaus;
- Überwachung und Steuerung von Abläufen, zum Beispiel von industriellen Fertigungsprozessen wie etwa Robotersteuerungen oder bei militärischen Anwendungen;
- symbolische Datenverarbeitung, zum Beispiel logische Ableitungen, Schlüsse und Beweise.

In Ermangelung eines passenden Namens (Denkmaschine?, kybernetischer Automat?) sprechen wir von "Computern" oder "Rechnern", obwohl diese Bezeichnung nur das erste der genannten Gebiete beschreibt. Für den Alltag ist wohl das zweite Gebiet am bedeutendsten, während das vierte in Zukunft noch an Bedeutung hinzugewinnen wird.

1 Programmiersprachen

Zu vielen Anwendungsgebieten gibt es Sprachen, die den besonderen Eigenarten der bearbeiteten Aufgaben in herausragender Weise Rechnung tragen. Als idealtypischer Vertreter für numerische Aufgaben kann FORTRAN genannt werden, für Echtzeitanwendungen eignen sich zum Beispiel PEARL und auch Ada, für die Zwecke der kaufmännischen Datenverwaltung wird weithin COBOL verwendet, und zur symbolischen Datenverarbeitung dienen besonders LISP und Prolog.

Insgesamt stellen die im folgenden besprochenen Programmiersprachen erst ein spätes Glied in der historischen Entwicklung zur Programmierung von Computern dar. Mußten anfangs die Befehle passend zu dem einzelnen Gerät als Folgen von Binärziffern ("0" und "1") kodiert werden, so entstanden in der Folge Assembler-Sprachen, die zwar in der Befehlsstruktur noch eng mit der jeweiligen Maschine verknüpft waren, jedoch schon zu wesentlich besser lesbarem Programm-Kode führten - jedenfalls für Spezialisten.

Der entscheidende Schritt gelang in der Mitte der fünfziger Jahre, als eine Arbeitsgruppe um J. Backus bei der Firma IBM in New York die erste Hochsprache, FORTRAN, entwickelte. Um 1960 entstand dann die Sprache COBOL durch eine Zusammenarbeit des Verteidigungsministeriums der Vereinigten Staaten von Amerika und der Firmen RCA und Remington-Rand-Univac. Seit dieser Zeit ist das Erstellen kleiner Programme nicht mehr nur einigen Fachleuten vorbehalten, sondern es kann prinzipiell von jedermann innerhalb weniger Wochen erlernt werden.

Mehrere hundert Programmiersprachen sind in der Literatur dokumentiert. Nur wenige davon haben eine weitere Verbreitung erlangt, und nur auf die bekanntesten können wir hier eingehen. Zur ihrer Einordnung geben wir einen grafischen Überblick über die Entwicklung der bekannteren Programmiersprachen wieder.

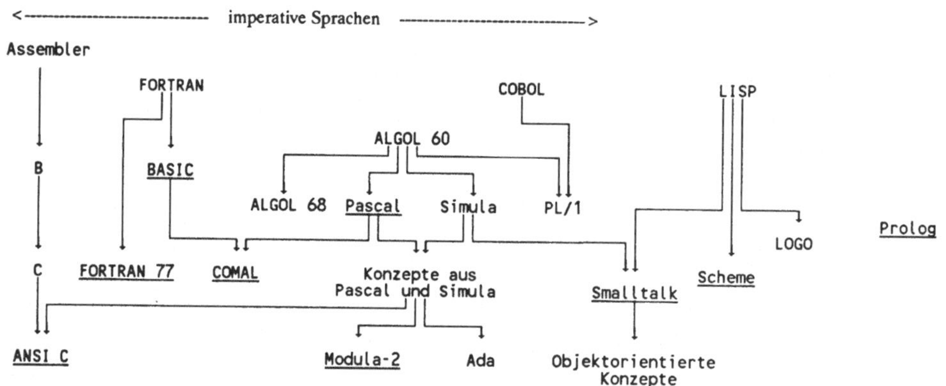

Abhängigkeit gängiger Programmiersprachen

Die größte Verbreitung haben die links aufgeführten Sprachen gefunden. Diese werden als imperative Sprachen bezeichnet, weil die damit erstellten Programme aus einer vorgegebenen Befehlsfolge des Programmierers bestehen, wodurch nach Kenntnis der Anfangsdaten die Reihenfolge der Abarbeitung festgelegt ist.

Hingegen sind Programmiersprachen wie LISP, Smalltalk und Prolog ganz anders aufgebaut. Sie werden als funktionale oder applikative (LISP), objektorientierte (Smalltalk) sowie als prädikative (Prolog) Sprachen bezeichnet. Daneben gibt es zahlreiche weitere Sprachen für Spezialaufgaben, wie etwa OCCAM zur Programmierung paralleler Prozesse, COMSKY zur Sprachverarbeitung und viele andere. Außerdem gibt es zunehmend "namenlose" Sprachen, die als Bestandteile kommerzieller Software Verbreitung finden, etwa zu dem Datenbank-Programm dBASE, zu dem integrierten Programmpaket Symphony oder als "Makro"-Sprache zu gängigen Textverarbeitungsprogrammen. Die in der Abbildung durch Unterstreichung markierten Sprachen werden in diesem Buch behandelt.

2 Ausführung von Programmen

Die Benutzung einer Hochsprache bedeutet, daß der Programmierer ein Quellprogramm erstellt gemäß den Sprachregeln. Es ist in einer Kunstsprache formuliert, die einerseits gewisse Ähnlichkeit mit natürlichen Sprachen hat und andererseits auch Elemente logischer und mathematischer Formeln aufweist. Anders als beim Gebrauch einer natürlichen Sprache hat in einem Programmtext jedes einzelne Zeichen und manchmal auch die Wahl von Groß- oder Kleinschreibung eine bestimmte, wohldefinierte Bedeutung. Wichtig ist nun, daß ein in einer Hochsprache geschriebenes Programm maschinenunabhängig ist.

Nachdem das Programm in einen Computer eingegeben ist, wird es anschließend mit Hilfe eines anderen Programms in die Maschinensprache des speziellen Rechners übersetzt. Für diese Übersetzung können zwei unterschiedliche Techniken angewandt werden: einerseits die Kompilation, andererseits die Interpretation.

Ein *Kompiler* übersetzt den Quellkode als Ganzes und erzeugt einen verschieblichen Maschinenkode, für den die endgültige Lage im Arbeitsspeicher des Rechners noch nicht festgelegt ist. In einem weiteren Arbeitsgang wird dieser Objektkode mit den benötigten Routinen aus den zur Programmiersprache gehörenden Standardbibliotheken sowie bei Bedarf zusätzlich mit Routinen aus weiteren Programmbibliotheken zusammengebunden. Damit entsteht ein lauffähiges Maschinenprogramm.

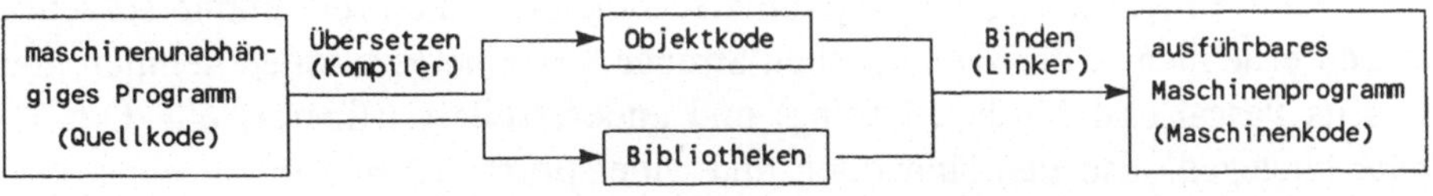

Vom Quellprogramm zum ausführbaren Maschinenprogramm

Dieser Maschinenkode wird dann mit einem gesonderten Befehl zur Ausführung gebracht, und die Ausführung kann ohne erneute Bezugnahme auf das Quellprogramm wiederholt werden, zum Beispiel für andere Eingabedaten.

Ein *Interpreter* hingegen übersetzt den gegebenen Programmtext stückweise und führt jeden einzelnen Befehl unmittelbar nach dessen Übersetzung sofort aus. Hier steht der Maschinenkode also nur temporär zur Verfügung. Dabei kann es sein, daß sich veränderte Maschinenspeicherinhalte bereits während der Interpretation des weiteren Quellkodes auswirken. Wiederholte Befehle, etwa innerhalb einer

Schleife, werden jeweils erneut übersetzt, was eine längere Laufzeit bei der Programmausführung zur Folge hat.

Interpreter sind für die Zwecke der Programmentwicklung komfortabler, da sie die Ausführung des entstehenden Programms ohne gesonderte Arbeitsschritte zum Übersetzen sowie zum Binden von Standard-Routinen erlauben und Fehlermeldungen sofort mit Verweis auf die fehlerhafte Stelle im Programmkode geben. Interpreter erlauben die direkte "interaktive" Arbeit am Computer, wie sie noch vor zehn Jahren die Ausnahme darstellte, während diese heute weit verbreitet ist.

Dennoch sind Kompiler häufiger anzutreffen als Interpreter, da die Datenverarbeitung in der Praxis jeweils durch die wiederholte Benutzung gewisser Standardprogramme charakterisiert ist. Hat man hier einmal ein korrektes lauffähiges Maschinenprogramm durch Übersetzen und Binden erhalten, so ist die Programmausführung wesentlich schneller als bei der Verwendung interpretierender Systeme, wo bei jedem erneuten Programmlauf das gesamte Programm interpretiert und dabei immer wieder erneut auf syntaktische Richtigkeit überprüft wird.

Als zweckmäßige Arbeitsweise hat es sich bewährt, zu einer interpretierenden Sprache zusätzlich Kompiler zu verwenden, soweit diese verfügbar sind. Dies bietet den großen Vorteil, daß Programme in der interpretierenden Programmentwicklungsumgebung zur endgültigen Form gebracht werden können; danach wird ihre Ausführung durch Kompilation beschleunigt.

Neuere kompilierende Programmentwicklungssysteme wie etwa Turbo Pascal oder Quick C können während der Kompilation bei fehlerhaftem Quellkode entsprechende Meldungen geben und veranlassen selbständig den Rücksprung in den Editor, so daß der Programmierer ähnlichen Komfort genießt wie bei der Benutzung von Interpretern.

Die gängigen Übersetzer prüfen nur die *Syntax*, d.h. die formale Korrektheit der Befehle eines Programms. Allerdings unterscheiden sich die Programmiersprachen zum Teil erheblich in der syntaktischen Strenge; extreme Positionen nehmen hier einerseits Pascal und Modula (streng) und andererseits C (liberal) ein. Die *Semantik* hingegen, also den sinnvollen und widerspruchsfreien Aufbau eines Programms, muß der Benutzer selbst überprüfen. Für spezielle Zwecke der Programmierausbildung gibt es vereinzelt auch bereits semantisch prüfende Übersetzer.

Kapitel II

Konzepte imperativer Programmiersprachen

Zum strukturierten Entwurf von Programmen in imperativen Programmiersprachen dienen allgemeine Konzepte, die unabhängig von der speziellen Programmiersprache sind. In den einzelnen Programmiersprachen sind sie in verschiedener Form und Auswahl realisiert. Sie werden deshalb in diesem Kapitel als Grundlage für die Ausführungen in den Kapiteln III bis VII bereitgestellt.

1 Daten, Datentypen und Datenstrukturen

Ein Programm bearbeitet jeweils Daten, zum Beispiel Zahlen, Einzelzeichen oder Texte. Hierbei ist jedes Datenelement insgesamt charakterisiert durch seinen Namen sowie durch seinen Typ, seinen Speicherplatz und seinen aktuellen Wert.

- Der *Name* dient zur Identifikation des Datenelements innerhalb des Quellkodes, er ist fest zugeordnet.
- Durch den *Typ* werden der Wertebereich, die zulässigen Operationen und die interne Darstellung des Datenelements festgelegt, bei strukturierten Datentypen auch die Art der Struktur. Die Festlegung des Typs erfolgt entweder explizit durch Typvereinbarungen oder manchmal implizit, beispielsweise mit Hilfe von Namensregeln. Die Typfestlegung muß bei der ersten Benutzung des zum Datenelement gehörenden Namens bereits durchgeführt sein. Deshalb ist es häufig auch zwingend vorgeschrieben, die entsprechenden Vereinbarungen bzw. Deklarationen am Anfang der jeweiligen Programmeinheit zu sammeln.
- Der Bedarf an *Speicherplatz* hängt vom Typ des Datenelements ab; hierbei sind die benötigten Speicherstellen zu Worten fester Binärstellenlänge zusammengefaßt. Die Adressen der Speicherworte, die zu den einzelnen Datenelementen gehören, werden bei der Erstellung des Maschinenprogramms im Zusammenhang mit der Übersetzung festgelegt. Entweder ist die Zuord-

nung des Objekts zum Speicherplatz statisch und erfolgt dann bereits beim Übersetzen des Programms - oder sie ist dynamisch und wird erst während der Programmausführung vorgenommen.

- In jedem Zeitpunkt seiner Existenz besitzt jedes Datenelement einen bestimmten *Wert*, der durch eine entsprechende Bitbelegung seines Speicherplatzes im zugehörigen Speicherbereich realisiert wird; dabei ist die Wertbelegung bei Konstanten fest, bei Variablen kann sie während des Programmlaufs verändert werden.

Vergleiche zwischen verschiedenen Datenelementen können nur dann sinnvoll angestellt werden, wenn es sich um Größen desselben Datentyps handelt; dann ist immer eine Untersuchung auf Gleichheit sowie auf Verschiedenheit möglich.

Sogenannte "skalare" Datentypen erlauben darüber hinaus Vergleiche bezüglich einer gegebenen Anordnung, wie sie etwa bei Einzelzeichen durch die Anordnung im Zeichenkode und bei ganzen oder reellen Zahlen durch den Größenvergleich vorliegt.

Für spezielle skalare Datentypen besteht zusätzlich die Möglichkeit, Vorgänger oder Nachfolger eines Datenelementes zu bestimmen; solche Datentypen werden "ordinal" genannt.

Die einfachen Datentypen (Grunddatentypen) sind Zahlen, Zeichen und logische Größen, worauf wir nun im einzelnen genauer eingehen wollen; im Anschluß daran werden strukturierte Datentypen besprochen.

1.1 Einfache Datentypen

Der Datentyp Ganze Zahl

Ganze Zahlen werden intern mit Hilfe ihrer Dualdarstellung exakt wiedergegeben. Beispiel:

$$13_{10} = 1101_2$$

Abhängig von der Anzahl der verfügbaren Binärstellen (Bits) im Speicherbereich für eine ganze Zahl können nur solche Werte dargestellt werden, die einem gewissen endlichen Teilbereich der unendlichen Menge aller ganzen Zahlen angehören; z.B. können bei einer Länge von n Bit die Werte zwischen -2^{n-1} und $2^{n-1}-1$ wiedergegeben werden. Es gibt damit eine kleinste und eine größte darstellbare ganze Zahl.

Zulässige Operationen und zugehörige Operatorzeichen sind:

- die Addition + und die Subtraktion - ; wie in der Mathematik wird das Zeichen - auch als Vorzeichen benutzt;

- die Multiplikation mit `*` als Produktzeichen; untersagt ist die in der Mathematik übliche Schreibweise des Produkts von Faktoren `a` und `b` durch Hintereinanderfügen der Konstanten oder Variablennamen, also die implizite Multiplikation `ab` mit der Bedeutung `a*b`.
- Die Division kann aus dem Wertebereich der ganzen Zahlen herausführen. Soll die Division ganzer Zahlen grundsätzlich ein ganzzahliges Ergebnis liefern, so spricht man von ganzzahliger Division; als zugehöriges Operatorzeichen dient dann häufig `DIV`, das den ganzzahligen Teil des Quotienten liefert. Beispiel: `19 DIV 6` ergibt `3`.
- Die Modulo-Arithmetik liefert den Rest bei der ganzzahligen Division; das Operatorzeichen ist häufig `MOD`. Beispiel: `19 MOD 6` ergibt `1`.
  Allgemein besitzt `i MOD j` für positive Werte von `i` und `j` denselben Wert wie `i - (i DIV j)*j`.
- Sofern die Potenzierung zum Sprachumfang gehört, wird dazu häufig eines der Zeichen ^, ↑ oder `**` verwendet.

Entsprechend den Gewohnheiten aus der Mathematik stehen diese Operationen in einer festen Rangordnung zueinander; mit Hilfe geeigneter Klammersetzungen kann davon abgewichen werden. Daraus ergibt sich die folgende Hierarchie beim Auswerten von ganzzahligen Rechenausdrücken: Klammernpaare binden am stärksten, danach werden Potenzierungen ausgewertet, anschließend werden Vorzeichenoperationen berücksichtigt, und es folgen dann auf gleicher Stufe Multiplikation, ganzzahlige Division und Modulo-Arithmetik, schließlich auf letzter Stufe Addition und Subtraktion. Bei gleichrangigen Operationen in einem Ausdruck wird häufig die Auswertung von links nach rechts vorgenommen.

Als Vergleichsoperatoren zwischen ganzen Zahlen stehen =, ≠, >, ≥, < und ≤ zur Verfügung. Mit Ausnahme der größten und kleinsten zulässigen ganzen Zahl sind immer Vorgänger und Nachfolger definiert, so daß "ganze Zahl" einen ordinalen Datentyp darstellt.

Der Datentyp Reelle Zahl

Zur Wiedergabe reeller, nicht notwendig ganzer Zahlen wird auf ihre normalisierte Dualdarstellung Bezug genommen. Beispiel:

$$1.5_{10} = 1.1_2 = 0.11_2 * 2^1$$

Die letzte Darstellung wird als normalisiert bezeichnet, da der Vorkommateil Null ist und zugleich die erste Dualstelle des Nachkommateils, der Mantisse, von Null verschieden ist.

Für jedes derartige Datenelement steht eine feste Anzahl von Dualstellen zur Aufnahme der Mantisse und des Exponenten zur Verfügung; deshalb ist nur eine endliche Teilmenge aus der Menge der rationalen Zahlen mit abbrechender Dualbruchentwicklung und beschränktem Exponent exakt darstellbar. Weitere reelle

Zahlen können näherungsweise wiedergegeben werden, indem ihre Dualbruchentwicklung gerundet oder abgebrochen wird, soweit sich der zugehörige Exponent innerhalb der zulässigen Schranken befindet; das betrifft alle rationalen Zahlen p/q, deren Nenner q keine Zweierpotenz ist, sowie alle reellen Zahlen, die nicht rational sind.

Die endliche Wortlänge hat bei diesem Datentyp also wichtige Folgen:

- Die reellen Größen besitzen eine feste relative Genauigkeit.
- Es gibt eine größte und eine kleinste darstellbare positive reelle Zahl.
- In einer Umgebung von Null liegen diese Zahlen dichter als für betragsmäßig größere Zahlen.
- Rechenergebnisse und Zwischenergebnisse müssen immer wieder auf die Wortlänge reduziert werden; dabei führt insbesondere die "Auslöschung" bei der Subtraktion nahezu gleich großer Zahlen zu starken Genauigkeitsverlusten. Durch derartige Rechenfehler und ihre mögliche Anhäufung kann die erwartete endliche Rechengenauigkeit wesentlich beeinträchtigt werden.

Beispiel: Wenn für reelle Größen a, b, c gilt, daß a sehr groß ist gegenüber b und c, so kann die Auswertung des Ausdrucks a+(b+c) einen anderen Wert liefern als die Auswertung des Ausdrucks (a+b)+c. Die Gültigkeit des Assoziativgesetzes der Addition ist also in solchen Fällen nicht gewährleistet, und Entsprechendes gilt auch für die Multiplikation sowie die anderen Gesetze der elementaren Algebra.

Zulässige Operationen sind die Grundrechenarten mit den Operatorzeichen +, -, *, die Division mit dem schrägen Bruchstrich / sowie die Potenzierung; es gilt dieselbe Hierarchie, die beim Datentyp Ganze Zahl geschildert wurde.

Zwar werden hier zum Teil dieselben Zeichen verwendet wie bei den entsprechenden Operationen für Größen vom ganzzahligen Datentyp, jedoch müssen diese Operationen maschinenintern anders realisiert werden, weil sie auf andere interne Darstellungsformen der Zahlen zugreifen. Die jeweilige Ausführung muß daher beim Übersetzungsprozeß passend bestimmt werden auf Grund des Datentyps der beteiligten Operanden.

Zusätzlich zu den genannten Rechenoperationen gehören üblicherweise gewisse Standardfunktionen zum Sprachumfang oder zu einer ergänzenden Standardbibliothek: der Absolutbetrag und eine Auswahl der elementaren transzendenten Funktionen aus der Mathematik wie zum Beispiel Quadratwurzel, Logarithmus, Exponentialfunktion und trigonometrische Funktionen. Die hiervon benötigten Funktionswerte werden intern durch einfache Näherungsfunktionen wie etwa geeignete Polynome im Rahmen der endlichen Genauigkeit approximiert.

Insbesondere wird die Potenzierung x^y für reelle x und y mit Hilfe von Exponentialfunktion und Logarithmus ausgewertet auf Grund des Zusammenhangs

$$x^y = (e^{\ln x})^y = e^{y*\ln x}$$

Dies hat die folgenden Konsequenzen:

- Einerseits kann der Exponent y beliebig reell gewählt werden, andererseits muß aber zugleich für die Basis x die Ungleichung $x > 0$ erfüllt sein.
- Von der Verwendung der Potenzschreibweise x^y sind dann solche Fälle ausgenommen, in denen ein Rechenausdruck der Gestalt x^y auch für $x \leq 0$ Sinn hätte: z.B. wenn y einen ganzzahligen reellen Wert aufweist oder wenn y von der Form $^1/(2k+1)$ mit ganzzahligem k ist, so daß also eine Wurzel ungerader Ordnung aus x gewünscht würde.
- Auf Grund der endlichen Rechengenauigkeit und der verwendeten Näherungswerte für Exponentialfunktion und Logarithmus ist es möglich, daß für ganzzahlige reelle x und y ein nicht-ganzer Wert x^y übergeben wird. Bei manchen Programmiersprachen findet während des Übersetzungsprozesses eine Optimierung statt, bei welcher für kleine natürliche Zahlen y reellen Typs die Potenzierung x^y auf die wiederholte Multiplikation der Basis x zurückgeführt wird; in solchen Fällen ist auch $x \leq 0$ zugelassen.

Wie beim Datentyp Ganze Zahl werden im allgemeinen auch hier die Vergleichsoperatoren $=$, $\neq$, $>$, $\geq$, $<$ und $\leq$ angeboten. Jedoch sind Untersuchungen auf Gleichheit reeller Zahlen immer problematisch, denn infolge Darstellungs- und Rundungsfehlern können sie zu falschen Entscheidungen führen.

Da nur endlich viele Zahlen dieses Datentyps darstellbar sind, könnten mit Ausnahme der Extremwerte immer Vorgänger und Nachfolger gebildet werden - allerdings in Abhängigkeit von der jeweiligen Rechenanlage; deshalb werden solche Operationen für diesen Datentyp nicht vorgesehen.

Zahlreiche Implementationen gängiger Programmiersprachen bieten zusätzlich einen Datentyp "reelle Zahl höherer Genauigkeit" an. Mehrere Speicherworte dienen dann zur Aufnahme des jeweiligen Datenelements, so daß eine erhöhte Dualstellenanzahl von Mantisse und Exponent erfaßt werden kann. Dadurch ergibt sich eine wesentliche Vergrößerung der relativen Genauigkeit und des zulässigen Exponentbereichs im Vergleich zu reellen Zahlen einfacher Genauigkeit. Dabei gelten die obigen Bemerkungen zu Darstellungs- und Rundungsfehlern sowie zur Abfrage auf Gleichheit analog.

Der Datentyp Einzelzeichen

Neben den numerischen Grunddatentypen werden als Daten in Programmen auch Texte benutzt. Sie sind aus Einzelzeichen zusammengesetzt; der Zeichenvorrat besteht aus Buchstaben, Ziffern und weiteren Zeichen, die Sonderzeichen genannt werden. Hierbei werden jeweils die zulässigen Einzelzeichen intern mit Hilfe eines speziellen Kodes dargestellt. So vermittelt zum Beispiel der 7-Bit-ASCII-Zeichensatz eine Zuordnung zwischen den ganzen Zahlen von 0 bis 127 einerseits und den verfügbaren Zeichen andererseits; eine Erweiterung ist der 8-Bit-Kode, welcher von der Gerätefamilie IBM-PC und PS/2 verwendet wird. Häufig stehen Umwandlungsfunktionen zwischen Kodenummer und zugehörigem Zeichen zur Verfügung, etwa CHR: Nummer → Zeichen, ORD: Zeichen → Nummer. Unter Bezugnahme auf die verwendete Kodierung ist der Datentyp Einzelzeichen ordinal.

Den verschiedenen verbreiteten Kodierungen liegen zwar verschiedene Anordnungen der Zeichen zugrunde, doch gilt grundsätzlich:

"A" < "B" < ... < "Z", "a" < "b" < ... < "z", und "0" < "1" < ... < "9".

In diesen Bereichen wird also die natürliche Reihenfolge eingehalten, und diese Bereiche liegen jeweils voneinander getrennt. Die in deutschen Texten verwendeten Umlaute und das ß gelten als Sonderzeichen, ebenso wie andere nationale Eigenzeichen (å, ç, ñ usw.). Ihre Ordnung ist nicht allgemeingültig festgelegt.

Der Datentyp Logische Größe

Im Zusammenhang mit Entscheidungen treten logische Größen auf (auch: Boolesche Größen, nach dem englischen Logiker G. Boole). Ihr Wertebereich sind Wahrheitswerte: die logischen Konstanten "wahr" und "falsch".

In manchen Sprachen sind logische Größen nicht als eigener Datentyp vorhanden; sie werden dann durch Zahlen simuliert: 0 für "falsch" und $\neq 0$ für "wahr".

Logische Werte können durch Anwendung von Vergleichsoperatoren auf zwei Ausdrücke desselben Datentyps entstehen. Hierbei sind Untersuchungen auf Gleichheit sowie Verschiedenheit für alle Datentypen zugelassen, jedoch gelten für reelle Größen die bereits erwähnten Einschränkungen; Vergleiche mit $>$, $\geq$, $<$ und $\leq$ sind nur bei skalaren Datentypen möglich. Manchmal werden auch die logischen Größen mit einer festgelegten Anordnung als skalar aufgefaßt.

Weiterhin entstehen logische Werte durch Anwendung von logischen Operatoren auf logische Ausdrücke. Zu den logischen Operatoren gehören die logische Verneinung (Negation, Komplement, "nicht"), das logische Und (Konjunktion) und das logische Oder (Disjunktion) mit den Wertetabellen

a	nicht a
w	f
f	w

a	b	a und b	a oder b
w	w	w	w
w	f	f	w
f	w	f	w
f	f	f	f

Sie sind üblicherweise in allen Programmiersprachen realisiert, und bekanntlich kann jede logische Funktion daraus durch geeignete Kombination aufgebaut werden. Unabhängig davon wird in manchen Programmiersprachen zur Vereinfachung zusätzlich eine Auswahl aus Äquivalenz, Nichtäquivalenz (Antivalenz, "entweder-oder") und Implikation angeboten:

a	b	a äqv b	a näqv b	a imp b
w	w	w	f	w
w	f	f	w	f
f	w	f	w	w
f	f	w	f	w

Leider ist in den verschiedenen Programmiersprachen weder die Rangfolge der logischen Operationen untereinander einheitlich festgelegt noch die Hierarchie mit den Vergleichsoperatoren und den anderen Operationen zu den jeweiligen Datentypen. Bei komplexeren Ausdrücken ist darüber hinaus auch die Auswertungsrichtung, von links nach rechts oder umgekehrt, bei verschiedenen Sprachen uneinheitlich. Abweichungen von der jeweiligen Auswertungsreihenfolge können immer durch passende Klammerung erreicht werden.

Bei logischen Ausdrücken mit den Operatoren "und" sowie "oder" kann als Besonderheit die Situation auftreten, daß der Wert bereits durch einen Operanden festgelegt wird: "a und b" ergibt den Wert "falsch", wenn einer der Operanden diesen Wert beiträgt, unabhängig vom Wert des anderen Operanden; entsprechend führt "a oder b" auf den Wert "wahr", wenn bereits einer der beiden Operanden diesen Wert einbringt. In manchen Programmiersprachen bzw. Sprachimplementationen wird dann eine sogenannte Kurzschlußauswertung (short circuit evaluation) ausgeführt oder unter gesondertem Namen angeboten; dies bedeutet, daß in den genannten Fällen die Auswertung des rechten Operanden unterbleibt, falls der linke Operand bereits den Wert des Ergebnisses festlegt. Die Vorteile liegen einerseits in der Zeitersparnis, andererseits können damit auch Fehler während der Programmausführung vermieden werden (Laufzeitfehler), wie sie etwa in dem folgenden Beispiel für x=0 auftreten, falls keine Kurzschlußauswertung vorgenommen wird:

```
wenn ((x=0) oder (y=1/x)) dann ...
```

Wenn die Sprachdefinition keine Aussage über das Verhalten in dieser Situation enthält, so muß man davon ausgehen, daß keine Kurzschlußauswertung stattfindet.

1.2 Strukturierte Datentypen

Strukturierte Datenobjekte setzen sich aus einzelnen Bestandteilen einfacherer Typs zusammen. Beispielsweise entstehen Zeichenketten durch Aneinanderfügen von Einzelzeichen.

Die Datenstruktur Feld

Ein Feld (array) ist eine Zusammenfassung von Elementen gleichen Typs unter einem Namen. Die einzelnen Komponenten des Felds werden mittels eines Index gekennzeichnet; zur Indizierung dienen häufig natürliche bzw. ganze Zahlen, allgemeiner auch ordinale Datentypen. In der Regel werden die Feldkomponenten maschinenintern in aufeinanderfolgenden Speicherplätzen abgelegt, so daß damit eine Analogie zu Vektoren gegeben ist.

In Abhängigkeit vom (gemeinsamen) Typ der Elemente können hierdurch zum Beispiel Felder ganzer Zahlen oder Felder logischer Größen gebildet werden. Auch ist es manchmal möglich, ein Feld aus Feldern aufzubauen; für den Zugriff auf die einzelnen Komponenten werden dann zwei Indizes benötigt, entsprechend wie bei Matrizen. Jedoch wird die wiederholte Anwendung des Begriffs Feld auf sich selbst meistens umgangen, und statt dessen werden höherdimensionale Gebilde als Felder mit mehreren Indizes zugelassen. Die Maximalzahl der Indizes ist sprachabhängig. Für jedes Feld wird die Anzahl und der zulässige Wertebereich der Indizes in der Typvereinbarung individuell festgelegt.

Operationen auf Feldern können immer durch Operationen über die Komponenten bewerkstelligt werden. Darüber hinaus sind manchmal auch Operationen für ganze Felder möglich, etwa Wertübertragungen bei Feldern gleicher Struktur und gleichen Typs der Elemente oder unter derselben Bedingung eine Untersuchung auf Gleichheit bzw. Verschiedenheit.

Zeichenketten

Eine Zeichenkette (string) ist eine verbundene Folge von endlich vielen Einzelzeichen.

Falls mit den Typvereinbarungen für die Namen von Zeichenketten bereits die Kettenlänge festgelegt werden muß, so entsteht eine Analogie zu Feldern, deren Komponenten nacheinander die einzelnen Zeichen der Zeichenkette enthalten; in manchen Programmiersprachen werden Zeichenketten auf diese Weise unmittelbar als Felder von Einzelzeichen aufgefaßt. Trotzdem gestaltet sich die Verwendung von Zeichenketten immer im Sinn dynamischer Datenstrukturen: Jede Zeichenkette kann eine variable Anzahl von Einzelzeichen aufnehmen bis hin zur maximalen bzw. vereinbarten Kettenlänge; nicht belegte Zeichenstellen werden bei Bedarf durch ein spezielles Zeichen markiert.

Die folgenden Operationen werden im Zusammenhang mit Zeichenketten benutzt und bilden die Grundlagen der Verarbeitung von Texten: weitere Zeichen einfügen, Teilketten löschen, Zeichenketten aneinanderfügen (Verkettung, Konkatenation), Länge einer Zeichenkette bzw. ihres belegten Teils ermitteln sowie die Position einer gegebenen Teilkette auffinden. Im Fall festgelegter Kettenlänge muß beim Einfügen von Zeichen sowie bei der Verkettung darauf geachtet werden, daß die Länge der Ergebniskette nicht überschritten wird; dies ist immer erforderlich bei statischer Speicherverwaltung, wo der Speicherplatz bereits während der Übersetzung zur Verfügung gestellt wird. Bei Sprachen, in denen die Kettenlänge nicht festgelegt zu werden braucht, kann dann für die Ergebnisvariable der benötigte Speicherplatz erst während der Laufzeit des Programms ermittelt werden; dies erfordert eine dynamische Speicherverwaltung.

Neben die genannten Operationen treten noch die Vergleiche mit Hilfe von $=$, $\neq$, $>$, $\geq$, $<$ und $\leq$ hinsichtlich Übereinstimmung, Verschiedenheit bzw. lexikographischer Anordnung auf Grund der Reihenfolge, die für die Einzelzeichen gilt.

Die Datenstruktur Verbund

Von einem Verbund (record) spricht man, wenn Elemente möglicherweise verschiedenen Typs unter einem Namen zusammengefaßt sind und die einzelnen Bestandteile durch Komponentennamen gekennzeichnet werden. Namen und Typ der Bestandteile müssen durch entsprechende Deklarationen festgelegt sein.

Als Beispiel dafür kann eine Angabe von Name, Geburtsdatum und Anschrift dienen, die den Inhalt einer Karteikarte aus einer Personalkartei repräsentiert. Die Bezeichnungen "Name", "Geburtsdatum" und "Anschrift" können dabei zugleich als Komponentennamen benutzt werden; hier sind die Komponenten selbst wieder untergliedert: der Name kann in Vorname und Zuname zerlegt werden, die Anschrift besteht aus Straße, Hausnummer und Wohnort. Die gesamte Kartei mit Eintragungen, die dem Inhalt von Karteikarten entsprechen, kann als Feld von Verbunden angesehen werden.

Dynamische Datenstrukturen

Die bisher erläuterten Datenobjekte liegen in ihrem Aufbau und Speicherplatzbedarf bereits zu Beginn des Programmlaufs fest, und sie werden deshalb auch als statische Datenstrukturen bezeichnet. In Abhängigkeit vom jeweiligen Sprachkonzept ist dabei die Zuordnung der zugehörigen Speicherplätze entweder fest vorgegeben für die gesamte Dauer der Programmausführung, oder es werden feste Speicherbereiche zu definierten Zeitpunkten zugeordnet bzw. freigegeben, etwa beim Eintritt in ein Unterprogramm bzw. beim Verlassen des Unterprogramms.

Darüber hinaus werden zur Beschreibung von Algorithmen auch sogenannte dynamische Datenstrukturen verwendet. Bei ihnen ist der Bedarf an Speicherplatz während des Programmlaufs veränderlich, liegt also nicht von vornherein fest; daher können die Plätze nicht zu Beginn des Programmlaufs zugewiesen werden. Die Realisierung ist also nur in solchen Programmiersprachen möglich, die über dynamische Speicherplatzorganisation und zusätzliche weitere Konzepte verfügen, damit die interne Verwaltung korrekt ausgeführt und überwacht werden kann.

Allgemein werden dynamische Datenstrukturen in imperativen Sprachen durch verkettete Strukturen realisiert. Die Datenelemente sind Verbunde, die neben dem aufgenommenen Wert eines bestimmten Datentyps noch Informationen über die Verkettung enthalten (Zeiger).

Die einfachsten Beispiele dynamischer Datenstrukturen bilden einfach verkettete lineare Listen. Hier enthält jedes Datenelement zusätzlich einen Verweis auf das nächste Element. Dadurch wird die physikalische Speicherung unabhängig von der logischen Reihenfolge der Elemente. Auch können während der Laufzeit des Programms weitere Datenelemente an beliebiger Stelle einfach eingefügt werden, indem eine geeignete Anpassung der Verkettung vorgenommen wird und ohne daß sonstige Veränderungen der Speicherbelegung erforderlich wären. Das Ende einer solchen Liste ist dadurch gekennzeichnet, daß das letzte Datenelement keinen Verweis auf ein weiteres Datenelement aufnimmt, sondern mit einer speziellen Markierung versehen ist (Nullzeiger).

Eine *Schlange* (queue) ist ein Spezialfall einer einfach verketteten linearen Liste; Elemente werden nur am Ende angefügt und nur am Anfang entfernt (first in, first out).

Einen anderen Sonderfall bildet der *Stapel* (Kellerspeicher, stack); bei ihm kann jeweils nur über das zuletzt gespeicherte Datenelement verfügt werden, nach dessen Löschung über das vorletzte usw. (last in, first out).

Werden mehrfach verkettete Listen gebildet, so können zum Beispiel auch mehrdimensionale Gebilde sowie zyklische Strukturen entstehen.

Weitere dynamische Datenstrukturen sind *Bäume*. Hier können die Elemente mehrere Nachfolger besitzen; jedoch gibt es zu jedem Element vom Anfang (Wurzel) des Baumes her genau einen Weg. Wird auch eine Struktur mit keinem Element als Baum angesehen, so kann man sagen, daß auf jedes Baumelement weitere Unterbäume folgen. Existieren immer zwei Nachfolger, so liegt ein *Binärbaum* vor; dies ist die am häufigsten verwendete Baumstruktur.

2 Anweisungen und Steuerstrukturen

Zum Entwurf und zur strukturierten Beschreibung von Algorithmen erweisen sich gewisse Konzepte als dienlich, mit denen immer wieder auftretende Abläufe bzw. deren charakteristische Bestandteile übersichtlich beschrieben werden können.

Nach einem Ergebnis der Theoretischen Informatik läßt sich allein mit Hilfe von Alternative, Iteration und Sequenz jede Programmstruktur zusammensetzen, soweit sie keine Zyklen mit mehreren Ein- oder Ausgängen besitzt.

Es ist jedoch bewährt und auch in vielen Programmiersprachen realisiert, über die erwähnten Grundkonstruktionen hinaus zusätzliche Strukturkonzepte zu verwenden, so daß die entstehenden Ablaufbeschreibungen übersichtlicher und besser lesbar werden; dies dient auch der Pflege des beschriebenen Algorithmus sowie seiner Weiterentwicklung und Anpassung an benachbarte Fragestellungen.

Im folgenden werden wir zunächst an einem Beispiel verschiedene Möglichkeiten zur Beschreibung von Algorithmen erläutern und miteinander vergleichen. Daran schließt sich eine systematische Zusammenstellung von Steuerstrukturen zum Entwurf von Algorithmen an.

2.1 Ein Beispiel

Als Einführungsbeispiel wählen wir eine Aufgabenstellung aus dem Grenzbereich zwischen Unterhaltungsmathematik und elementarer Zahlentheorie [2]: die Ulam-Aufgabe, die durch die folgende umgangssprachliche Formulierung beschrieben wird:

```
Gegeben sei eine natürliche Zahl n. Wenn n=1, dann Ende. Wenn n unge-
rade, dann ersetze n durch 3n+1. Wenn n gerade, dann ersetze n durch
n/2. Unterwirf den neuen Wert von n demselben Prozeß.
```

Im Hinblick auf die vorgesehene Übertragung in eine problemorientierte Programmiersprache sind wir an Beschreibungsformen interessiert, die einerseits solche Bestandteile wie Entscheidungen und Wiederholungen deutlich erkennen lassen, andererseits aber unabhängig von einer speziellen Programmiersprache sind.

Zur Beschreibung von Rechenabläufen werden seit langem *Flußdiagramme* verwendet, die als "Programmablaufpläne" in der DIN-Norm 66001 festgelegt sind. Hiermit kann das Beispiel wie in der folgenden Abbildung links wiedergegeben werden.

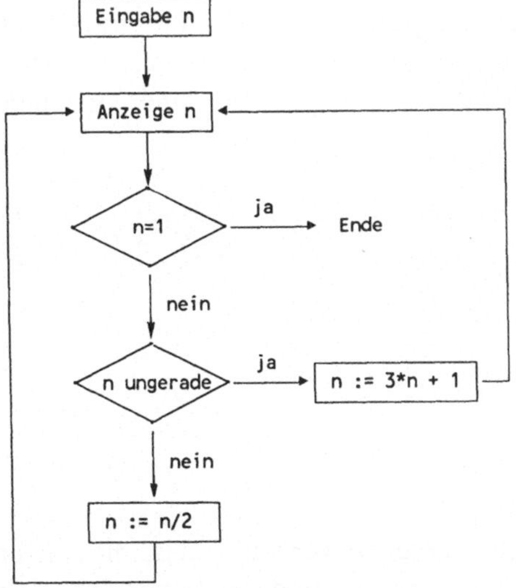

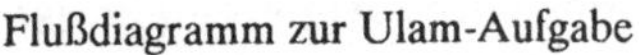
Flußdiagramm zur Ulam-Aufgabe

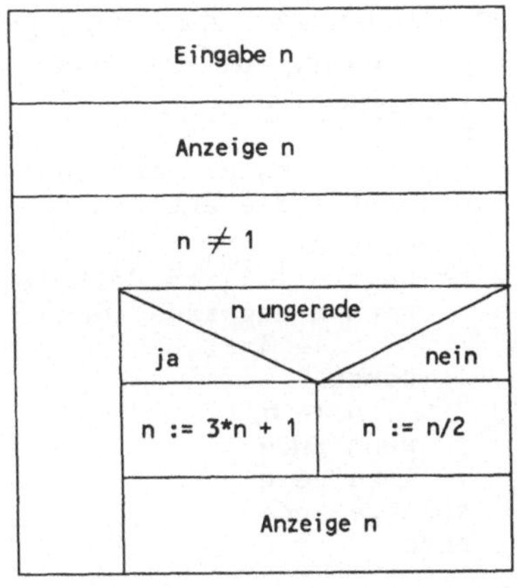

Struktogramm zur Ulam-Aufgabe

Der Vorteil einer Darstellung als Flußdiagramm besteht in ihrer Anschaulichkeit und dem verhältnismäßig geringen Abstraktionsniveau. Erhebliche Nachteile zeigen sich aber bei komplexen Abläufen durch zunehmende Unübersichtlichkeit, wenn etwa mehrere Abfragen, Verzweigungen und Sprunganweisungen auftreten. Es ist deshalb erforderlich, gewisse regelmäßig auftretende Ablaufstrukturen zur bewußten Gliederung einzusetzen. Dies ist zum Beispiel möglich mit Hilfe von *Struktogrammen* (DIN 66261), die auch als Nassi-Shneiderman-Diagramme bezeichnet werden. Mit ihrer Hilfe kann das Beispiel in der oben rechts gezeigten Weise angegeben werden.

Der gesamte Ablauf ist bei Struktogrammen übersichtlich gegliedert; so wird zum Beispiel die Alternative deutlich hervorgehoben. Als Schwierigkeit erweist es sich jedoch, daß die entstehende grafische Aufteilung sorgsam überlegt werden muß, wodurch die korrekte Erstellung eines Struktogramms aufwendiger wird als das Entwickeln eines entsprechenden Flußdiagramms.

Hat man einen Algorithmus mit Hilfe eines Flußdiagramms oder mit Hilfe eines Struktogramms entworfen, so muß anschließend für die Übertragung in eine Programmiersprache die entstandene zweidimensionale Beschreibung noch in eine lineare Programmdarstellung umgeformt werden. In dieser nachträglichen Änderung der Konzeption kann eine zusätzliche Fehlerquelle liegen.

Als weitere Notationsform zur Beschreibung von Algorithmen stellen wir hier mit der *linearen Notation* einen Pseudo-Kode vor, wie er ähnlich bereits 1972 von N. Wirth bei der Entwicklung von Pascal verwendet wurde [12]. Diese Darstellungsweise ist ebenso übersichtlich wie die durch Struktogramme, und sie kann weitgehend direkt in den Quellkode einer Programmiersprache übertragen werden. Wir benutzen hier umgangssprachliche Bestandteile ohne englischsprachige Schlüsselwörter, so daß diese Darstellung unabhängig von einer speziellen Programmiersprache bleibt.

```
Gegeben : natürliche Zahl n
Gesucht : die entstehende Folge von Zahlen
Anzeige n
solange n ≠ 1, wiederhole
   wenn n ungerade, dann
      n ← 3n+1
   sonst
      n ← n/2
   wenn-Ende
   Anzeige n
solange-Ende
Ende
```

Als Vorteil dieser Beschreibungsform kann angesehen werden, daß damit ein Bindeglied zwischen den modernen Programmiersprachen und der Umgangssprache vorliegt, für das keine spezielle Symbolik benötigt wird. Andererseits ist es ein möglicher Nachteil, daß eine Normierung wie etwa durch eine DIN-Vorgabe nicht existiert, so daß das zugehörige Vokabular nicht eindeutig festgelegt ist.

2.2 Einfache Anweisungen und Sequenz

Beispiele einfacher Anweisungen sind Wertzuweisungen, Aufrufe von Prozeduren und speziell Ein- und Ausgabeanweisungen; erläuternde Kommentare können im weiteren Sinn mit einbezogen werden. In den hier angegebenen Darstellungsformen werden sie jeweils in der folgenden Weise nebeneinander notiert:

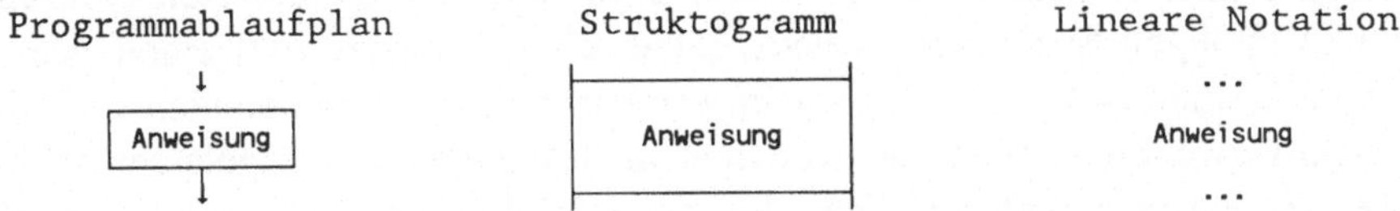

Für Wertzuweisungen sind die Schreibweisen v=a, v:=a oder v ←a üblich. Hierdurch wird beschrieben, daß der Wert der Variablen oder des Feldelements v ersetzt wird durch den Wert des Ausdrucks a. Dabei ist ein Ausdruck eine Bildung aus Konstanten, Variablen und Funktionsaufrufen passenden Datentyps, die durch Operationen und Klammern miteinander verknüpft sind. Hier wird nun zunächst der Wert des Ausdrucks a ermittelt mit den zu diesem Zeitpunkt gültigen Werten der auftretenden Größen. Ist die Bestimmung des Wertes von a abgeschlossen, dann wird sein Wert nach v übertragen. Somit handelt es sich bei der Wertzuweisung um einen zeitlichen Prozeß - die Verwendung des Gleichheitszeichens ist damit unangemessen und vermittelt keinen vollständigen Eindruck des Vorgangs. Dies zeigen im obigen Beispiel die Wertzuweisungen n ←n/2 und n ←3n+1, da dort der Wert von n verändert wird. Der bisherige Wert von n dient zur Berechnung des rechts stehenden Ausdrucks, anschließend wird der Wert des Ausdrucks wieder unter dem Namen n benutzt. Der alte Wert ist dann nicht mehr unter dem Namen n verfügbar.

Neben der geschilderten Situation, daß eine Variable oder ein Feldelement einen konstanten Wert oder das Auswertungsergebnis eines Ausdrucks oder eines Funktionsaufrufs zugewiesen erhält, besteht auch die Möglichkeit, daß die Wertbelegung durch Dateneingabe entsteht oder als Nebeneffekt eines Unterprogrammaufrufs mit Adreßübergabe (call by reference).

Die einfachste Steuerstruktur, die aus einfachen Anweisungen aufgebaut sein kann, ist die Aufeinanderfolge von Anweisungen, die auch als *Sequenz* bezeichnet wird.

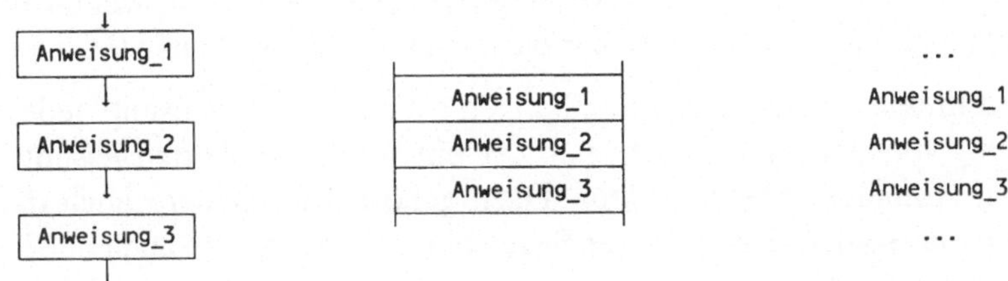

In der hier angegebenen Beispielform beschreibt sie die Hintereinanderausführung von Anweisung_1, Anweisung_2 und Anweisung_3.

Ebenso wie einzelne Anweisungen können auch ganze Strukturblöcke aneinandergereiht werden, und dies wird in analoger Notation wiedergegeben.

Zu den einfachen Anweisungen können auch Sprunganweisungen gezählt werden. Sprünge definieren jedoch im Unterschied zu den hier intendierten Konzepten keine zweipoligen Strukturen, welche genau einen Eingang und einen Ausgang besitzen. Deshalb sollten Sprünge beim Entwurf von Algorithmen vom Grundsatz her nicht verwendet werden und höchstens in Ausnahmefällen zugelassen sein; wir verwenden Sprungbefehle nur dazu, bei manchen höheren Programmiersprachen systematische Hilfskonstruktionen für andere fehlende Steuerstrukturen zu gestalten.

2.3 Bedingte Anweisungen

In einer algorithmischen Beschreibung dienen bedingte Anweisungen dazu, von der linearen Abarbeitungsreihenfolge der Anweisungen abweichen zu können. Auf Maschinensprachen-Ebene sind sie mit Hilfe von bedingten und unbedingten Sprüngen realisiert.

Einseitige Entscheidung (wenn - dann)

Zur Auswahl dient eine Bedingung; sie trifft zu oder nicht und ist somit ein logischer Ausdruck.

Wenn die Bedingung erfüllt ist, wird die zwischen "dann" und "wenn-Ende" stehende Anweisung berücksichtigt und anschließend die Abarbeitung in unmittelbarem Anschluß an "wenn-Ende" weitergeführt; fällt jedoch die Überprüfung der Bedingung negativ aus, so wird die Anweisung zwischen "dann" und "wenn-Ende" ignoriert und als nächstes die unmittelbar nach "wenn-Ende" stehende Zeile befolgt.

Hier und in den folgenden Beschreibungen wird unter "Anweisung" jede zulässige Anweisung verstanden, also nicht nur z.B. eine einfache Wertzuweisung, sondern auch eine komplexe Steuerstruktur. Dazu gehört insbesondere auch die Anweisungssequenz, so daß sich unter der Bezeichnung "Anweisung" auch der Plural verbirgt.

Alternative (wenn - dann - sonst)

Hier findet eine Entscheidung zwischen zwei Fällen statt.

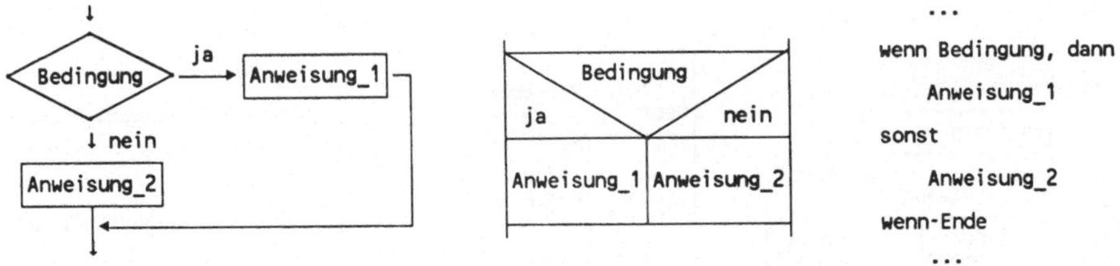

Wenn die Bedingung erfüllt ist, wird nur Anweisung_1 zwischen "dann" und "sonst" beachtet; andernfalls soll nur entsprechend der Anweisung_2 zwischen "sonst" und "wenn-Ende" verfahren werden. Der jeweils andere Teil ist zu ignorieren.

Fallunterscheidung (wenn-dann - sonst-wenn-dann - sonst)

Es wird eine Auswahl mit Hilfe mehrerer Bedingungen vorgenommen.

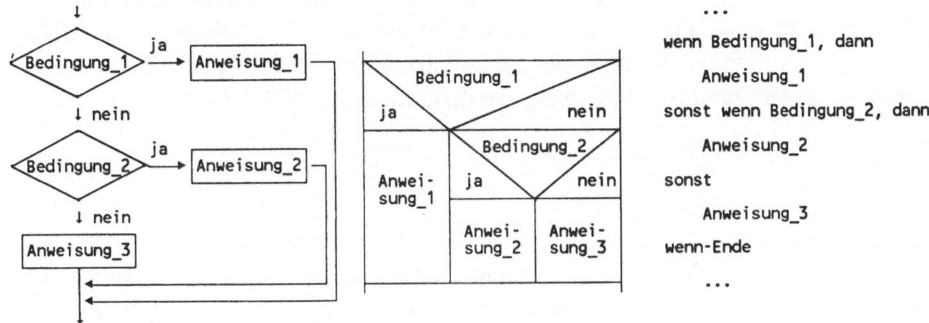

Im Vergleich zur Alternative ist hier noch der Teil mit Bedingung_2 eingefügt. Unter Bedingung_1 wird nur Anweisung_1 ausgeführt. Wenn Bedingung_1 verletzt ist, dann wird Bedingung_2 überprüft; ist sie erfüllt, so wird nur die Anweisung_2 berücksichtigt. Nur wenn die beiden gefragten Bedingungen nicht erfüllt sind, kommt Anweisung_3 zur Ausführung.

Entsprechend sind auch allgemeinere Fallunterscheidungen möglich. Solche Fallunterscheidungen enthalten jeweils genau einen Teil "wenn Bedingung_1, dann", einen oder mehrere Teile "sonst wenn Bedingung, dann" sowie höchstens einmal den Teil "sonst". Insgesamt handelt es sich hierbei um eine Fallunterscheidung mit sequentieller Auswertung von Bedingungen, und es kommt genau derjenige Teil zum Zuge, dessen Bedingung als erste zutrifft.

Fallauswahl

Diese Struktur wird manchmal auch als Fallanweisung, als diskrete Auswahl oder als selektive Anweisung bezeichnet.

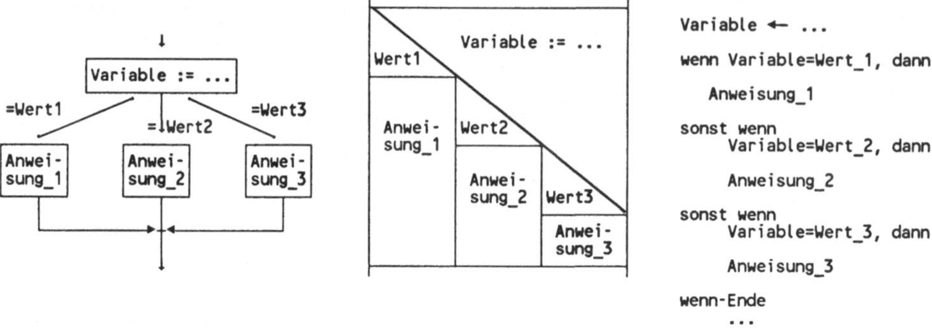

Hier wird im Unterschied zur vorherigen Fallunterscheidung nur eine einzige Auswertung vorgenommen, bei der die Steuervariable ihre Wertbelegung erhält. Im Abhängigkeit von diesem Wert wird nur der zugehörige Zweig beachtet. Die aufgeführten Größen Wert_1, Wert_2 und Wert_3 müssen daher paarweise verschieden sein; zusätzlich ist auch hier wieder ein sonst-Teil möglich. Die Abfrage auf Übereinstimmung zwischen der Steuervariablen und den speziellen Werten ist nur bei solchen Datentypen sinnvoll, die diskrete Werte aufweisen.

2.4 Schleifen

Zur Iteration, der algorithmischen Formulierung von Wiederholungen, sind verschiedene Arten von Schleifen geeignet. Dabei ist es wichtig, daß jede solche Schleife beendet wird, so daß also die Anweisung des Wiederholungsbereichs nur endlich oft ausgeführt wird. Der Wiederholungsbereich wird auch häufig als Schleifenrumpf oder Schleifenkörper bezeichnet.

Wenn die Anzahl der Wiederholungen bereits vor dem Beginn der Schleife festliegt, so bildet die *zählergesteuerte Schleife* als Laufanweisung ein angemessenes Hilfsmittel. Ansonsten stehen die *ereignisgesteuerten Schleifen* zur Verfügung.

Zählschleife

Zur Beschreibung der Anzahl der Schleifendurchgänge dient die Schleifen- oder Laufvariable. Für den ersten Schleifendurchgang findet eine Wertzuweisung statt, wodurch sie mit dem angegebenen Anfangswert belegt wird, und in jedem weiteren Durchgang wird sie um eine feste Schrittweite verändert. Die Wiederholungen enden nach demjenigen Schleifendurchgang, für den die Laufvariable den Endwert erreicht oder für den sie letztmalig einen Wert zwischen dem Anfangswert und dem Endwert angenommen hat. In diesem Zusammenhang muß daher die Laufvariable von einem skalaren Datentyp sein.

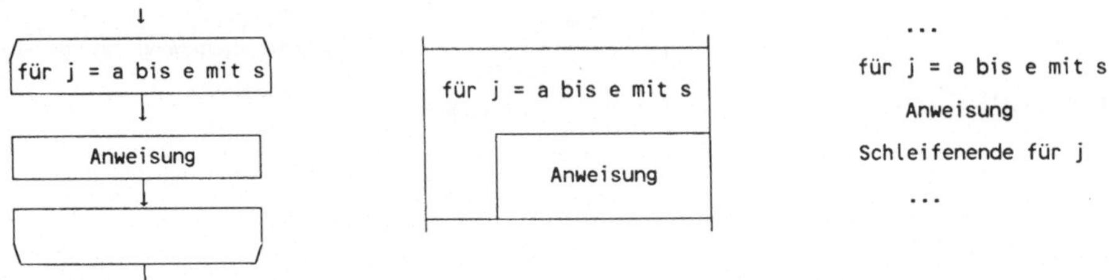

Die Anweisung zwischen "für j = a bis e mit s" und "Schleifenende für j" bildet den Wiederholungsbereich der Schleife. Die darin enthaltene Anweisung wird für die vorgeschriebenen Werte von j ausgeführt. Wenn für den letzten zulässigen Wert der Schleifenvariablen schließlich das Schleifenende erreicht worden ist, so wird anschließend zu derjenigen Anweisung übergegangen, die auf "Schleifenende für j" folgt.

Zählschleifen werden in modernen problemorientierten Programmiersprachen im allgemeinen als abweisende Schleifen konzipiert: vor Ausführung des ersten Schleifendurchgangs wird überprüft, ob die Schrittweite bezüglich der gegebenen Anordnung mit der durch Anfangs- und Endwert festgelegten Richtung verträglich ist, und nur in diesem Fall wird die Ausführung der Schleife begonnen; im Fall der Unverträglichkeit gilt die Schleife als leer, so daß diese Steuerstruktur dann vollständig übersprungen wird und damit ohne Wirkung bleibt.

Zahlreiche Programmiersprachen beschränken die Laufvariablen auf ganze Zahlen, allgemeiner sind auch Größen von ordinalem Datentyp zulässig; hier sind die aufeinanderfolgenden Werte der Laufvariablen durch Anfangswert und Schrittweite über die Nachfolger- bzw. Vorgängerrelation eindeutig festgelegt. Manchmal werden jedoch zusätzlich auch reelle Werte für Laufvariable erlaubt. Bei der Verwendung dieser Möglichkeit ist jedoch Vorsicht geboten, denn wegen der Darstellungs- und Rundungsfehler reeller Größen kann dies zu falschen Ergebnissen führen. Liegt beispielsweise eine Schleife "für j = 0 bis 10 mit 0.1" vor, so ist die interne Darstellung der reellen Konstanten 0.1 mit einem Fehler behaftet. Nach jedem Durchlaufen des Wiederholungsbereichs findet die Fortschreibung des Werts der Laufvariablen in der Form $j \leftarrow j + 0.1$ statt, so daß eine Anhäufung von Rundungsfehlern nun dazu führt, daß im Lauf der Schleifenausführung der Unterschied zwischen dem gespeicherten Wert für j und dem mathematisch richtigen Wert immer größer wird. Noch schwerwiegender ist jedoch die Möglichkeit, daß durch die Auswirkung solcher Fehler der Wiederholungsbereich insgesamt einmal zu wenig durchlaufen wird. Diese Probleme können vermieden werden, indem man sich stets auf eine ganzzahlige Laufvariable beschränkt und daraus durch eine passende Transformation die benötigten Werte für j ermittelt.

Schleife mit Eingangsbedingung (Solange-Schleife)

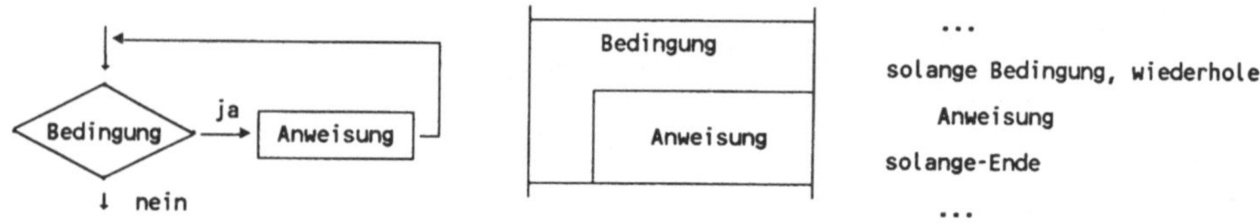

Die Anweisung zwischen "wiederhole" und "solange-Ende" bildet den Wiederholungsbereich der Schleife. Ist die Bedingung verletzt, so wird er übersprungen und der Ablauf des Algorithmus in unmittelbarem Anschluß an diese Steuerstruktur fortgesetzt, also direkt nach der Zeile "solange-Ende". Ist die Eingangsbedingung erfüllt, so wird die Anweisung des Wiederholungsbereichs ausgeführt; wenn dabei sein Ende erreicht ist, wird zur Eingangszeile zurückgekehrt und die Bedingung erneut überprüft.

Man geht also davon aus, daß durch die wiederholte Ausführung des Schleifenrumpfs Bestandteile der bei "solange" gefragten Bedingung so verändert werden, daß sie schließlich verletzt ist, damit der Wiederholungsprozeß endet; sonst würde eine Endlosschleife entstehen. Andererseits ist es auch möglich, daß bereits bei der ersten Überprüfung die Bedingung verletzt ist, so daß der Wiederholungsbereich dann im Sinne einer abweisenden Schleife überhaupt nicht ausgeführt wird.

Schleife mit Austrittsbedingung (Wiederhole-bis-Schleife)

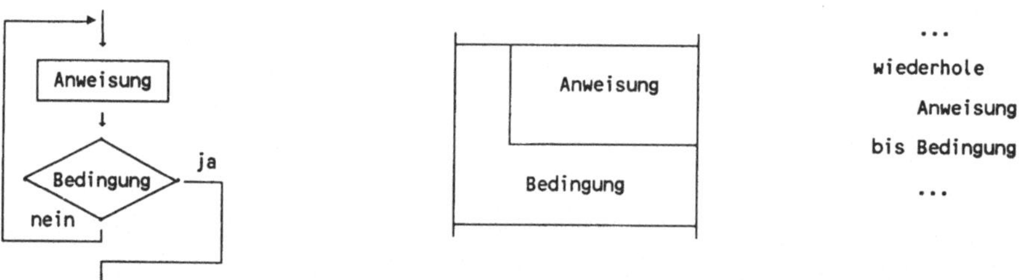

Der Wiederholungsbereich der Schleife, d.h. die Anweisung zwischen "wiederhole" und "bis", wird grundsätzlich einmal durchlaufen, bevor anschließend die bei "bis" gefragte Bedingung überprüft wird. Sie wirkt nun hier als Austrittsbedingung: ist sie erfüllt, so endet die Wiederholung; ist die Bedingung jedoch nicht erfüllt, so wird zum Anfang des Wiederholungsbereichs mit der Zeile "wiederhole" zurückgekehrt, und der Wiederholungsbereich wird ein weiteres Mal ausgeführt.

Zur Frage möglicher Endlosschleifen gelten dieselben Bemerkungen wie oben.

Schleife mit Mittelausgang

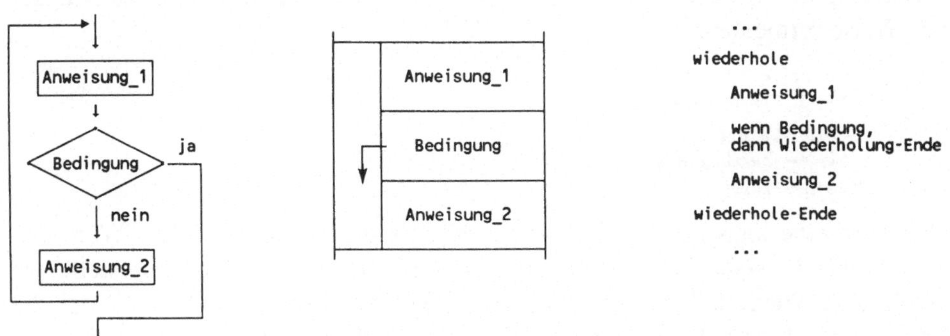

Nachdem die Anweisung_1 zwischen "wiederhole" und "wenn Bedingung, dann" ausgeführt ist, wird die Bedingung im Sinn einer Austrittsbedingung überprüft: ist sie erfüllt, so endet der Wiederholungsprozeß und die Ausführung wird unmittelbar nach dem Ende des Wiederholungsbereichs fortgesetzt; ist die gefragte Bedingung verletzt, so folgt die Anweisung_2 bis zum Ende des Wiederholungsbereichs und darauf wieder die Anweisung_1 mit anschließender erneuter Überprüfung der Bedingung.

Entsprechend ist es auch möglich, daß der Wiederholungsbereich durch zusätzliche derartige Austrittsbedingungen in mehrere Teile untergliedert wird.

Ergänzungen

Solange-Schleife und Wiederhole-bis-Schleife können sich gegenseitig ersetzen; auf diese Möglichkeit wird man insbesondere dann zurückgreifen, wenn von diesen beiden Schleifenkonzepten nur eines zum Sprachumfang einer Programmiersprache gehört, das andere aber nicht. So kann beispielsweise an die Stelle der Solange-Schleife: die folgende Ersatzkonstruktion treten:

```
solange Bedingung, wiederhole    wenn Bedingung, dann
   Anweisung                        wiederhole
solange-Ende                           Anweisung
                                    bis entgegengesetzte Bedingung
                                 wenn-Ende
```

Eine Möglichkeit, die Wiederhole-bis-Schleife mit Hilfe einer Solange-Schleife wiederzugeben, bietet zum Beispiel die folgende Beschreibung (rechts):

```
wiederhole                 Anweisung
   Anweisung               solange entgegengesetzte Bedingung, wiederhole
bis Bedingung                 Anweisung    { gleiche Anweisung wie oben }
                           solange-Ende
```

Der Nachteil dieser Konstruktion ist die Notwendigkeit zur doppelten Angabe der Anweisung des Wiederholungsbereichs. Das läßt sich zum Beispiel in der folgenden Weise vermeiden:

```
L ← wahr
solange L, wiederhole
   Anweisung
   L ← Bedingung
solange-Ende
```

Hier wird eine logische Variable verwendet, die mit der anfänglichen Wertbelegung "wahr" die erstmalige Ausführung des Wiederholungsbereichs sicherstellt, wie es für eine Wiederhole-bis-Schleife erforderlich ist; danach nimmt die logische Variable als Inhalt den jeweiligen Wert der Bedingung auf, so daß damit bei "solange" über die weiteren möglichen Wiederholungen entschieden werden kann.

In dem Fall, daß in einer Programmiersprache überhaupt keine eigenen Konstrukte für ereignisgesteuerte Schleifen zur Verfügung stehen, werden wir dort Hilfskonstruktionen angeben, die mit systematischer Verwendung von bedingten und unbedingten Sprunganweisungen den erwünschten Ablauf sicherstellen.

3 Blockstrukturierung und Unterprogramme

Zur Entwicklung einer übersichtlichen Lösungsmethode für eine größere Aufgabenstellung ist es bewährt, einen vorläufigen groben Lösungsplan aufzustellen, der die gesamte Aufgabe in eine Folge von Teilproblemen zerlegt. Anschließend wird die Lösung dieser einzelnen Teilaufgaben genauer konzipiert.

Diesem Vorgehen entspricht beim Entwurf von Algorithmen und dem Erstellen zugehöriger Programme die Gliederung mit Hilfe von Blöcken bzw. Unterprogrammen. Ähnlich wie schon bei der Zusammenfassung mehrerer elementarer Datenelemente zu einer höheren Datenstruktur wird durch diese Blockstrukturierung aus mehreren Anweisungen eine Einheit gebildet, die nach außen wie eine neue Anweisung wirkt.

3.1 Blöcke, lokale und globale Größen

Ein Block ist eine Zusammenfassung von mehreren Anweisungen, bei Bedarf mit zugehörigen Deklarationen. Die Zusammenfassung ist in geeigneter Weise mit einer Anfangs- und Ende-Markierung gekennzeichnet.

Wenn in einem Programm mehrere Blöcke verwendet werden, so können sie in unterschiedlichen Verhältnissen zueinander stehen. Neben der linearen Anordnung, wo die Blöcke aufeinander folgen, ist auch eine Hierarchie möglich, wenn Blöcke ineinander verschachtelt sind. Zur Veranschaulichung einer Blockstruktur mit Unterblöcken dienen Darstellungen mit Hilfe von Mengen- bzw. Baumdiagrammen sowie das Einrücken im Programmtext.

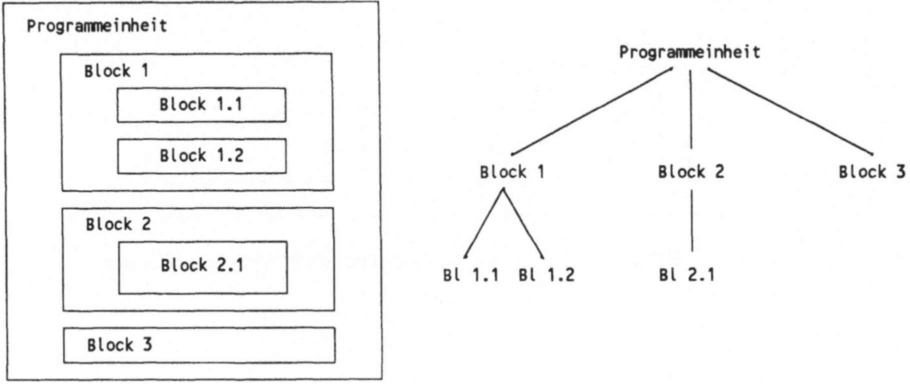

Grafische Darstellungen einer Blockstruktur

Enthält ein Block neben Anweisungen auch Deklarationen, so beschreiben sie Größen, die nur in diesem Block gültig sind. Solche lokalen Größen sind in der Regel außerhalb des Blocks nicht verfügbar, weder im Oberblock noch in benachbarten Blöcken gleicher Hierarchiestufe; sie können jedoch an untergeordnete Blöcke übergeben werden. Beispielsweise kann in der skizzierten Situation eine lokale Variable von Block 1 auch in den Blöcken 1.1 und 1.2 benutzt werden, jedoch nicht in Block 2 oder 3 oder außerhalb.

Wird durch eine lokale Deklaration eine Größe eines Oberblocks mit einer neuen Bedeutung belegt, so wird ein Namenskonflikt dadurch vermieden, daß innerhalb des Blocks die lokale Definition Vorrang hat; nach Abschluß des Blocks gilt dann wieder der vorherige Zustand. Ansonsten sind Größen umfassender Blöcke, die nicht durch eine lokale Deklaration umdefiniert worden sind, in Unterblöcken als globale Größen verfügbar; so können zum Beispiel globale Variable in Anweisungen direkt benutzt werden. Bis auf den erwähnten Fall einer lokalen Neudeklaration hat man also in allen Unterblöcken Kenntnis von den Größen der übergeordneten Blöcke sowie der äußeren Programmeinheit.

Für die Speicherung lokaler Größen werden zwei unterschiedliche Konzepte verwendet. Eine Möglichkeit besteht darin, daß jeweils bereits zu Beginn des Programmlaufs feste Speicherbereiche zugeordnet sind; dynamische Datenstrukturen können dann nicht zugelassen werden. Wenn jedoch die Speicherplätze für die lokalen Größen erst während der Ausführung des Programms bei Eintritt in den jeweiligen Block zur Verfügung gestellt werden und nach seinem Abschluß wieder freigegeben werden, so liegt eine dynamische Speicherverwaltung vor; während der Laufzeit wird dazu ein Stapelspeicher benötigt, wo entsprechend der Blockschachtelung die Bereiche für die innersten Teilblöcke zuletzt bereitgestellt und zuerst wieder freigegeben werden.

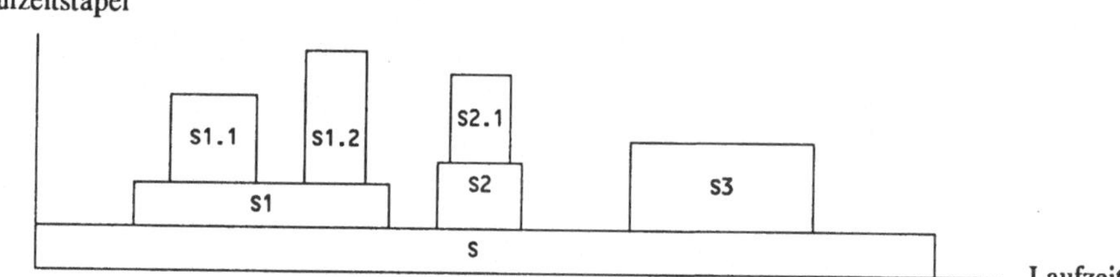

Dynamische Belegung von Speicherplatz während der Programmausführung

3.2 Unterprogramme

Ähnlich wie die Zusammenfassung von Anweisungen zu Blöcken dient auch die Ausgliederung von Anweisungsfolgen in Unterprogramme dazu, die Übersichtlichkeit von Programmen zu erhöhen. In zahlreichen Programmiersprachen wird die Blockstrukturierung allein mit Hilfe interner Unterprogramme realisiert.

Der eigentliche Anlaß für die Entwicklung von Unterprogrammen ist jedoch die Eigenschaft, daß sie an mehreren Stellen des Lösungsverfahrens mit unterschiedlichen Eingangsdaten aufgerufen werden können und daß nicht die zugehörigen Anweisungen dort jeweils in analoger Form wiederholt werden müssen. Hierdurch wird der Programmtext sowie der benötigte Programmspeicherplatz verkürzt. Dazu kommt noch die Möglichkeit rekursiver Aufrufe. Weiter können derartige Programmteile auch als Bausteine in anderen Programmeinheiten benutzt werden. Im Sinn eines Pflichtenheftes muß deshalb jeweils Klarheit bestehen über den Leistungsumfang dieses Teilalgorithmus, über die benötigten Ausgangsdaten sowie über die Form der Resultate und ihre Ablieferung an die aufrufende Programmeinheit.

Prozeduren und Funktionen

Als Klassen von Unterprogrammen werden Prozeduren und Funktionen unterschieden. Prozeduren sind Unterprogramme, die eine bestimmte Teilaufgabe erledigen und dabei je nach ihrer Definition und Ausgestaltung auch Ergebnisse an die aufrufende Programmeinheit übergeben können. Im Unterschied dazu werden als Funktionen oder Funktionsprozeduren speziell solche Unterprogramme bezeichnet, die dazu dienen, an der aufrufenden Stelle einen Wert unter ihrem Namen zur Verfügung zu stellen.

Der Quelltext eines Unterprogramms wird gegliedert in Prozedurkopf und Prozedurrumpf. Im allgemeinen besteht der Prozedurkopf aus einem Schlüsselwort, gefolgt von dem Unterprogrammnamen und einer Liste der formalen Parameter, die in ein Klammernpaar eingeschlossen ist. Den Prozedurrumpf bildet in der Regel ein Block aus Deklarationen und Anweisungen. Hierbei wird das logische Ende des Unterprogramms durch eine spezielle Anweisung markiert, zum Beispiel mit Hilfe des Schlüsselworts `RETURN`.

Der Aufruf einer Prozedur erfolgt durch eine eigene Anweisung, die den Prozedurnamen mit der Liste der aktuellen Parameter enthält, etwa

```
CALL Prozedurname (Liste der aktuellen Parameter)
```

oder häufig auch nur in der Form

```
Prozedurname (Liste der aktuellen Parameter)
```

Für den Aufruf eines Funktionsunterprogramms gibt es keine eigene Anweisung; er wird dadurch erreicht, daß der Funktionsname mit der Liste der aktuellen Parameter in einem Ausdruck verwendet wird; der übergebene Wert wird dann entsprechend seinem Datentyp bei der Auswertung des Ausdrucks benutzt.

Die Wirkung eines Unterprogrammaufrufs besteht darin, daß die Programmausführung am Ort des Aufrufs vorläufig unterbrochen wird und ein Sprung zum Anfang des Unterprogramms erfolgt, wo mit der Abarbeitung seiner Anweisungen begonnen wird. Wenn schließlich das logische Ende des Unterprogramms erreicht ist, so wird zur aufrufenden Stelle zurückverzweigt und dort die Programmausführung fortgesetzt.

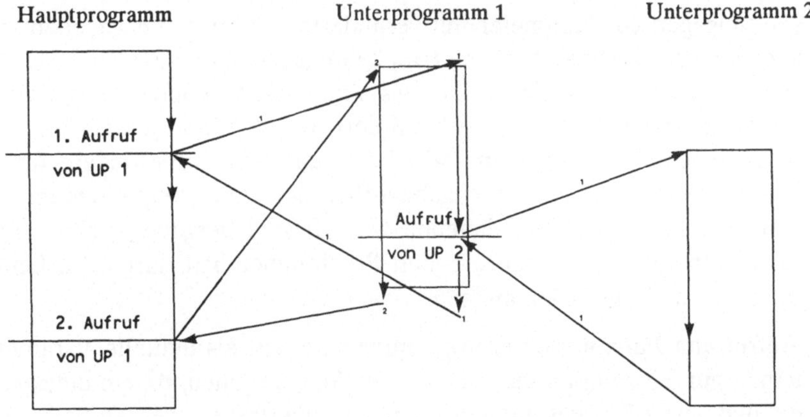

Unterprogrammaufrufe: Unterprogramm 1 wird zweimal vom Hauptprogramm aufgerufen, beim ersten Mal ruft Unterprogramm 1 das Unterprogramm 2 auf

Für diese Rückkehr zur aufrufenden Stelle ist eine einfache Sprunganweisung mit konkretem Sprungziel nicht ausreichend. Vielmehr ist es erforderlich, daß mit dem Unterprogrammaufruf zugleich die Stelle des Aufrufs intern als Rücksprungadresse vermerkt und nach Abschluß der jeweiligen Unterprogrammausführung entsprechend benutzt wird. Ein Unterprogramm kann selbst weitere Unterprogramme aufrufen; diese können entweder intern wie ein Unterblock definiert sein, oder es können auch externe Unterprogramme zum Einsatz kommen, wie es zum Beispiel bei der Verwendung von Standardfunktionen der Fall ist.

Parameter

Wird im Quelltext eines Unterprogramms ein Zugriff auf ein Objekt der aufrufenden Programmeinheit benötigt, so kann man hierfür einen formalen Parameter aus dem Prozedurkopf verwenden; es handelt sich hierbei um einen Stellvertreter (dummy argument), der beim Aufruf durch eine entsprechende aktuelle Größe ersetzt werden muß. Liegt ein internes Unterprogramm vor, so können außerdem globale Größen aus dem Oberprogramm unmittelbar benutzt werden.

Die Übertragung von Werten aus der aufrufenden Programmeinheit in das Unterprogramm mit Hilfe der Parameterliste geschieht in der Weise, daß während der Laufzeit zu Beginn der Unterprogrammausführung die formalen Parameter durch die aktuell eingesetzten Parameter aus dem Unterprogrammaufruf ersetzt werden. Hierbei gibt es verschiedene Mechanismen der Parameterübergabe, wovon wir die beiden wichtigsten erläutern.

- Wenn eine Größe als Eingangsgröße nur zum Lesen an das Unterprogramm weitergegeben wird, so spricht man von Wertübergabe (call by value); in diesem Fall kann der Originalwert des aktuellen Parameters durch die Unterprogrammausführung nicht verändert werden.
- Soll hingegen ein Parameter mit verändertem Wert zurückgegeben werden, so benutzt man Adreßübergabe (call by reference); dadurch kann das Unterprogramm auf den Speicherplatz des aktuellen Parameters in der aufrufenden Programmeinheit zugreifen und dort sowohl Werte lesend übernehmen als auch schreibend ablegen. Adreßübergabe wird insbesondere für solche Größen benötigt, die als Rückgabegrößen des Unterprogramms mit Ergebniswerten belegt werden; daneben wird diese Übergabeart aber auch benutzt, wenn Werte der aufrufenden Programmeinheit durch das Unterprogramm verändert werden müssen.

Beim Aufruf von Funktionsunterprogrammen werden als aktuelle Parameter im allgemeinen nur Eingangsgrößen zur Verwendung kommen, da ein einziger Wert ermittelt und mit Hilfe des Funktionsnamens übertragen werden soll. Deshalb wird man in der Regel für die formalen Parameter einer Funktionsprozedur jeweils Wertübergabe vorsehen.

Neben der geschilderten Situation, bei der Werte und Variable als Datenobjekte übertragen werden, können auch Prozeduren und Funktionen selbst als Parameter auftreten. Dient beispielsweise ein Unterprogramm zur Berechnung des Differenzenquotienten einer reellen Funktion, so sind der Stützpunkt und die Differenz als Werteparameter und die zu untersuchende Funktion als Funktionsparameter zu übergeben.

Rekursion

Wird ein Verfahren durch Rückbezug auf sich selbst beschrieben, so spricht man von Rekursion. Bei der algorithmischen Formulierung findet dies seinen Ausdruck darin, daß eine Verschachtelung von Unterprogrammaufrufen entsteht, bei der ein Unterprogramm sich selbst aufruft.

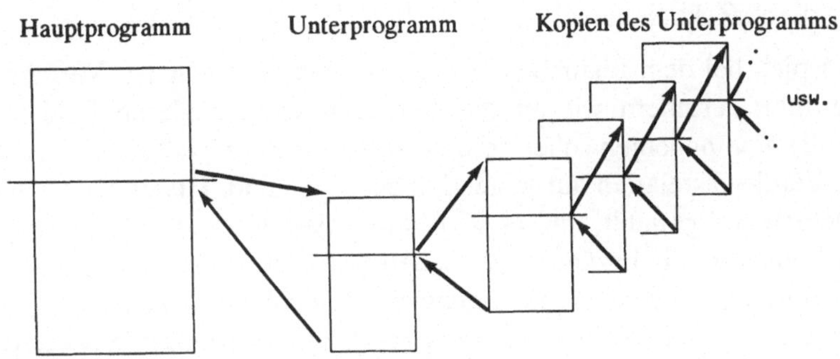

Aufruf eines rekursiv angelegten Unterprogramms

Außer dem direkten Selbstaufruf ist es auch möglich, daß erst über mehrere Stufen einer Unterprogrammschachtelung ein Selbstaufruf erfolgt; es liegt dann eine indirekte Rekursion vor. Dieser Fall tritt zum Beispiel ein, wenn ein Unterprogramm ein anderes Unterprogramm aufruft, das seinerseits wieder das erste aufruft.

Der Selbstaufruf kann nicht endlos wiederholt werden; der rekursive Aufruf muß an eine Bedingung geknüpft sein, die schließlich nicht mehr erfüllt ist. Entsprechend der inzwischen erreichten Rekursionstiefe wird dann jeweils zur vorherigen Ebene zurückgekehrt bis hin zum zuerst begonnen Unterprogrammaufruf. Von der Stelle des Selbstaufrufs ab wird jeweils eine weitere Kopie des Unterprogramms durchlaufen (s. Abb.). Dabei muß sichergestellt werden, daß die im Zeitpunkt eines Selbstaufrufs momentan gültigen Werte der lokalen Größen bei der Wiederaufnahme noch korrekt zur Verfügung stehen und nicht etwa in der Zwischenzeit durch die gleichnamigen Größen späterer Unterprogrammdurchläufe zerstört worden sind. Rekursive Programmierung erfordert daher bei der maschinellen Realisierung eine dynamische Speicherverwaltung mit Hilfe eines Laufzeitstapels, wo für jede Kopie des Unterprogramms ein eigener Programm- und Datenspeicherbereich aktiviert wird. Programmiersprachen, die über kein derartiges Konzept verfügen, lassen daher Rekursion nicht zu.

Vom Grundsatz her kann jeder rekursive Algorithmus auch nichtrekursiv entworfen werden. Doch wird mit der rekursiven Formulierung einer Aufgabenstellung in passenden Fällen eine charakteristische Eigenschaft besonders hervorgehoben, so daß die Problembeschreibung verkürzt und auch leichter durchschaubar werden kann. Rekursives Arbeiten ist aber unangemessen, wenn gleichwertige nichtrekursive Algorithmen schnell zu finden sind; denn letztere weisen in der Regel ein günstigeres Laufzeitverhalten und einen geringeren Speicherplatzbedarf auf. Negativbeispiele für eine unangemessene Verwendung von Rekursion sind die rekursive Berechnung der Fibonacci-Zahlen, von Fakultäten und Binomialkoeffizienten.

In speziellen Programmiersprachen wie zum Beispiel LISP stellt Rekursion von Beginn an ein grundlegendes Strukturkonzept dar; auch iterative Abläufe werden dort häufig durch Rekursion realisiert.

Als ein Beispiel, bei dem rekursives Vorgehen zu einer einfachen Verfahrensbeschreibung führt, erinnern wir an das Sortieren eines skalaren Feldes durch Quicksort: die Komponenten sollen so umgeordnet werden, daß sie schließlich gemäß einer Vergleichsrelation aufsteigend angeordnet sind. Hierzu wird ein beliebiges Feldelement t gewählt, und es wird durch Austauschen dafür gesorgt, daß diejenigen Elemente, die bezüglich der neuen Indizierung vor t stehen, den Wert von t nicht überschreiten, während diejenigen Elemente, die auf t folgen, mindestens so groß wie t sind; der linke und der rechte Teil werden nun rekursiv nach demselben Verfahren umgeordnet.

Ein weiteres Beispiel für eine passende Verwendung von Rekursion ist die Aufgabe der Türme von Hanoi. Eine Pyramide ist aus n verschieden großen Scheiben zusammengesetzt. Sie soll durch Bewegen jeweils einzelner Scheiben von einem Ausgangsstandort zu einem Zielort umgesetzt werden; eine Hilfsposition dient dazu, die einschränkende Bedingung zu erfüllen, daß in keinem Zeitpunkt eine größere Scheibe über einer kleineren liegen soll. Die Lösung mit Hilfe von Rekursion verwendet die elementare Idee, daß man bei einer Pyramide aus n Scheiben die unterste Scheibe dann zur Zielposition transportieren kann, nachdem die darüberliegende Pyramide der Höhe n-1 auf die Hilfsposition gebracht worden ist.

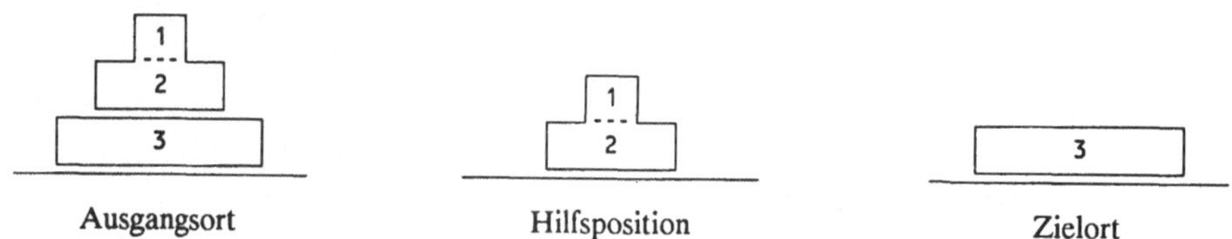

Einfacher Fall zum Problem der Türme von Hanoi

Eine gleichwertige nichtrekursive Lösung ist nicht in dieser einfachen Weise verständlich sowie aufwendig in Entwicklung und Umsetzung [19].

Allgemein kann gesagt werden, daß rekursive Algorithmen dann angemessen sind, wenn dynamische Datenstrukturen zugrunde liegen. Daneben werden rekursive Vorgehensweisen bei Lösungsverfahren eingesetzt, in denen man Teillösungen systematisch zu einer Gesamtlösung auszubauen versucht und im Bedarfsfall dabei auch Teilschritte als Irrwege erkennt und sie wieder zurücknimmt. Solche Verfahren werden unter der Bezeichnung "Backtracking" in der Literatur beschrieben.

Kapitel III

BASIC und BASIC-Dialekte

In der Zeit von 1963 bis 1965 entwickelten J. G. Kemeny und T. E. Kurtz am Dartmouth College in New Hampshire, USA, die Programmiersprache BASIC; ihr Name steht als Abkürzung für Beginner's All-purpose Symbolic Instruction Code. Das Interesse der Sprachautoren lag im Ausbildungsbereich: ein Einblick in die Probleme der Programmierung sollte auch solchen Studenten ermöglicht werden, die nicht im technisch-naturwissenschaftlichen Bereich studieren, später aber über Datenverarbeitungsangelegenheiten mitentscheiden. Dazu sollten keine speziellen Kenntnisse der Hardware oder des Betriebssystems der verwendeten Anlage erforderlich sein.

Auf der Grundlage des damaligen Stands der Sprache FORTRAN entstand deshalb nur ein geringer Sprachumfang. Entsprechend den seinerzeit üblichen Eingabemedien Lochkarte und Fernschreiber ist die Sprache zeilenorientiert. Wesentlich war das damals neue Konzept des Mehrprogrammbetriebs (time-sharing) an Großrechnern sowie das interaktive Arbeiten durch Einbettung der Sprache in eine Programmierumgebung mit Hilfe eines Dialogsystems.

Beim Aufkommen der Mikrocomputer erleichterte die Entwicklung kostengünstiger BASIC-Interpreter die schnelle Verbreitung der Sprache. Gleichzeitig hatte dies aber auch die Entstehung vieler verschiedener Dialekte zur Folge, wobei gewisse Elemente des ursprünglichen Sprachkonzepts wie etwa Operationen zur Matrizenrechnung unterdrückt wurden. Eine Norm für die gemeinsamen Grundbestandteile, das sogenannte Elementar-BASIC, findet man in [14] (DIN 66 284).

Aus der Vielzahl der inzwischen auf Mikrocomputern vorhandenen BASIC-artigen Programmiersprachen greifen wir im folgenden drei interessant erscheinende Formen heraus.

- GW-BASIC von Microsoft ist ein interpretierter BASIC-Dialekt, der auf IBM-PCs und kompatiblen Geräten weit verbreitet ist; teilweise wird hierfür auch die Bezeichnung BASICA verwendet (BASIC Advanced).

- COMAL war Anfang der achtziger Jahre wegweisend für die Verbindung der Einfachheit von BASIC-Interpretern mit den klaren Strukturierungsmöglichkeiten von Pascal.
- True BASIC ist der Vorschlag für eine ANSI-Norm zur Programmiersprache BASIC aus dem Jahre 1984.

A. GW-BASIC

Dieser Dialekt wurde seit 1984 nicht mehr weiterentwickelt, ist jedoch stark verbreitet und hat viele Weiterentwicklungen geprägt, z.B. COMAL, Better BASIC und Quick BASIC.

A.1 Datenstrukturen

Als Grunddatentypen werden Zeichenketten und numerische Größen verwendet, wobei die letzteren nach ganzzahlig, reell und doppelt genau unterschieden sind. Einzelzeichen treten nicht als eigener Datentyp auf, sondern gelten als Zeichenketten der Länge 1. Logische Größen sind mit Hilfe ganzer Zahlen simuliert: `0` für "falsch" und $\neq$ `0`, speziell `-1`, für "wahr".

Konstante

Ganzzahlige Konstante bestehen aus bis zu 5 Ziffern mit oder ohne Vorzeichen im Bereich $-2^{15} = -32768$ bis $2^{15}-1 = +32767$. Beispiele:

```
23 ,  -18 ,  +0
```

Ganzzahlige Werte können auch in hexadezimaler oder oktaler Schreibweise angegeben werden.

Eine numerische Konstante ist vom Datentyp "reell", wenn sie auf Grund ihrer Gestalt nicht vom vorher beschriebenen Typ "ganze Zahl" ist und wenn sie zugleich höchstens 7 Ziffern und möglicherweise einen Dezimalpunkt aufweist. Zusätzlich kann eine Exponentialangabe `Eg` folgen mit einer ganzzahligen Konstanten `g`; dies hat dann die Bedeutung $*10^g$. Darüber hinaus kann eine Konstante ohne Exponentialangabe und Dezimalpunkt auch durch Anfügen eines `!` als reell gekennzeichnet werden. Beispiele:

```
32770 ,  -2.718 ,  3.6288E6 ,  252!
```

Eine numerische Konstante ist von doppelter Genauigkeit,
- wenn sie 8 bis 16 Ziffern enthält, ein Dezimalpunkt ist dann nicht zwingend,
- oder wenn sie mit einer Exponentialangabe `Dg` geschrieben ist,
- oder wenn (ohne Exponentialangabe) ein `#`-Zeichen nachgestellt wird.

Beispiele zur Schreibweise doppelt genauer Größen:

```
123456789 ,  3.1415926535 ,  1.331D0 ,  1.1#
```

Die zugelassenen Werte sind sowohl für reelle wie auch für doppelt genaue Größen entweder 0 oder liegen dem Betrag nach zwischen $3*10^{-39}$ und $1.7*10^{+38}$.

Zeichenkettenkonstante nehmen bis zu 255 Zeichen auf, ihr Wert ist durch Anführungszeichen eingeschlossen. Der interne Speicherplatz wird je nach Bedarf auf Grund der Kettenlänge zugeordnet. Beispiele:

```
"Primzahl"    "Fehlerhafte Eingabe!"
```

In Zeichenketten sind alle Zeichen des ASCII-Zeichensatzes zulässig, so daß auch Groß- und Kleinschreibung unterschieden wird. Für Programmanweisungen außerhalb von Zeichenketten ist die Verwendung von Kleinbuchstaben zwar zulässig, jedoch werden sie in Großbuchstaben umgewandelt.

Variable

Variablennamen beginnen mit einem Buchstaben und können aus Buchstaben, Zahlen und Punkt zusammengesetzt sein; signifikant sind die ersten 40 Zeichen des Namens. Reservierte Wörter des BASIC-Vokabulars wie etwa `EXP`, `TO` oder `NEXT` dürfen nicht als Variablennamen benutzt werden, sie können jedoch als Teile längerer Variablennamen auftreten.

Der Name einer Variablen legt entweder implizit oder mit Hilfe spezieller Anweisungen ihren Typ fest. Im ersten Fall entscheidet das letzte Zeichen des Variablennamens über den Datentyp:

```
%  steht für ganzzahlig        #  steht für doppelt genau
!  steht für reell             $  steht für Zeichenketten
```

Liegt keines dieser Zeichen vor, so handelt es sich um eine reelle Variable. Abweichungen von diesen individuellen Typfestlegungen werden erreicht mit Hilfe der Anweisungen `DEFINT`, `DEFSNG`, `DEFDBL` oder `DEFSTR` für solche Variablennamen, die einen ausgewählten Anfangsbuchstaben aufweisen; bei konkreten Variablennamen haben die Typdefinitionszeichen `%`, `!`, `#` und `$` Vorrang vor einer Typfestlegung über den Anfangsbuchstaben.

Es ist zulässig, für unterschiedliche Datentypen analoge Namen zu benutzen, die sich nur im typbeschreibenden letzten Zeichen unterscheiden; so können zum Beispiel innerhalb eines Programms die Namen `A`, `A%`, `A$` für verschiedene Variable sowie zugleich auch für Felder entsprechenden Typs verwendet werden.

Der Wert einer numerischen Variablen besteht immer aus einer Zahl, während Zeichenkettenvariable jeweils nur Zeichenwerte aufnehmen können. Hinsichtlich der Initialisierung von Variablen gilt: wird eine Variable in einem Ausdruck verwendet, ohne daß ihr zuvor ein Wert zugeordnet worden ist, so wird für numerische Variable die Wertbelegung 0 benutzt, Zeichenkettenvariable bestehen aus der leeren Zeichenkette mit der Länge Null.

Operationen

Für numerische Größen stehen die folgenden Operationen zur Verfügung: Potenzierung mit dem Zeichen ^, Multiplikation `*`, Division `/`, ganzzahlige Division `\`, Rest bei ganzzahliger Division `MOD`, Addition `+`, Subtraktion `-`.

Die Operationszeichen werden für alle numerischen Datentypen gemeinsam verwendet, so daß jeweils in Abhängigkeit vom Typ der beteiligten Operanden auf verschiedene interne Realisierungen zurückgegriffen wird. Numerische Ausdrücke gemischten Typs sind zulässig; wenn dabei die Operanden einer Operation von verschiedenem Typ sind, so werden sie vor der Auswertung erst in die höhere auftretende Genauigkeit umgewandelt - mit Ausnahme der ganzzahligen Division und des Restes bei der ganzzahligen Division, wo nicht-ganzzahlige Operanden vor der Auswertung zu ganzen Zahlen gerundet werden. Beispiele:

`24.9 \ 6.7` führt über `25\7` auf den Wert `3;`
`24.9 MOD 6.7` ergibt `4` als Wert von `25 MOD 7.`

Zeichenkettengrößen können mit dem Operator + verbunden werden.

Die Vergleichsoperatoren =, <, >, <> und >< für ≠, >= und => für ≥, <= und =< für ≤ können entweder zwischen numerischen Größen oder zwischen Zeichenkettengrößen benutzt werden. Das Ergebnis eines solchen Vergleichs ist ein numerischer Wert: `-1` für "wahr", `0` für "falsch". Beim Vergleich von Zeichenkettengrößen wird auf die lexikographische Anordnung des ASCII-Zeichensatzes Bezug genommen; dabei sind zum Beispiel Kleinbuchstaben "größer" als Großbuchstaben, und Ziffern "kleiner" als Buchstaben.

Die logischen Operationen sind `NOT`, `AND`, `OR`, `XOR` (Antivalenz, Nichtäquivalenz), `EQV` und `IMP`. Sie operieren zwischen logischen Größen, also Vergleichsausdrücken und sonstigen logischen Ausdrücken; wegen des Fehlens dieses Datentyps beziehen sie sich auf die Verschlüsselung logischer Werte durch ganze Zahlen und lassen dabei beliebige ganzzahlige Werte zwischen -32768 und +32767 als Operanden zu, wobei `0` für "falsch" steht und jeder beliebige Wert ≠ `0` als "wahr" benutzt wird.

Für die Hierarchie der Operatoren gilt, daß arithmetische, Vergleichs- und logische Operationen der Reihe nach schwächer binden. Im einzelnen besteht die folgende Rangordnung:

(1) Funktionsauswertungen, (2) ^, (3) Vorzeichenoperationen, (4) `*` und `/`, (5) `\`, (6) `MOD`, (7) `+` und `-`, (8) Vergleichsoperationen, (9) `NOT`, (10) `AND`, (11) `OR`, (12) `XOR`, (13) `EQV`, (14) `IMP`

Abweichungen von dieser Bindungsreihenfolge können durch Klammern, bei Bedarf verschachtelt, erreicht werden. Wenn in einem Ausdruck Operationen derselben Hierarchiestufe unmittelbar aufeinander folgen, so wird der Ausdruck an dieser Stelle von links nach rechts ausgewertet. Ohne eine derartige Festlegung wäre z.B. der Wert des Ausdrucks 1+x-x für $x=10^{10}$ nicht eindeutig bestimmt.

Standardfunktionen

Für numerische Größen gehören die folgenden Funktionen zum Sprachumfang: `ABS` Absolutbetrag, `ATN` Arcustangens, `COS` Cosinus, `EXP` Exponentialfunktion zur Basis e, `INT` größte ganze Zahl ≤ Argument, `LOG` natürlicher Logarithmus, `RND` Zufallszahl, `SGN` Vorzeichen, `SIN` Sinus, `SQR` Quadratwurzel, `TAN` Tangens sowie die Typumwandlungsfunktionen `CDBL` = doppelt genaues Ergebnis, `CINT` = ganzzahlig durch Runden, `CSNG` = reelles Ergebnis mit einfacher Genauigkeit, `FIX` = ganzzahlig durch Abschneiden der Nachkommastellen. Die Funktionen werden aufgerufen, indem sie in der Form

```
Funktionsname ( aktueller Parameter )
```

in einem Ausdruck verwendet werden. Mit Ausnahme der Funktion `CDBL` sind die Werte aller Standardfunktionen jeweils ganzzahlig bzw. reell; dies gilt auch, wenn ein aktueller Parameter vom Typ "doppelt genau" verwendet wurde. Das Resultat reellwertiger Standardfunktionen ist für doppelt genaue aktuelle Parameter nur dann doppelt genau, wenn zu Beginn der Arbeitssitzung der BASIC-Interpreter mit der Option D aktiviert worden ist: GWBASIC/D bzw. BASICA/D.

Zur Textverarbeitung dienen die folgenden Funktionen:

`LEFT$(x$,n)`	gibt die ersten `n` Zeichen der Zeichenkette `xS` an,
`RIGHT$(x$,n)`	gibt die letzten `n` Zeichen von `x$` an,
`MID$(x$,n,k)`	gibt `k` Zeichen von `x$` an, beginnend mit dem `n`-ten Zeichen,
`LEN(x$)`	liefert die Länge des Zeichenkettenwertes von `x$`,
`VAL(x$)`	übergibt den numerischen Wert von `x$`; ist das erste Zeichen von `xS` nicht numerisch, dann ist `VAL(x$) = 0`.

Darüber hinaus stehen weitere Funktionen zur Verfügung, z.B. zur Umwandlung zwischen numerischen Werten und Zeichenketten, zur Verwendung des ASCII-Zeichensatzes sowie zur Ermittlung der Position einer gesuchten Teilkette.

Felder

Von den strukturierten Datentypen ist in BASIC nur der Datentyp Feld realisiert. Die Feldvereinbarung erfolgt mit Hilfe der `DIM`-Anweisung, z.B. in der Form

```
DIM A(12), B(3,5)
```

Hierdurch werden ein eindimensionales Feld `A` mit den 13 Feldelementen `A(0), A(1), ..., A(12)` sowie ein zweidimensionales Feld `B` mit den 24 Elementen `B(0,0), B(0,1), ..., B(3,5)` definiert.

Die Zählung der Feldindizes beginnt jeweils bei Null und endet mit dem angegebenen Wert. Wird am Anfang des Programms die Anweisung `OPTION BASE 1` gegeben, so beginnt bei allen Feldvereinbarungen die Zählung der Indizes mit 1.

Als Indexgrenzen sind in der `DIM`-Anweisung auch Ausdrücke mit numerischen Variablen zugelassen, für welche die Werte zuvor durch das Programm ermittelt oder eingelesen worden sind. Es können bis zu 255 Indizes je Feld definiert werden; die Anzahl der Feldelemente ist für jede Dimension auf 32767 beschränkt. Bei der Ausführung der `DIM`-Anweisung erhalten die Elemente numerischer Felder die Wertbelegung 0, die Elemente von Zeichenkettenfeldern haben variable Länge und als Anfangswertbelegung den leeren Text.

Eine Besonderheit stellt in BASIC die implizite Feldvereinbarung dar: tritt ein Feldname in einem Programm auf, ohne daß zuvor eine Feldvereinbarung für seinen Namen getroffen wurde, so wird standardmäßig ein eindimensionales Feld mit der Feldvereinbarung `DIM Feldname(10)` angenommen. Diese in manchen Fällen bequeme Festsetzung erweist sich aber gelegentlich als Fehlerquelle: so spricht zum Beispiel `LN(2)` eine Komponente eines als implizit vereinbart angenommenen Feldes an, das mit dem Wert Null vorbelegt ist; der vom Programmierer eventuell gemeinte natürliche Logarithmus ist unter dem Funktionsnamen `LOG` anzusprechen.

A.2 Anweisungen und Steuerstrukturen

Programmzeilen

BASIC-Programme sind in Programmzeilen gegliedert. Jede Zeile beginnt mit einer Zeilennummer zwischen 0 und 65529, die innerhalb des Programms als Marken dienen und außerdem durch den integrierten Editor benutzt werden. Die Zeilennummern werden in aufsteigender Reihenfolge verwendet.

Im Anschluß an die Zeilennummer folgt in der Zeile jeweils eine BASIC-Anweisung. Weitere Anweisungen können sich in derselben Zeile anschließen und sind jeweils durch einen Doppelpunkt voneinander abzutrennen; mit Rücksicht auf die erwünschte Übersichtlichkeit von Programmen machen wir jedoch von dieser Möglichkeit keinen Gebrauch.

Den Abschluß einer Programmzeile kann ein erläuternder Kommentar bilden; er wird mittels eines Apostrophs an den Inhalt der Programmzeile angefügt. Zusätzlich steht das Schlüsselwort `REM` (remark) zur Verfügung, womit Kommentare als selbständige Anweisungen formuliert werden können. Maximal kann eine Programmzeile 255 Zeichen aufnehmen und sich also über mehrere Bildschirmzeilen erstrecken.

In Anweisungen stehen Namen und reservierte Wörter durch Leerstellen oder Sonderzeichen voneinander getrennt. Dies ist erforderlich wegen der variablen Zeichenanzahl der Namen. Unzulässig sind damit Kompaktschreibweisen für Anweisungen, wie sie etwa in der Form `FORI=1TON` von manchen Programmierern in Elementar-BASIC bevorzugt werden. Den Verzicht auf solche Schreibweisen bewerten wir nicht als Einschränkung, da sie nur in Situationen mit geringem Programmspeicherplatz gerechtfertigt waren; im Gegenteil wird durch optische Gliederung die Lesbarkeit und Übersichtlichkeit des entstehenden Programms wesentlich verbessert, was für die Programmpflege von großer Bedeutung ist.

Wertzuweisungen

Wertzuweisungen besitzen die Gestalt `LET v = a` oder auch `v = a` mit einer Variablen oder einem Feldelement `v` und einem Ausdruck `a`, die entweder beide numerisch oder beide vom Zeichenkettentyp sind. Zunächst wird `a` ausgewertet, danach wird das Ergebnis nach `v` übernommen. Wenn bei einer numerischen Wertzuweisung der Datentyp des Auswertungsergebnisses nicht mit dem Datentyp von `v` übereinstimmt, wird vor der Übertragung eine Umwandlung vorgenommen und der Wert bei Bedarf gerundet.

Zum Austausch der Wertbelegung zweier Variablen oder Feldelemente desselben Datentyps steht die `SWAP`-Anweisung zur Verfügung:

```
SWAP v1, v2
```

Ein- und Ausgabeanweisungen

Für die Eingabe von Werten über die Tastatur dient die Anweisung

```
INPUT Eingabeliste
```

In der Eingabeliste sind die Namen derjenigen Variablen und Feldelemente zu nennen, denen durch die Eingabe Werte zugewiesen werden sollen, wie etwa

```
INPUT a, Zahl, Text$, F(7)
```

Bei der Ausführung einer solchen Anweisung erscheint auf dem Bildschirm ein Fragezeichen, und das System wartet mit der Fortsetzung des Programmlaufs solange, bis passende Werte in richtiger Anzahl und Reihenfolge über die Tastatur eingegeben sind; enthält die Eingabeliste mehr als ein Element, so werden die verschiedenen Zahl- bzw. Zeichenkettenkonstanten durch Kommata abgetrennt eingegeben. Hierbei können Zeichenkettenkonstante ohne einschließende Anführungszeichen eingegeben werden, es sei denn, daß der Zeichenkettenwert selbst ein Komma enthält. Hat man in der `INPUT`-Anweisung eine Zeichenkettenkonstante vor der Variablenliste eingefügt, so wird ihr Wert während des Programmlaufs als Eingabeaufforderung auf dem Bildschirm wiedergegeben. Beispiel:

```
INPUT "Eingabe des Zählers", Z
```

In analoger Weise können Werte aus einer sequentiellen Datei übernommen werden mit Hilfe von

```
INPUT # Dateinummer, Eingabeliste
```

Spezielle Werte oder größere Zahlenfelder brauchen nicht bei jedem wiederholten Programmlauf neu eingegeben zu werden, sondern können durch die Anweisung

```
READ Eingabeliste
```

aus `DATA`-Anweisungen eingelesen werden, die selbst Bestandteil des Programms sind. Die `DATA`-Anweisungen enthalten die Konstanten in derselben Form, wie sie zuvor für die Eingabe über die Tastatur mit `INPUT` beschrieben worden ist. Mehrere `DATA`-Anweisungen gelten als Fortsetzungen voneinander, und aufeinanderfolgende `READ`-Anweisungen benutzen die in den `DATA`-Zeilen abgelegten Werte linear aufeinanderfolgend. Beispiel:

```
100 REM Einlesen einer Matrix A und eines Vektors F
110 :
120 N = 4
130 :
140 REM Matrix A, zeilenweise:
150 DATA  1,  2, -3, -1
160 DATA -3, -7,  2,  1
170 DATA  4,  9, -5,  3
180 DATA  2, -1,  6, -2
190 :
200 REM rechte Seite F
210 DATA  1,  6, -2,  3
220 :
230 DIM A(N,N), F(N)
240 :
250 FOR I=1 TO N
260   FOR K=1 TO N
270     READ A(I,K)
280   NEXT K
290 NEXT I
300 FOR I=1 TO N
310   READ F(I)
320 NEXT I
```

Eine Abweichung von der Reihenfolge der `DATA`-Zeilen ist möglich mit Hilfe der Anweisung `RESTORE`, wodurch erreicht wird, daß die darauffolgende `READ`-Anweisung in der ersten `DATA`-Zeile des Programms zugreift. Analog hat die Anweisung `RESTORE n` zur Folge, daß anschließend die `DATA`-Anweisungen ab der Programmzeile mit der Nummer `n` benutzt werden.

Zur Anzeige von Werten auf dem Bildschirm dient die Anweisung

```
PRINT Ausgabeliste
```

Hier können wie in Eingabelisten Variable und Feldelemente aufgeführt werden; darüber hinaus sind auch Ausdrücke möglich, insbesondere also auch Konstante, wobei Zeichenkettenkonstante in Anführungszeichen einzuschließen sind. Beispiel:

```
PRINT X; "quadriert ergibt"; X*X
```

Wenn man zwischen zwei Elementen der Ausgabeliste ein Semikolon verwendet, so wird der zweite Wert unmittelbar benachbart zum ersten angezeigt; im Anschluß an eine Zahl folgt hierbei zur Abtrennung immer eine Leerstelle, und bei positiven Zahlen wird zusätzlich das Vorzeichen durch eine Leerstelle ersetzt. Dient in der Ausgabeliste zwischen zwei Elementen hingegen ein Komma zur Aufzählung, so wird von einer Gliederung der Ausgabezeile in bestimmte Bereiche ausgegangen und der zweite Wert wird zu Beginn des ersten freien Bereichs nach dem vorherigen Wert angezeigt. Bei Bedarf wird die Ausgabe in der nächsten Bildschirmzeile fortgesetzt.

Zum Einfügen von Leerstellen dient die `SPC`-Anweisung; Tabulatoren können mit `TAB` gesetzt werden.

Bilden in einer `PRINT`-Anweisung Semikolon, Komma, `SPC` oder `TAB` den Abschluß, so wirken sie in der beschriebenen Weise auf die nächste `PRINT`-Anweisung. Ansonsten erfolgt nach Abschluß einer Ausgabeanweisung ein "Wagenrücklauf mit Zeilenvorschub", so daß die Werte der nachfolgenden Ausgabeanweisung in der nächsten Zeile angezeigt werden. Beispiel:

```
 80 N = 4
 90 DIM C(N,N)
 ...
800 FOR I = 1 TO N
810   FOR K = 1 TO N
820     PRINT C(I,K);
830   NEXT K
840   PRINT
850 NEXT I
```

Hier wird ein `4•4`-Zahlenfeld zeilenweise ausgedruckt; die leere `PRINT`-Anweisung in Zeile `840` bewirkt die Fortsetzung der Ausgabe in einer neuen Zeile.

Mit Hilfe von `PRINT USING` können Formatierungswünsche vereinbart werden, `LPRINT` lenkt die Ausgabe der anschließenden Liste auf den Drucker, `PRINT # Dateinummer, Variablenliste` schreibt Werte in eine sequentielle Datei.

Zusätzlich gibt es noch die Ausgabeanweisungen `WRITE Ausgabeliste` bzw. `WRITE # Dateinummer, Ausgabeliste`. Sie unterscheiden sich von der Ausgabe mit Hilfe von `PRINT` dadurch, daß nun mehrere ausgegebene Werte durch Kommata abgetrennt und Zeichenkettenwerte in Anführungszeichen eingeschlossen werden; bei positiven Zahlen entfällt die führende Leerstelle.

Sequenz und Sprunganweisung

Für die Zusammenfassung mehrerer aufeinanderfolgender Anweisungen zu einer Sequenz gibt es keinen eigenen Sprachbestandteil. Die Anordnung der Programmzeilen mit ihren Zeilennummern definiert die Ausführungsreihenfolge, es sei denn, es wird eine Abweichung mit Hilfe einer Steuerstruktur erzwungen.

Die unbedingte Sprunganweisung hat die Gestalt

```
GOTO n
```

Dabei ist `n` die Nummer einer Programmzeile des vorliegenden Programms. Sie bewirkt die Fortsetzung der Programmausführung in Zeile `n`. Wir verwenden die Sprunganweisung als Hilfsmittel zum Aufbau strukturierter Steueranweisungen.

Bedingte Anweisungen

Zum Sprachumfang gehört die einseitige Entscheidung (wenn-dann) in der Form

```
IF Bedingung THEN Anweisungen
```

sofern die Anweisungen, durch Doppelpunkte getrennt, in derselben Programmzeile Platz finden. Ist dies nicht der Fall, so ist die folgende Hilfskonstruktion zweckmäßig:

```
z  IF entgegengesetzte Bedingung THEN z1: REM wenn
z    Anweisungen
z1 REM wenn-Ende
```

`z` steht hier jeweils für aufeinanderfolgende Zeilennummern des Programms; die Kommentarzeile mit der Zeilennummer `z1` kennzeichnet das Ende des `THEN`-Teils und dient als Sprungziel, sie kann also nicht entfallen. Die entgegensetzte Bedingung realisiert man jeweils in der Form `NOT Bedingung`.

Die Alternative (wenn-dann-sonst) wird in der folgenden Gestalt formuliert:

```
IF Bedingung THEN Anweisungen_1 ELSE Anweisungen_2
```

soweit eine Programmzeile dafür ausreicht. Bestehen die Anweisungen nach `THEN` bzw. nach `ELSE` nur aus einem unbedingten Sprungbefehl `GOTO Anweisungsnummer`, so kann die Kurzform `THEN Anweisungsnummer` bzw. `ELSE Anweisungsnummer` benutzt werden.

Passen nicht alle Anweisungen der Alternative in eine Zeile, benutzen wir die folgende Hilfskonstruktion:

```
z  IF NOT Bedingung THEN z1: REM wenn
z    Anweisungen_1
z    GOTO z2
```

```
z1 REM sonst
z    Anweisungen_2
z2 REM wenn-Ende
```

In analoger Weise ist die Nachbildung einer Fallunterscheidung (wenn-dann - sonst-wenn-dann - sonst) mittels bedingter und unbedingter Sprünge möglich:

```
z  IF NOT Bedingung_1 THEN z1: REM wenn
z    Anweisungen_1
z    GOTO z3
z1 IF NOT Bedingung_2 THEN z2: REM sonst
z    Anweisungen_2
z    GOTO z3
z2 REM sonst
z    Anweisungen_3
z3 REM wenn-Ende
```

Das Sprachkonstrukt

```
ON numerischer Ausdruck GOTO Zeilennr_1, ..., Zeilennr_k
```

erlaubt eine mehrteilige Verzweigung. Hierzu muß der Wert des numerischen Ausdrucks zwischen 0 und 255 liegen. Sein zu einer ganzen Zahl gerundeter Wert n bestimmt das Sprungziel durch Abzählen: es wird zu der n-ten aufgezählten Programmzeile verzweigt; ist n = 0 oder n > k, so wird die Anweisung ignoriert. Die `ON-GOTO`-Anweisung stellt nur eine Hilfe zur Nachbildung der Fallanweisung dar, denn sie kennt keinen gemeinsamen Abschluß.

Analog dient die Anweisung

```
ON numer. Ausdruck GOSUB Zeilennr_1, ..., Zeilennr_k
```

zur Auswahl von Unterprogrammaufrufen; nach Abschluß der Unterprogrammausführung wird zur aufrufenden Stelle zurückgekehrt, und es wird diejenige Anweisung ausgeführt, die unmittelbar auf `ON...GOSUB` folgt.

Schleifen

Die zählergesteuerte Schleife hat die Gestalt

```
z  FOR Variable = a TO e STEP s
z    Anweisungen
z  NEXT Variable
```

Sie wird übersprungen, wenn `a>e` und `s>0` oder wenn `a<e` und `s<0` gilt. Die Angabe der Schrittweite durch `STEP s` kann entfallen; es gilt dann `s = 1`. Auf die Nennung des Variablennamens in der `NEXT`-Anweisung kann verzichtet werden, was wir aber nicht empfehlen. Die Laufvariable ist ganzzahlig oder reell; der letzte Fall kann wegen Rundungs- und Darstellungsfehlern zu Problemen führen.

Von den ereignisgesteuerten Schleifen gehört nur die Solange-Schleife zum Sprachumfang. Sie hat die folgende Form:

```
z  WHILE Bedingung
z    Anweisungen
z  WEND
```

Die anderen ereignisgesteuerten Schleifen gehören nicht zum Sprachumfang; als Hilfskonstruktionen für die Wiederhole-bis-Schleife eignet sich

```
z1 REM wiederhole
z    Anweisungen
z  IF NOT Bedingung THEN z1:   REM bis
```

Für die Schleife mit Mittelausgang dient uns

```
z1 REM wiederhole
z    Anweisungen_1
z    IF Bedingung THEN z2:     REM Wiederholung-Ende
z    Anweisungen_2
z    GOTO z1
z2 REM wiederhole-Ende
```

A.3 Unterprogramme

Möglichkeiten zur Blockstrukturierung und für die Benutzung von Unterprogrammen sind nur sehr eingeschränkt vorhanden: durch Anweisungsfunktionen und mit Hilfe der `GOSUB`-Anweisung. Hierbei gibt es keine lokalen Variablen.

Die Definition einer Anweisungsfunktion ist einzeilig:

```
DEF FNName (Parameterliste) = Ausdruck
```

Es handelt sich dabei um ein internes Unterprogramm. Der Datentyp des Funktionswertes wird durch `Name` festgelegt; `Name` und `Ausdruck` müssen entweder beide numerisch oder beide vom Zeichenkettentyp sein. Die Parameterliste enthält die Variablennamen der formalen Parameter; gleichnamige Variable des restlichen Programms werden davon nicht berührt. In dem Ausdruck können neben den formalen Parametern weitere Variable und auch Feldelemente des Programms auftreten. Nachdem die Definitionszeile ausgeführt ist, kann die Funktion aufgerufen werden, indem `FNName` mit aktuellen Parametern verwendet wird; sie ersetzen bei der Auswertung die formalen Parameter, und die anderen Variablen sowie die Feldelemente in dem Ausdruck werden mit ihren momentanen Werten als globale Variable benutzt. Beispiel:

```
DEF FNSINH(X) = (EXP(X)-EXP(-X))/2
```

Mit Hilfe der Anweisung

```
GOSUB Zeilennummer
```

wird von der linearen Abarbeitung der vorliegenden Anweisungen abgewichen, und die weitere Programmausführung wird bei der genannten Zeilennummer fortgesetzt. Im Unterschied zur unbedingten Sprunganweisung `GOTO Zeilennum-`

mer liegt hier aber ein Unterprogrammaufruf vor: wenn anschließend die Anweisung RETURN erreicht wird, so erfolgt ein Rücksprung an diejenige Stelle, die im Programmtext auf die Aufrufstelle folgt. Das so beschriebene Unterprogramm verfügt jedoch nicht über lokale Variable, und es ist auch keine Parameterübergabe möglich. Die Wertübertragung geschieht allein mit Hilfe der global gültigen Namen von Variablen und Feldern. Dies erfordert entsprechend vorsichtige Verwendung, wenn unerwünschte Nebeneffekte ausgeschlossen werden sollen.

Man erkennt daran, daß BASIC ursprünglich nicht zur Entwicklung größerer Programmsysteme gedacht war.

Ähnlich wie bei den Hilfskonstruktionen für fehlende Steuerstrukturen besteht aber auch hier die Möglichkeit, durch systematisches Vorgehen Ersatz für einige fehlende Strukturkonzepte zu gewinnen, etwa durch Nachbildung eines Prozedurkopfes mit einer Übersicht zu Eingangs- und Rückgabegrößen sowie lokalen Parametern. So wird man in größeren BASIC-Programmen die Unterprogramme nicht kommentarlos beginnen, sondern zum Beispiel die folgende Gestalt wählen:

```
z1 REM Unterprogrammname
z  :
z  REM Eingangsgrößen
z  REM Rückgabegrößen
z  REM lokale Größen
z  REM benötigte Unterprogramme
z  :
z  Anweisungen des Unterprogramms
z  RETURN
```

Als Eingangsgrößen werden diejenigen Variablen und Felder genannt, die vom Unterprogramm zur Durchführung seiner Aufgabe benötigt werden und vor dem Unterprogrammaufruf im aufrufenden Programmteil bereitgestellt sein müssen. Die Rückgabegrößen werden durch das Unterprogramm definiert; unter ihren Namen stehen die Ergebnisse der Unterprogrammausführung nach der Rückkehr in das aufrufende Programm dort zur Verfügung. Zur Vermeidung von Namenskonflikten ist die Aufzählung der lokalen Größen von Bedeutung; zugehörige Typ- und Feldvereinbarungen sind in den Kopf bzw. Vereinbarungsteil des Hauptprogramms aufzunehmen.

Ist es erwünscht, daß gewisse Eingangsgrößen verändert werden, so sind sie zugleich Rückgabegrößen, und nach Beendigung der Unterprogrammausführung haben sie dann im aufrufenden Programm nicht mehr den ursprünglichen Wert; in allen anderen Fällen sollte man das Überspeichern von Eingangsgrößen grundsätzlich vermeiden.

A.4 Ergänzungen

Zu GW-BASIC / BASICA gehört eine vollständige Programmierumgebung mit einem zeilenorientierten Editor.

Die Zeilennummern, die innerhalb des Programms als Marken verwendet werden, erleichtern zugleich Änderung und Korrektur des Programms: jede neu hinzukommende Zeile wird an der Stelle eingefügt, die ihr auf Grund der natürlichen Reihenfolge der Zeilennummern zukommt; eine bereits vorhandene Zeile wird dadurch geändert, daß man ihre Zeilennummer und den neuen Inhalt eingibt. Zweckmäßig wählt man deshalb für aufeinanderfolgende Zeilen nicht aufeinanderfolgende natürliche Zahlen als Zeilennummern, sondern man numeriert in größeren Schritten wie zum Beispiel Zehnerschritten; dadurch wird das nachträgliche Einfügen weiterer Zeilen möglich.

Der Befehl `RENUM` bewirkt eine Neu-Numerierung der Programmzeilen; hierbei werden die entsprechenden Referenzen aus bedingten und unbedingten Sprungbefehlen und Unterprogrammaufrufen mit angepaßt. Mit Hilfe des Befehls `AUTO` erhält man nach Betätigen der Eingabe-Taste automatisch die nächste Zeilennummer.

Das aktuelle Programm kann zur Überprüfung und Korrektur auf dem Bildschirm aufgelistet werden durch den Befehl `LIST`; Teile des Programms erhält man mit `LIST z1-z2`, wobei `z1` und `z2` Zeilennummern sind. Teile des vorhandenen Programms werden gelöscht durch `DELETE z1-z2`. Die Ausgabe einer Programmauflistung auf dem angeschlossenen Drucker wird erreicht durch `LLIST`, die Ausgabe entsprechender Teile durch `LLIST z1-z2`.

Ist das Programm eingegeben, so wird seine Ausführung begonnen durch `RUN`. Die Ausführung endet, wenn die Anweisung `END` erreicht oder die letzte Anweisung des Programms ausgeführt worden ist; zu diesem Zeitpunkt noch offene Dateien werden dabei geschlossen. Eine Programmausführung kann von außen oder mit der Anweisung `STOP` unterbrochen werden, wobei dann die zugehörige Zeilennummer dieser Anweisung angezeigt wird. Für Testzwecke ist es hierbei vorteilhaft, daß in diesen Fällen im direkten Modus Wertbelegungen angezeigt oder auch verändert werden können und daß anschließend die Programmausführung wieder aufgenommen werden kann.

Ein im Programmspeicher des jeweiligen Rechners befindliches BASIC-Programm wird durch den Befehl `SAVE "Name"` auf das eingestellte Standardlaufwerk kopiert und dort in der Datei `NAME.BAS` in binär verschlüsselter Form gespeichert; mit `SAVE "Name",a` wird die Speicherung als ASCII-Datei erreicht.

Durch die Verwendung des `SAVE`-Befehls mit dem Namen einer bereits vorhandenen Programmdatei wird diese mit dem momentanen Inhalt des Programmspeichers überschrieben, ohne daß eine Warnung gegeben oder eine Sicherungskopie angelegt würde; dies erweist sich häufig als schwerwiegender Mangel, da die alte Version dann nicht mehr einfach verfügbar ist. Zur Kontrolle ist es deshalb zweckmäßig, vorher den Inhalt des eingestellten Standardlaufwerks durch den Befehl `FILES` auf den Bildschirm schreiben zu lassen.

Ein in der Datei `NAME.BAS` gespeichertes BASIC-Programm wird durch den Befehl `LOAD "Name"` in den Programmspeicher des Rechners kopiert; ein dort vorher vorhandenes Programm wird dabei gelöscht.

Ein im Programmspeicher vorhandenes BASIC-Programm kann direkt gelöscht werden durch den Befehl `NEW`. Zum Löschen von Dateien dient `KILL "..."`, wobei der vollständige Dateiname mit Dateinamenserweiterung einzusetzen ist.

Erwähnenswert ist, daß GW-BASIC mit `ON ERROR GOTO Zeilennummer` die Möglichkeit bietet, bei Laufzeitfehlern von der vorgesehenen Programmausführung abzuweichen und zur Programmzeile mit der angegebenen Nummer zu verzweigen. Dort kann programmgesteuert die Fehlerbehandlung aufgenommen werden auf der Grundlage der aktuellen Fehlermeldung; anschließend wird zur Fehlerzeile oder zur unmittelbar nachfolgenden Zeile zurückgekehrt, oder die Ausführung wird an einer anderen angegebenen Stelle des Programms fortgesetzt.

Zum Sprachumfang von GW-BASIC gehören zahlreiche weitere Möglichkeiten, z.B. zu einfacher Grafik (allerdings für veraltete Standards), sowie ein Tongenerator, worauf wir aber nicht eingehen.

A.5 Programmbeispiel

```
100 REM  Die Ulam-Aufgabe
110 REM  Zu einer eingegebenen natürlichen Zahl wird die
120 REM  entstehende Zahlenfolge angezeigt.
130 :
140 INPUT "Gib eine natürliche Zahl ein!  ", N
150 PRINT N;
160 WHILE N<>1
170   IF N/2<>INT(N/2) THEN N=3*N+1 ELSE N=N/2
180   PRINT N;
190 WEND
200 END
RUN
Gib eine natürliche Zahl ein!  35
 35  106  53  160  80  40  20  10  5  16  8  4  2  1
Ok
```

B. COMAL

Der Name ist die Abkürzung von COMmon Algorithmic Language. Die Ursprünge dieser Sprache reichen in das Jahr 1973 zurück, als sie B. R. Christensen in Dänemark für den Schulunterricht zur Datenverarbeitung entwickelte; Ausgangspunkt war die mangelnde algorithmische Ausstattung der BASIC-Versionen damaliger Kleincomputer. 1979 wurde eine erweiterte Version, die auch für kommerzielle Zwecke verwendet wird, unter dem Namen COMAL 80 veröffentlicht.

Ihre Kennzeichen sind einerseits das Übersetzen durch Interpretation und die interaktive Programmierumgebung ähnlich wie bei BASIC, wobei eine höhere Rechengenauigkeit bei größerer Ausführungsgeschwindigkeit erreicht wird; andererseits besteht eine umfassende Auswahl an Steuerstrukturen sowie die Möglichkeit zur Blockstrukturierung von Programmen.

B.1 Datenstrukturen

Grunddatentypen sind Zeichenketten sowie ganzzahlige und reelle numerische Größen. In der hier zugrunde gelegten Unicomal-Implementation sind ganze Zahlen zwischen $-2^{31} = -2\,147\,483\,648$ und $2^{31}-1 = +\,2\,147\,483\,647$ zulässig, und für reelle Zahlen x gilt entweder $x = 0$ oder $10^{-307} \leq |x| \leq 10^{+308}$ bei einer relativen Genauigkeit von 15 Dezimalstellen; die Zahl π ist als Systemkonstante mit der entsprechenden Genauigkeit fest vorgegeben.

Variablennamen dürfen auch nationale und einige andere Sonderzeichen enthalten (Umlaute, ß); Groß und Kleinschreibung wird unterschieden. Nach dem letzten Zeichen des Namens kann zur Typfestlegung ein Zeichen folgen:

für eine ganzzahlige Größe $ für eine Zeichenkette.

Tritt keines dieser beiden Zeichen auf, so handelt es sich um eine reelle Größe. Anders als in BASIC gilt das typfestlegende Zeichen # bzw. $ nicht als Bestandteil des Namens, sondern als Namenserweiterung. Dies hat zur Folge, daß etwa neben der Variablen `Name#` nicht auch noch Variable mit der Benennung `Name` oder `Name$` oder ein entsprechend benanntes Feld benutzt werden dürfen. Diese Einschränkung schließt Verwechslungen zwischen Größen aus, die denselben Namen tragen, aber verschiedene Datentypen bezeichnen. So werden auch Schreibfehler erkannt, wie etwa das Weglassen einer Namenserweiterung # bzw. $. Variable werden nicht mit einem bestimmten Wert vorbelegt, und die Verwendung einer nicht initialisierten Variablen in einem Ausdruck führt zu einer Fehlermeldung.

Zeichenkettenvariable können bis zu 40 Zeichen lang sein, ohne daß eine besondere Deklaration erforderlich wird. Sollen längere Zeichenketten verarbeitet werden, so kann man den Speicherbereich zum Beispiel für eine Variable `Text$` durch die folgende Anweisung auf 90 Zeichen erweitern:

```
DIM Text$ OF 90
```

Logische Größen werden durch reelle Zahlen simuliert: 0 steht für "falsch", 1 bzw. $\neq 0$ für "wahr". Wertzuweisungen mit Ergebnissen logischer Abfragen und Verknüpfungen sind möglich, zum Beispiel

```
0050  fertig := n>0 AND n = INT(n)
```

Als einzige strukturierte Datentypen sind Felder möglich. Sie werden mit Hilfe der `DIM`-Anweisung vereinbart. Im folgenden Beispiel werden Speicherplätze für Komponenten von `Feld` mit den Indizes `-3, -2, ..., 18,` von `Feld_2` mit den Indizes `1 ,..., 20` sowie für ein zweidimensionales `20•5`-Feld von Textgrößen mit der maximalen Länge von je 25 Zeichen reserviert:

```
DIM Feld(-3:18), Feld_2(20), Textfeld$(1:20,11:15) OF 25
```

Die Indizierung muß also nicht bei Null oder Eins beginnen, und in Feldvereinbarungen dürfen für die Angabe der Feldgrenzen auch Variable benutzt werden, soweit sie bereits mit einem Wert belegt sind.

Operationen

Zulässige Rechenoperationen sind die vier Grundrechenarten sowie das Potenzieren. Für ganze Zahlen werden zusätzlich die Operatoren `DIV` und `MOD` bereitgestellt. Numerische Standardfunktionen sind u.a. `ABS`, `ATN`, `COS`, `EXP`, `INT`, `LOG`, `RND`, `SGN`, `SQR`, `TAN`; ebenso gibt es Funktionen zur Bearbeitung von Textgrößen, zum Beispiel

`CHR$(x)`	das `x`-te Zeichen des ASCII-Zeichensatzes,
`LEN(A$)`	die Anzahl der Zeichen von `A$` (Länge)
`ORD(A$)`	die Kode-Nummer des ersten Zeichens von `A$`.

Außerdem gibt es Möglichkeiten zur Teilkettenbildung, die Konkatenation mit + und die Textvervielfachung mit `*`. Tritt `Text1$` als Teilkette in `Text2$` auf, so übergibt `Text1$ IN Text2$` die Position des ersten Zeichens von `Text1$` in der Zeichenkette `Text2$`, sonst den Wert 0.

Die Vergleichsoperatoren für numerische Größen und für Textgrößen stehen entsprechend wie in BASIC zur Verfügung. Logische Operatoren sind `AND`, `OR`, `NOT`; zusätzlich gibt es `OR ELSE` sowie `AND THEN` zur Kurzschlußauswertung anstelle von `OR` bzw. `AND`.

Die Hierarchie der Operatoren wird beschrieben durch:

(1) Klammern (2) Potenzierung (3) `*`, `/`, `DIV` und `MOD` (4) + und -
(5) Vergleichsoperatoren (6) `NOT` (7) `AND` und `AND THEN` (8) `OR` und `OR ELSE`

Operatoren gleicher Hierarchiestufe werden von links nach rechts ausgewertet.

B.2 Anweisungen und Steuerstrukturen

Jede Programmzeile nimmt eine Anweisung oder einen Bestandteil einer Steuerstruktur auf; sie beginnt mit einer vierstelligen Zeilennummer, die nur zum Editieren dient und nicht als Sprungmarke benutzt werden kann. In den Programmzeilen wird als Trennzeichen zwischen Schlüsselwörtern und Variablennamen jeweils eine Leerstelle benötigt. Im Anschluß an das Doppelzeichen `//` kann noch ein Kommentar angefügt werden.

Als Wertzuweisungszeichen wird `:=` verwendet. Damit gibt es eine klare Unterscheidung zwischen der Wertzuweisung und der Abfrage auf Gleichheit. Für das Inkrementieren einer numerischen Variablen gibt es neben der üblichen Form `N := N+3` auch eine Kurzform, `N :+ 3` ; entsprechend ist anstelle des Dekrementierens `M := M-5` die Kurzform `M :- 5` möglich.

Wertzuweisungen für ganze Felder können in der Beispielform `a() := 1` vorgenommen werden; Wertübertragungen zwischen Feldern sind zum Beispiel mit `b() := c()` möglich, falls die Feldangaben beider Felder übereinstimmen.

Die Ein- und Ausgabeanweisungen sind ähnlich wie in BASIC gestaltet. Hinzu kommt die Möglichkeit, als Eingabeaufforderung in der `INPUT`-Anweisung nicht nur eine Textkonstante, sondern auch eine Textvariable anzugeben:

```
INPUT Bemerkung$: Zahl1, Zahl2
```

Für das Einlesen von Konstanten aus `DATA`-Zeilen mit Hilfe der `READ`-Anweisung existiert über die BASIC-Konzepte hinaus die Standardfunktion `EOD` (End Of Data); sie hat die Belegung 1 (wahr), wenn das letzte Element der `DATA`-Zeilen gelesen wurde, sonst 0 (falsch). Damit kann ein Laufzeitfehler vermieden werden, wenn mehr Daten gelesen werden sollen als die `DATA`-Zeilen enthalten.

Werden die Größen einer Ausgabeliste durch Komma aufgezählt, so erlaubt eine vorangestellte `ZONE`-Anweisung auf bequeme Weise, Bereiche selbstgewählter gleicher Breite als Tabellenspalten festzulegen.

Zur Ausgabe aller Komponenten eines Feldes kann die Kurzform `PRINT Feldname()` benutzt werden.

Zum Lesen aus externen Dateien steht `READ FILE` zur Verfügung; in binär komprimierter Form können Dateien durch `WRITE FILE` beschrieben werden, `PRINT FILE` schreibt im ASCII-Format.

Unbedingte Sprunganweisungen sind möglich. Sie haben die Gestalt

```
GOTO Marke
```

und nehmen damit Bezug auf eine eigene Anweisung der Form `Marke:`, die innerhalb derselben (Unter-)Programmeinheit auftreten muß.

Bedingte Anweisungen

Für die einseitige Entscheidung gibt es sowohl eine einzeilige wie auch eine mehrzeilige Form:

```
IF Bedingung THEN Anweisung    bzw.    IF Bedingung THEN
                                         Anweisungen
                                       ENDIF
```

Bei der zweiten Möglichkeit folgt auf den Sprachbestandteil `IF ... THEN` in derselben Zeile keine Anweisung, und der anschließende Anweisungsblock muß mit `ENDIF` abgeschlossen werden.

Die Fallunterscheidung hat die Gestalt

```
IF Bedingung_1 THEN
  Anweisungen_1
ELIF Bedingung_2 THEN
  Anweisungen_2
ELSE
  Anweisungen_3
ENDIF
```

Analog sind allgemeinere Fallunterscheidungen möglich, in denen `ELIF ... THEN` mehrmals auftreten kann. Durch Weglassen aller `ELIF ... THEN` erhält man die Alternative.

Die Fallanweisung steht zur Verfügung in der Form

```
CASE Ausdruck OF
WHEN Werteliste_1
  Anweisungen_1
...
WHEN Werteliste_n
  Anweisungen_n
OTHERWISE
  Anweisungen
ENDCASE
```

Hier müssen `Ausdruck` sowie die in `Werteliste_1`, `Werteliste_2`, ... durch Komma aufgezählten Werte entweder nur numerisch oder nur Textgrößen sein. Die kürzeste Form der Fallanweisung enthält eine `WHEN`-Zeile mit zugehörigem Anweisungsblock und den Abschluß durch `ENDCASE`. Tritt der bei `Ausdruck` ermittelte Wert in keiner der Wertelisten auf und fehlt der Sonst-Teil mit `OTHERWISE`, so erhält man eine Fehlermeldung.

Schleifen

Die zählergesteuerte Schleife wird in der folgenden Gestalt verwendet, wobei `Zähler` numerisch ist; mit ganzzahligen Laufvariablen erreicht man eine schnelle

Programmausführung. Fehlt die Angabe `STEP`, so ist die Schrittweite 1. Die Laufvariable ist lokal innerhalb der Schleife; außerhalb ist sie nicht verfügbar:

```
FOR Zähler := Anfang TO Ende STEP Schrittweite DO
  Anweisungen
ENDFOR Zähler
```

Die einfachen ereignisgesteuerten Schleifen sind die Solange-Schleife und die Wiederhole-bis-Schleife:

```
WHILE Bedingung DO           bzw.        REPEAT
  Anweisungen                              Anweisungen
ENDWHILE                                 UNTIL Bedingung
```

Enthält der Wiederholungsbereich jeweils nur eine einzige Anweisung, so ist auch für die Schleifen jeweils eine einzeilige Kurzform zulässig:

```
FOR Zähler := Anfang TO Ende STEP Schritt DO Anweisung

WHILE Bedingung DO Anweisung

REPEAT Anweisung UNTIL Bedingung
```

Schleifen mit Mittelausgang sind ebenfalls vorhanden:

```
LOOP
  Anweisungen_1
  EXIT WHEN Bedingung
  Anweisungen_2
ENDLOOP
```

Die Bestandteile `EXIT` und `EXIT WHEN` können in allen Schleifen eingesetzt werden; eine Schleife mit Mittelausgang kann deshalb auch formuliert werden als:

```
LOOP
  Anweisungen_1
  IF Bedingung THEN EXIT
  Anweisungen_2
ENDLOOP
```

B.3 Unterprogramme

In COMAL können als Unterprogramme Prozeduren und Funktionen verwendet werden. Sie haben den Aufbau

```
PROC Prozedurname          bzw.        FUNC Funktionsname
  Anweisungen                            Anweisungen
ENDPROC                                  RETURN Ausdruck
                                       ENDFUNC
```

Im Anschluß an den Prozedurnamen bzw. Funktionsnamen kann in der Titelzeile der Unterprogrammdefinition eine Liste von formalen Parametern aufgeführt werden. Der Übergabemechanismus ist üblicherweise die Wertübergabe (call by value); Adreßübergabe (call by reference) erfordert, daß dem betreffenden formalen Parameter das Schlüsselwort `REF` vorangestellt wird. Der Aufruf einer Prozedur besteht aus einer Anweisung, die allein den Prozedurnamen nennt, eventuell gefolgt von der Liste der aktuellen Parameter; daneben kann für den Aufruf dem Prozedurnamen das Schlüsselwort `EXEC` vorangestellt werden. Eine Funktion wird in der gewohnten Weise dadurch aufgerufen, daß ihr Name, eventuell mit aktuellen Parametern, in einem Ausdruck benutzt wird; es wird dann derjenige Wert zurückgegeben, der in der Unterprogrammzeile `RETURN Ausdruck` entsteht.

Wenn keine weiteren Maßnahmen getroffen werden, so liegt die aus BASIC bekannte Situation der globalen Variablen vor: das Unterprogramm kann lesend und schreibend auf alle Variablen des rufenden Programms zugreifen. Wird jedoch die Titelzeile der Unterprogrammdefinition durch das Schlüsselwort `CLOSED` ergänzt, so wird das Unterprogramm eine selbständige Einheit: der direkte Zugriff auf Variable des rufenden Programms wird verhindert, und alle Variablen des Unterprogramms sind nur lokal gültig; entsprechende Anweisungen für Typ- und Feldvereinbarungen sind dann im Unterprogramm erforderlich. Zusätzlich wird im letzten Fall mit Hilfe der Anweisung `IMPORT Liste` der Zugriff auf solche Größen des rufenden Programms ermöglicht, die in `Liste` namentlich genannt sind.

Ein Unterprogramm kann lokale Unterprogramme enthalten, wenn sich deren Definitionen innerhalb der durch die Titelzeile und `ENDPROC` bzw. `ENDFUNC` vorliegenden Klammerung befindet. Nur gleichberechtigt nebeneinander stehende Unterprogramme können vom Hauptprogramm aus aufgerufen werden. Der Selbstaufruf von Prozeduren und Funktionen ist erlaubt, so daß in COMAL rekursives Programmieren möglich ist.

Beim Aufbau eines Gesamtprogramms ist die Reihenfolge der Programmeinheiten beliebig. Unterprogramme werden an ihrer Titelzeile `PROC...` bzw. `FUNC...` erkannt. Nur eine einzige Programmeinheit ohne eine derartige Titelzeile ist zulässig, und sie wird als das Hauptprogramm aufgefaßt, mit dem die Programmausführung begonnen wird. In den Programmzeilen dürfen also Aufrufe von Prozeduren oder Funktionen auftreten, die erst später definiert werden.

B.4 Ergänzungen

COMAL bietet als Spracherweiterung zu BASIC einen integrierten zeilenorientierten Editor, der demjenigen bei GW-BASIC sehr ähnlich ist. Zusätzlich wird jede eingegebene Programmzeile sofort einer Syntaxüberprüfung unterzogen, so daß erkennbare Schreibfehler nicht erst bei der Programmausführung bemerkt werden. Nachlässigkeiten des Programmierers, wie z.B. die Verwendung des Zeichens `=` anstelle des Doppelzeichens `:=` für eine Wertzuweisung werden stillschweigend korrigiert. Außerdem werden die Programmauflistungen automatisch durch Einrücken optisch gegliedert, so daß die logische Struktur des Programms deutlich wird; dadurch wird zum Beispiel sofort erkennbar, wenn eine begonnene Steuerstruktur nicht korrekt abgeschlossen ist. Der Systembefehl `SCAN` bewirkt die Überprüfung von Syntax und Ablauflogik des aktuellen Programms, ohne daß es ausgeführt wird; anschließend können Funktionen und Prozeduren des Programms bereits im Direktmodus benutzt werden.

Die Steuerung der Ausgabe wird ergänzt durch `SELECT OUTPUT`, wodurch die Ausgabe eines Programmlaufs zu Kontrollzwecken auf den Drucker bzw. auf den Bildschirm umgeleitet werden kann.

Als weitere Besonderheit ist die programmgesteuerte Behandlung von Laufzeitfehlern mit Hilfe des Befehls `TRAP` zu erwähnen:

```
TRAP
  Anweisungen_1
HANDLER
  Anweisungen_2
ENDTRAP
```

Bei Auftreten eines Laufzeitfehlers in den `Anweisungen_1` wird zur zweiten Anweisungsgruppe verzweigt, wo unter Berücksichtigung der Fehlermeldung und der aktuellen Fehlernummer weitergearbeitet werden kann.

Weiterhin sind die Möglichkeiten zum Aufbau und zur Verwendung von Programmbibliotheken von Bedeutung und die Eigenschaft, daß COMAL alle wichtigen Befehle zur Grafikprogrammierung enthält, sowohl für koordinatenbezogene Grafik als auch für die relative Grafik der Turtle-Geometrie.

B.5 Programmbeispiel

```
0100 //   Die Ulam-Aufgabe
0110 //   Zu einer eingegebenen natürlichen Zahl wird
0120 //   die entstehende Zahlenfolge angezeigt.
0130
0140 PRINT "Gib eine natürliche Zahl ein!  ";
0150 INPUT n
0160 PRINT n;
0170 WHILE n<>1 DO //  solange N<>1, wiederhole:
0180   IF n/2<>INT(n/2) THEN //  wenn N ungerade, dann:
0190     n:=3*n+1
0200   ELSE
0210     n:=n/2
0220   ENDIF
0230   PRINT n;
0240 ENDWHILE
0250 END
```

C. True BASIC

Zwanzig Jahre nach der Entwicklung des ursprünglichen BASIC erarbeiteten seine Autoren J. G. Kemeny und T. E. Kurtz 1984 den Vorschlag einer ANSI-Norm für BASIC und stellten dazu ihre Neuentwicklung True BASIC vor. Damit berücksichtigten sie die in der Zwischenzeit gewonnenen Erkenntnisse über Strukturierung und Modularisierung von Programmen und die daraus resultierende Kritik am Ur-BASIC, und sie brachten ihrerseits Kritik an den entstandenen zahlreichen BASIC-Dialekten zum Ausdruck.

Die neue Sprachversion ist weiterhin für Anfänger leicht erlernbar, ohne daß Kenntnisse über Besonderheiten der Hardware oder des Betriebssystems erforderlich wären. Die Schnittstelle zwischen Benutzer und Sprachsystem bleibt einfach und übersichtlich, und der Programmierer wird zum Schreiben von klarem Programmkode ohne Tricks angehalten. Durch Kompilation wird ein geräteunabhängiger Zwischenkode erzeugt, der auf andere Rechner übertragbar (portabel) ist. Erst in einem weiteren Übersetzungsschritt entsteht jeweils der Maschinenkode des lokalen Rechners.

C.1 Datenstrukturen

Zahlen und Zeichenketten

Grunddatentypen sind reelle Zahlen und Zeichenketten. Ganze Zahlen oder Zahlen höherer Genauigkeit sind also nicht als eigene Datentypen vorhanden; beim Arbeiten mit ganzzahligen reellen Werten wird jedoch durch internes Optimieren die Programmausführung beschleunigt. Der Wertebereich für die reellen Zahlen, zum Beispiel 10^{-99} bis 10^{+99}, ist anlagenabhängig. Hierbei liefert die Funktion `MAXNUM` den Wert der größten möglichen Zahl, und `EPS(x)` übergibt die kleinste Zahl, die bei Addition zu `x` noch zu einer Wertänderung führt; auf diese Weise zeigt `EPS(0)` die kleinste positive Zahl an. Die relative Genauigkeit der numerischen Berechnungen beträgt im allgemeinen 14 Dezimalstellen. Zeichenkettengrößen können bis zu 32000 Zeichen umfassen.

Namen für Variable, Felder, Funktionen oder Prozeduren beginnen mit einem Buchstaben und können bis zu 31 Zeichen lang sein, wobei Buchstaben, Zahlen und der Unterstreichungsstrich zugelassen sind; Groß- und Kleinbuchstaben werden dabei nicht unterschieden, Umlaute und sonstige Sonderzeichen sind ausgeschlossen. Das letzte Zeichen von Namen für Zeichenkettengrößen lautet `$`. Es ist erlaubt, für Zahlgrößen und Zeichenkettengrößen analoge Namen zu verwenden, zum Beispiel `X` und `X$`; eine solche Namenswahl ist dann jedoch nicht zugleich für ein Feld möglich. Schlüsselwörter sind als Variablennamen nicht erlaubt.

Als Operationen für reelle Zahlen stehen die Grundrechenarten und die Potenzierung zur Verfügung; für Zeichenkettengrößen gibt es die Konkatenation mit `&` als Operationszeichen, und es können Teilketten gebildet werden. Neben den üblichen numerischen Standardfunktionen `ABS, ATN, COS, INT, LOG, RND, SGN, SIN, SQR, TAN` sind u.a. die Logarithmusfunktionen zur Basis 2 und zur Basis 10 vorhanden sowie Funktionen zum Ermitteln des Vorkommateils und des Nachkommateils einer reellen Zahl und zum Abschneiden und Runden auf eine gewünschte Stellenzahl; die Zahl π liegt als Systemkonstante in maximaler Genauigkeit vor. Für Zeichenkettengrößen gibt es außer den geläufigen Standardfunktionen auch das Streichen führender oder abschließender Leerstellen, die Vervielfachung einer Zeichenkette und die Umwandlung in Groß- bzw. Kleinbuchstaben.

Numerische Variable werden mit dem Wert 0 vorbelegt, Zeichenkettenvariable mit dem leeren Text. Mit Hilfe der Anweisungen `OPTION TYPO` und `LOCAL` kann die Wertbelegung durch Voreinstellung vermieden werden: dann wird auf Schreibfehler überprüft, und nicht initialisierte Variable werden kritisiert.

Logische Ausdrücke

Logische Größen bilden keinen eigenen Datentyp, sondern sie werden durch Zahlen simuliert: 0 steht für "falsch", 1 bzw. $\neq 0$ ersetzt "wahr". Die Nachbildung logischer Variabler durch numerische Variable ist in True BASIC nicht erlaubt. So ist zum Beispiel die Anweisung `IF f THEN LET c=0` unzulässig; richtig wäre: `IF f<>0 THEN LET c=0`. Auch die Zuweisung eines logischen Ausdrucks an eine Zahlvariable ist nicht möglich: statt `LET ok = (n>0)` muß formuliert werden: `IF n>0 THEN LET ok = 1 ELSE LET ok = 0`.

Vergleiche können entweder zwischen numerischen Größen oder zwischen Zeichenkettengrößen angestellt werden. Logische Operatoren sind `NOT`, `AND` und `OR`; hierbei bindet `NOT` am stärksten und `OR` am schwächsten. Die logischen Operatoren werden auf Vergleichsausdrücke oder ersatzweise auf numerische Ausdrücke angewandt, jedoch nicht auf Variable. Für `AND` und `OR` gilt immer die Kurzschlußauswertung.

Felder

Felder können bis zu zehn Indizes besitzen. Beispiele für Feldvereinbarungen sind

```
DIM A(7), B(3,6), TEXT$(1970 TO 1999), C(15, -10 TO 45)
```

In den Feldangaben sind nur ganzzahlige Konstante erlaubt, und bei der Kurzform der Feldvereinbarung beginnt die Indizierung jeweils bei 1. Nachträgliche Redimensionierung ist zulässig, wenn dabei die Anzahl der Indizes nicht verändert wird.

Für numerische Felder gleicher Größe und Dimensionierung kann die elementweise Summe bzw. Differenz einfach mit den Operationszeichen + bzw. - berechnet werden; entsprechend wird bei passenden zweidimensionalen numerischen Feldern durch * die Matrizenmultiplikation ausgeführt. Für quadratische Zahlenfelder stehen als Standardfunktionen auch die Determinante und die Inverse Matrix bereit; die Einheitsmatrix ist vordefiniert, ebenso die Nullmatrix sowie eine leere Textmatrix. Auch können die Anzahl der Elemente eines Feldes sowie die aktuellen Grenzen für jeden einzelnen Index abgefragt werden.

C.2 Anweisungen und Steuerstrukturen

Jede Anweisung beginnt mit einem Schlüsselwort und belegt eine Programmzeile, Steuerstrukturen belegen zum Teil mehrere Programmzeilen. Zeilennummern sind nicht erforderlich; sie werden nur dann benötigt, wenn alte BASIC-Konstrukte wie `GOTO Zeilennummer` oder `GOSUB Zeilennummer` verwendet werden. Wenn jedoch eine Zeilennummer auftritt, so müssen alle Programmzeilen numeriert sein.

Zur Abtrennung zwischen Schlüsselwörtern und Namen ist jeweils ein Leerzeichen erforderlich, weitere Leerzeichen sind zur Gliederung möglich. Zwischen Groß- und Kleinbuchstaben wird in Schlüsselwörtern und Namen nicht unterschieden; sie können in beliebiger Mischung benutzt werden und bleiben in der geschriebenen Weise erhalten.

Eine Programmzeile kann bis zu 32000 Zeichen aufnehmen, jedoch nur eine Anweisung fassen. Leerzeilen sind erlaubt. Den Abschluß einer Programmzeile kann ein Kommentar bilden; er wird nach einem Ausrufezeichen angefügt. Außerdem steht noch das Schlüsselwort `REM` zur Verfügung, um Kommentare als selbständige Anweisungen zu formulieren. Der Quelltext eines Hauptprogramms muß mit der Anweisung `END` abgeschlossen werden.

Wertzuweisungen

Generell erfordern Wertzuweisungen für Variable und Feldelemente das Schlüsselwort `LET`, sofern man nicht zu Programmbeginn `OPTION NOLET` einstellt:

```
LET v = a
```

Bei Operationen mit Feldern tritt an die Stelle von `LET` das Schlüsselwort `MAT`; so dient `MAT a = x` zur Wertübertragung, die numerischen Operationen sind:

```
MAT a = b + c   zur komponentenweisen Addition,
MAT d = b - c   zur komponentenweisen Subtraktion,
MAT p = b * c   zur Matrizenmultiplikation.
```

Innerhalb solcher Anweisungen ist immer nur eine einzelne Feldoperation erlaubt.

Ein- und Ausgabeanweisungen

Zur Ein- und Ausgabe stehen neben den bei GW-BASIC genannten Möglichkeiten zahlreiche weitere zur Verfügung.

Sind in einer `PRINT`-Anweisung in der Ausgabeliste die Elemente durch Komma aufgezählt, so wird auf eine Bereichseinteilung der Ausgabezeile Bezug genommen; die jeweilige Breite dieser Bereiche kann gewählt werden, und die momentane Einstellung kann abgefragt werden. Entsprechendes gilt für die Zeilenlänge. Reelle Zahlen mit ganzem Wert werden ganzzahlig angezeigt, unabhängig von der benötigten Stellenzahl. Wenn reelle Zahlen mit Nachkommateil nicht mehr als sechs Ziffern benötigen, so werden sie bei der Ausgabe in dieser Form wiedergegeben; sonst wird gerundet mit Exponentialangabe, sechs Dezimalziffern und zweistelligem Exponent ausgegeben. Die Anzeige höherer Genauigkeit erreicht man durch `PRINT USING`.

Mit `MAT PRINT Feld1; Feld2, ...` werden ganze Felder ausgegeben, Semikolon oder Komma wirken auf die Gliederung der Anzeige des vorangehenden Feldes; bei mehrdimensionalen Feldern erfolgt die Ausgabe zeilenweise, mehrere Felder innerhalb einer Ausgabeanweisung werden jeweils durch eine Leerzeile voneinander abgetrennt.

Bei Eingabeanweisungen ist die Anzeige einer Eingabeaufforderung in der Form

```
INPUT PROMPT Ausdruck$: Eingabeliste
```

möglich. Die Werte zu den Elementen der Eingabeliste werden bei der Eingabe über die Tastatur durch Komma abgetrennt; führende und nachfolgende Leerstellen werden dabei ignoriert. Zeichenkettenwerte können ohne Anführungszeichen eingegeben werden, es sei denn, es sollen führende oder abschließende Leerstellen oder Komma als Bestandteil der Zeichenkette aufgefaßt werden. Zusätzlich dient `LINE INPUT` dazu, eine vollständige Eingabezeile in eine Zeichenkettenvariable zu übernehmen.

Beim Einlesen von Werten aus `DATA`-Zeilen des Programms mit Hilfe der `READ`-Anweisung liefert `MORE DATA` die Information "wahr", wenn noch weitere Elemente in `DATA`-Zeilen zum Einlesen bereitstehen; `END DATA` ist "wahr", wenn keine Daten mehr vorhanden sind.

`MAT READ` und `MAT INPUT` erlauben, ganze Felder mit Eingabewerten zu belegen. In der Form `MAT INPUT a(12)` wird dabei für das numerische Feld `a` mit der Eingabeanweisung eine Redimensionierung vorgenommen; mit `MAT INPUT a(?)` wird eine Veränderung der Feldangabe in Abhängigkeit von der Eingabe erreicht: die Indizierung beginnt bei `1` und endet mit der letzten eingegebenen Komponente.

Entsprechend stehen Ein- und Ausgabeanweisungen für Dateien zur Verfügung.

Bedingte Anweisungen

Für die einseitige Entscheidung gibt es sowohl die einzeilige wie auch die blockorientierte Form:

```
IF Bedingung THEN Anweisung    bzw.    IF Bedingung THEN
                                         Anweisungen
                                       END IF
```

Entsprechend steht auch die Alternative sowohl einzeilig

```
IF Bedingung THEN Anweisung_1 ELSE Anweisung_2
```

als auch blockorientiert zur Verfügung:

```
IF Bedingung THEN
  Anweisungen_1
ELSE
  Anweisungen_2
END IF
```

Fallunterscheidungen werden erfaßt durch die Struktur

```
IF Bedingung_1 THEN
  Anweisungen_1
ELSEIF Bedingung_2 THEN
  Anweisungen_2
ELSE
  Anweisungen_3
END IF
```

Weitere `ELSEIF-...-THEN`-Zeilen mit jeweils zugehörigem Block sind möglich; der `ELSE`-Teil kann entfallen.

Die Fallanweisung hat die Gestalt

```
SELECT CASE Ausdruck
CASE Auswahl_1
  Anweisungen_1
CASE Auswahl_2
  Anweisungen_2
CASE ELSE
  Anweisungen_3
END SELECT
```

Dabei sind zusätzliche `CASE-Auswahl_n`-Teile erlaubt, und auf den `CASE-ELSE`-Teil kann verzichtet werden. `Auswahl_k` ist hierbei eine Aufzählung von Konstanten oder Testausdrücken in Konstanten, so daß sowohl diskrete Werte wie auch Intervallabfragen geprüft werden können. Beispiele hierfür sind je nach dem Datentyp von `Ausdruck` etwa: `5, "Mai", -20 TO 30, "E" TO "H", IS < 40` . Ist eine Fallanweisung ohne `CASE ELSE` konzipiert und trifft mit dem Wert von `Ausdruck` keine Prüfung zu, so erhält man einen Laufzeitfehler.

Schleifen

Die zählergesteuerte Schleife lautet

```
FOR Laufvariable = Anfang TO Ende STEP Schrittweite
  Anweisungen
NEXT Laufvariable
```

`Laufvariable` ist numerisch. In der `FOR`-Zeile kann die Angabe `STEP Schrittweite` entfallen; es gilt dann die Schrittweite 1. Bei unverträglichen Werten von `Anfang`, `Ende` und `Schrittweite` wird die Schleife als abweisende Schleife realisiert. Im Wiederholungsbereich der Schleife kann `EXIT FOR` auftreten, etwa im Zusammenhang mit einer einseitigen Entscheidung oder einer Alternative; die Zählschleife wird dann verlassen, und die Ausführung wird unmittelbar nach `NEXT Laufvariable` fortgesetzt.

Ereignisgesteuerte Schleifen besitzen die allgemeine Form

```
DO
  Anweisungen
LOOP
```

Mit Hilfe des Sprachbestandteils `EXIT DO` werden dabei Schleifen mit Mittelausgängen erfaßt. Die Solange-Schleife ist wiedergegeben durch

```
DO WHILE Bedingung
  Anweisungen
LOOP
```

Für die Wiederhole-bis-Schleife steht zur Verfügung

```
DO
  Anweisungen
LOOP UNTIL Bedingung
```

Auch die Kombination beider Schleifentypen ist möglich

```
DO WHILE Bedingung_1
  Anweisungen
LOOP UNTIL Bedingung_2
```

C.3 Unterprogramme

Prozeduren und Funktionen sind sowohl als interne wie auch als externe Unterprogramme möglich.

Externe Unterprogramme werden nach der `END`-Anweisung des Hauptprogramms oder als Bibliotheksroutinen definiert, und sie können unabhängig voneinander übersetzt werden. Mit dem aufrufenden Programm haben sie keine Variablen gemeinsam; die Wertübertragung erfolgt über die Parameterliste sowie den Funktionsnamen.

Interne Unterprogramme sind innerhalb der aufrufenden Programmeinheit definiert. Auf alle Größen des Oberprogramms können sie mit Hilfe der zugehörigen Namen zugreifen. Zusätzlich können in internen Unterprogrammen durch die Anweisung `LOCAL` lokale Variable und Felder deklariert werden, die für das Oberprogramm nicht sichtbar sind; gibt es im Oberprogramm Größen mit denselben Namen, so hat im Unterprogramm die lokale Definition Vorrang.

Prozeduren haben den folgenden Aufbau, wobei in `Liste` die formalen Parameter aufgeführt werden:

```
SUB Prozedurname (Liste)
  Anweisungen
END SUB
```

Zur Definition von Funktionen bestehen zwei Möglichkeiten: die einzeilige Form

```
FUNCTION Funktionsname (Liste) = Ausdruck
```

sowie die allgemeine Form

```
FUNCTION Funktionsname (Liste)
  Anweisungen
  LET Funktionsname = Ausdruck
END FUNCTION
```

Im letzten Fall muß vor der Rückkehr in das aufrufende Programm eine Anweisung ausgeführt worden sein, die dem Funktionsnamen ohne Parameterliste einen Wert zuweist. Unter den Anweisungen kann auch `EXIT FUNCTION` bzw. bei Prozeduren `EXIT SUB` auftreten. Funktionsunterprogramme werden aufgerufen, indem ihr Name mit aktuellen Parametern in einem Ausdruck benutzt wird; hierzu wird die Verwendung interner und externer Funktionen durch Anweisungen der Gestalt

```
DECLARE FUNCTION Funktionsnamen
```

angekündigt. Der Aufruf von Prozeduren geschieht durch `CALL Prozedurname (...)`, wozu dann keine gesonderte Vorankündigung für den Prozedurnamen erforderlich ist. Wird ein Unterprogramm ohne formale Parameter definiert, so entfällt in der Definition und bei den Aufrufen auch das Klammernpaar nach dem Unterprogrammnamen.

Wenn Felder als formale Parameter verwendet werden, so ist in der Definitionszeile des Unterprogramms eine Information über die Anzahl der Indizes dadurch mit aufzunehmen, daß dem Feldnamen die Klammern und Kommata für die Indizierung nachgestellt werden, zum Beispiel

```
SUB Prozedurname ( b(,) )
```

Im Unterschied dazu wird bei Aufrufen eines solchen Unterprogramms der Name des aktuellen Feldparameters ohne Klammern eingesetzt:

```
CALL Prozedurname ( c )
```

Lokale Feldvereinbarungen für die formalen Feldparameter sind nicht erforderlich.

Zur Parameterübergabe gilt für Funktionen Wertübergabe (call by value), während für die Parameter von Prozeduren Adreßübergabe (call by reference) benutzt wird. Wenn hierbei als aktueller Parameter nicht einfach eine Variable oder ein Feld, sondern ein Ausdruck auftritt, so wird erst dessen Wert ermittelt und temporär zwischengespeichert, und die Prozedur verwendet dann diesen Speicherplatz für die Adreßübergabe; eine Änderung des zugehörigen formalen Parameters im Unterprogramm hat in diesem Fall keine Rückwirkung im aufrufenden Programm. Da zu einer Variablen oder einem Feldelement `v` bereits `(v)` als Ausdruck gilt, können durch solche aktuellen Parameter auch bei Prozeduraufrufen unerwünschte Rückwirkungen auf das aufrufende Programm verhindert werden.

Im Zusammenhang mit dynamischer Speicherverwaltung werden die lokalen Variablen bei jedem Unterprogrammaufruf erneut initialisiert, und die Wertbelegung von einem vorherigen Aufruf ist nicht mehr vorhanden; mit Hilfe von Modulen können lokale Werte jedoch permanent gehalten werden. Wenn beim Arbeiten mit `READ`- und `DATA`-Anweisungen in einem Unterprogramm `RESTORE` verwendet wird, so wirkt dies nur lokal in dem Unterprogramm.

Der Selbstaufruf von Unterprogrammen ist möglich, so daß in True BASIC rekursiv programmiert werden kann.

C.4 Ergänzungen

Mit zum True-BASIC-System gehört eine Programmierumgebung mit einem bildschirmorientierten Editor. Der Quelltext von Programmen wird in ASCII-Dateien abgelegt. Nach dem Start meldet sich das System auf dem PC-Bildschirm mit dem Programmfenster und dem davon getrennten Kommandofenster, in dem auch die Ergebnisse ausgegeben werden; Programmkode und Ausgabe können damit gleichzeitig auf dem Bildschirm betrachtet werden, und besonders hilfreich ist dabei für den Anfänger, daß in beiden Fenstern unabhängig voneinander zurückgeblättert werden kann. Wenn der verwendete Computer zur Klasse der IBM-kompatiblen Geräte gehört und über einen Arithmetik-Koprozessor verfügt, so wird er bei den numerischen Auswertungen mit eingesetzt.

Beachtung verdient die komfortable Art, mit der Laufzeitfehler abgefangen werden können, ohne daß der Programmlauf abgebrochen wird; hierbei sind auch nachträglich Informationen über die eingetretenen Fehlerbedingungen erhältlich:

```
WHEN EXCEPTION IN
  Anweisungen_1
USE
  Anweisungen_2
END WHEN
```

Wichtig sind die Möglichkeiten, mit Programmbibliotheken zu arbeiten. Sie enthalten externe Unterprogramme als Quelltext oder in kompilierter Form und können durch den Programmierer erweitert werden. Die Benutzung von Programmbibliotheken wird im Hauptprogramm angekündigt durch `LIBRARY Dateiname.`

Akustische Ausgabe und Grafiken können leicht erzeugt werden. Hierbei stehen spezielle Anweisungen wie `ROTATE` zum Drehen und `SCALE` zum Skalieren geometrischer Objekte zur Verfügung.

C.5 Programmbeispiel

In Ergänzung des bisher benutzten Algorithmus wird im folgenden Beispielprogramm auch die Zulässigkeit der Eingabe kontrolliert. Dazu dient eine externe Funktion `Eingabe`. Außerdem wird eine Funktion `ist_gerade` erklärt, die testet, ob ihr Argument eine gerade ganze Zahl ist.

```
! Beispielprogramm in True BASIC zur Ulam-Aufgabe
! Hauptprogramm
DECLARE FUNCTION Eingabe, ist_gerade
  LET a = Eingabe
  PRINT a;
  DO WHILE a>1                        ! Schleifenanfang
    IF ist_gerade(a)=1 THEN
      LET a = a/2
    ELSE
      LET a = 3*a+1
    END IF
    PRINT ", ";a;
  LOOP                                ! Schleifenende
END                                   ! Ende des Hauptprogramms
FUNCTION Eingabe                      ! Funktion
  PRINT "Geben Sie eine positive ganze Zahl ein: "
  DO                                  ! Schleife mit Mittelausgang
    INPUT PROMPT "": n
    IF n>0 AND n=INT(n) THEN EXIT DO ! Mittelausgang
    PRINT n; "  Fehler. Eingabe wiederholen: ";
  LOOP                                ! Schleifenende
  LET Eingabe = n
END FUNCTION
FUNCTION ist_gerade(x)                ! Funktion
  IF (x/2)=INT(x/2) THEN
    LET ist_gerade = 1
  ELSE
    LET ist_gerade = 0
  END IF
END FUNCTION
```

Kapitel IV

FORTRAN

Diese Programmiersprache wurde zwischen 1954 und 1957 von J. Backus und seinen Mitarbeitern bei IBM, New York, entwickelt. Der Name FORTRAN steht als Abkürzung für FORmula TRANslator und zeigt die Herkunft der Sprache, die ursprünglich zur numerischen Behandlung naturwissenschaftlicher und technischer Aufgaben konzipiert wurde. Von anderen problemorientierten Programmiersprachen unterscheidet sich FORTRAN insbesondere dadurch, daß mehrere Datentypen für Zahlen zur Verfügung stehen, dabei auch komplexe Zahlen und zugehörige Standardfunktionen.

Als älteste höhere Programmiersprache hatte FORTRAN Einfluß auf die Entstehung späterer imperativer Sprachen, und umgekehrt kamen in FORTRAN zu dem am numerischen Rechnen orientierten Aufbau im Laufe der Entwicklung auch logische Größen und Zeichenketten als nichtnumerische Grunddatentypen hinzu. Wir schildern die gegenwärtig aktuelle Version FORTRAN 77; sie wurde durch die ANSI-Norm X3.9-1978 standardisiert und als DIN 66027 übernommen. Derzeit werden Weiterentwicklungen wie "FORTRAN 8x" und Nachfolger diskutiert, in denen neben den bisher fehlenden ereignisgesteuerten Schleifen und der Möglichkeit zum rekursiven Programmieren u.a. auch Konzepte zur Vektorisierung von Rechenoperationen verwirklicht werden können.

1 Datenstrukturen

FORTRAN verfügt als Grunddatentypen über ganze Zahlen, reelle Zahlen, reelle Zahlen höherer Genauigkeit, komplexe Zahlen, Zeichenkettengrößen und logische Größen. Zur Typbezeichnung dienen die Schlüsselwörter `INTEGER`, `REAL`, `DOUBLE PRECISION`, `COMPLEX`, `CHARACTER` bzw. `LOGICAL`.

Konstante

Der Datentyp von Konstanten wird durch ihre spezifische Schreibweise festgelegt.

So werden Ganzzahl-Konstante ohne Dezimalpunkt, mit oder ohne Vorzeichen, geschrieben; ihr Wert muß in einem zulässigen Bereich liegen, der von der jeweiligen Implementation abhängt. Beispiele:

```
103 ;  -24  ;  0 ;  +4096
```

Für reelle Konstante einfacher Genauigkeit gibt es die exponentfreie Darstellung mit verpflichtendem Dezimalpunkt, mit oder ohne Vorzeichen sowie mit einer festgelegten Maximalzahl wesentlicher Ziffern, z. B. neun; Beispiele:

```
3.14159 ;  -3. ;  .3 ;  0.000123456789
```

Außerdem ist die Schreibweise mit Exponentialangabe zugelassen, bei der auf die vorherige Gestalt `Eg` folgt mit einer Ganzzahl-Konstanten `g` eines beschränkten Wertebereichs und der Bedeutung $*10^g$; ein positives Vorzeichen in der Exponentialangabe kann entfallen, ebenso bei den vorausgehenden Ziffern der Dezimalpunkt. Zum Beispiel sind für `0.1E-3` mit dem Wert $0.1*10^{-3} = 10^{-4}$ gleichberechtigte Darstellungen: `0.0001` ; `1.E-4` ; `10.0E-5` ; `1E-4` ; jedoch ist `E-4` nicht zulässig, da der Exponentialangabe immer mindestens eine Ziffer vorausgehen muß.

Für reelle Konstante höherer Genauigkeit ist allein die Schreibweise mit Exponentialangabe zulässig, worin `D` an die Stelle von `E` tritt. Beispiel:

```
2.718281828459045D0
```

Komplexe Konstante, für die in der Mathematik die Schreibweise a + bi mit reellen Zahlen a und b üblich ist, werden in FORTRAN als Zahlenpaar notiert: (a,b) mit reellen Konstanten a und b, wobei auch ganze Zahlen erlaubt sind, die intern in wertgleiche reelle Konstante umgewandelt werden. Reelle Konstante höherer Genauigkeit hingegen sind nicht zugelassen. Realteil a und Imaginärteil b komplexer Größen werden in aufeinanderfolgenden Speicherworten abgelegt.

Zeichenkettenkonstante werden in Apostrophe eingeschlossen; die Zeichenauswahl ist dabei nicht auf den FORTRAN-Zeichensatz beschränkt, sondern jedes auf der Tastatur vorhandene bzw. im zugrundeliegenden Zeichenkode darstellbare Zeichen kann benutzt werden. Soll ein Apostroph selbst Bestandteil des Wertes einer Zeichenkettenkonstanten sein, so muß er doppelt angegeben werden. Beispiel: Der Zeichenkettenwert "Ableitung f '(x)" wird erfaßt durch die Zeichenkettenkonstante `'Ableitung f''(x)'`.

Die Logischen Konstanten sind `.TRUE.` und `.FALSE.` ; entsprechend sind auch logische Operatoren dadurch gekennzeichnet, daß sie zwischen Punkten eingeschlossen sind.

Für Konstante können Namen vereinbart werden mit Hilfe der `PARAMETER`-Anweisung. Beispiel: `PARAMETER (J=150)`

Die Wirkung einer solchen Anweisung besteht darin, daß der entsprechende Wert schon während der Programmübersetzung zugewiesen wird; als konstanter Wert kann er während der Programmausführung nicht geändert werden.

Namen, Typ- und Feldvereinbarungen

Das erste Zeichen eines Namens ist jeweils ein Buchstabe, danach können bis zu fünf weitere alphanumerische Zeichen folgen. Sonderzeichen sind nicht erlaubt. Soweit einzelne Sprachimplementationen Kleinbuchstaben zulassen, werden sie von Großbuchstaben nicht unterschieden, bleiben jedoch im allgemeinen erhalten.

Der Datentyp benannter Größen wird durch ihren Namen bestimmt. Ist keine sonstige Vereinbarung getroffen, so gilt eine implizite Typfestlegung gemäß der Namensregel: beginnt der Variablenname mit `I`, `J`, `K`, `L`, `M` oder `N`, so handelt es sich um eine ganzzahlige Größe, anderenfalls liegt eine reelle Größe einfacher Genauigkeit vor.

Abweichungen hiervon und insbesondere die Deklaration anderer als ganzzahliger und reeller Größen erfordern gesonderte Anweisungen. Mit Hilfe einer `IMPLICIT`-Anweisung legt man den Typ fest für Namen, die mit einem ausgewählten Buchstaben beginnen. Beispiel:

```
IMPLICIT INTEGER (F), COMPLEX(U-W), LOGICAL (L, T)
```

Explizite Typzuweisungen werden individuell für einzelne Namen getroffen, indem diese in eigenen Anweisungen nach der entsprechenden Typbezeichnung aufgezählt werden. Beispiele:

```
INTEGER A5, PRIM, PRIMZW, XN
REAL FS, K1, K2
DOUBLE PRECISION AY, K1D
COMPLEX T, Z
```

Hinsichtlich der Typfestlegung gilt die Hierarchie, daß explizite Typzuweisungen Vorrang haben vor Typvereinbarungen mit Hilfe von `IMPLICIT`-Anweisungen und diese wiederum stärker wirken als die Namensregel.

Im Zusammenhang mit der Typfestlegung wird bei Zeichenkettengrößen zugleich die Länge der Zeichenkette vereinbart durch die Angabe `CHARACTER*n` mit einer Ganzzahl-Konstanten n ohne Vorzeichen. Beispiele:

```
IMPLICIT CHARACTER*4 (C-E, Z)
CHARACTER*10 TEXTA, TEXTB*20, TEXTC
```

Im letzten Beispiel gilt die Kettenlänge 10 für alle diejenigen Größen, die keine individuelle Längenangabe aufweisen. Verwendet man hier das Schlüsselwort `CHARACTER` ohne Längenangabe, so hat es die Wirkung von `CHARACTER*1`.

Als einziger strukturierter Datentyp sind Felder vorhanden. Die folgende Feldvereinbarung reserviert Speicher für Feldelemente mit Indizes d_1, d_1+1, ..., d_2:

```
DIMENSION Feldname(d1:d2)
```

Als Kurzform der Feldangabe dient `DIMENSION Feldname (d2)` mit der Wirkung d_1=1. Felder können maximal 7 Indizes besitzen, und in einer `DIMENSION`-Anweisung können mehrere Felder aufgezählt werden. Beispiel:

```
DIMENSION A(4,7), B(0:4,3,-5:16), X(15), Z(1900:1990)
```

Die Speicherplatzzuordnung ist statisch, und die zugehörigen Reservierungen werden bereits bei der Übersetzung vorgenommen. Deshalb ist eine Redimensionierung von Feldern nicht möglich. Entsprechend sind die Feldgrenzen in `DIMENSION`-Anweisungen als Ganzzahl-Konstante oder allgemeiner als konstante Ganzzahl-Ausdrücke anzugeben. Variable Feldangaben, etwa in der Form `DIMENSION A(N,2*N)` sind nur in externen Unterprogrammen möglich und auch dann nur, wenn sowohl `A` als auch `N` formale Parameter des Unterprogramms sind.

Die Elemente eines Feldes werden jeweils in aufeinanderfolgenden Speicherworten abgelegt. Bei Feldern mit mehreren Indizes geschieht dies in der Weise, daß sich der erste Index am schnellsten und der letzte am langsamsten ändert; zweidimensionale Felder sind also spaltenweise abgespeichert. Wenn ein Feldelement angesprochen wird, so wird jeweils sein Speicherplatz aus der Adresse des ersten gespeicherten Feldelements mit Hilfe einer Indexrechnung ermittelt; zu ihrer korrekten Abwicklung wird die zugehörige Feldvereinbarung benutzt. Jedoch wird die aus der Feldvereinbarung resultierende Gesamtlänge des Feldes nicht überprüft, und bei Überschreitung wird auf anschließend gespeicherte Werte lesend oder schreibend zugegriffen.

Explizite Typvereinbarungen können zusätzlich Feld- und auch Längenangaben aufnehmen und ersetzen damit entsprechende `DIMENSION`-Anweisungen, z.B.:

```
INTEGER K(10:15)
COMPLEX C(3,6)
CHARACTER NAMEN(0:5)*20, TEXT(-2:30)*10
```

Feld- und Typvereinbarungen gelten wie auch die zugehörigen Namen jeweils nur innerhalb der lokalen Programmeinheit und liefern Informationen für den Übersetzungsprozeß; mit ihrer Hilfe wird sichergestellt, daß die Belegung der zugehörigen internen Speicherplätze in der richtigen Weise aufgefaßt und verarbeitet wird. Daher haben sie ihren Platz immer zu Beginn des Quelltextes der Programmeinheit, vor den ausführbaren Anweisungen.

Der Sprachstandard kennt keine Vorbelegung für die Werte nicht initialisierter Variablen und Feldelemente; bei ihrer Verwendung erhält man keine Fehlermeldung. Zwar gehen manche Implementationen von einer definierten Vorbelegung aus, jedoch ist eine Benutzung solcher zusätzlicher Eigenschaften mit einer erwünschten Portabilität von Programmen unverträglich.

Mit der `DATA`-Anweisung ist es jedoch möglich, z.B. für Variable und Felder Wertzuweisungen während des Übersetzungsprozesses vornehmen zu lassen :

```
DATA Namensliste1 /Werte1/, ..., Namenslistek /Wertek/
```

Hierdurch sind dann Anfangswerte für den Programmstart oder den ersten Aufruf eines Unterprogramms festgelegt. Beispiel:

```
DATA B /3.0/, X,Y /10.,-1.E-8/
```

Operationen

Für die numerischen Größen stehen die Grundrechenarten `+`, `-`, `*`, `/` und die Potenzierung mit `**` zur Verfügung. Hierbei wirkt der Divisionsoperator `/` zwischen Ganzzahl-Operanden als ganzzahlige Division. Es ist zulässig, numerische Ausdrücke gemischten Typs zu bilden, nur die Kombination von komplexen Größen mit rellen Größen höherer Genauigkeit ist ausgeschlossen. Sind numerische Größen verschiedenen Datentyps an einer Operation beteiligt, so wird vor der Auswertung erst in den genaueren beteiligten Datentyp umgewandelt. Beispiele: `2/3*5` ergibt den Wert `0` , `2*5/3` liefert `3` , `2.*(5/3)` führt zu `2.` , `2.*5/3` ergibt `3.333...` .

Für Zeichenkettengrößen gibt es die Verkettung mit `//` als Operationszeichen, und es können Teilketten gebildet werden.

Vergleichsoperatoren sind für numerische Ausdrücke und Zeichenkettengrößen benutzbar. Sie haben die Gestalt `.GT.` (Greater Than), `.GE.` (Greater than or Equal to), `.LT.` (Less Than), `.LE.` (Less than or Equal to), `.EQ.` (EQual) und `.NE.` (Not Equal), und sie liefern den entsprechenden logischen Wert.

Für komplexe Größen sind hiervon nur `.EQ.` und `.NE.` zugelassen. Beim Vergleich von Zeichenkettengrößen verschiedener Länge werden an die kürzere Zeichenkette Leerstellen angefügt, bis beide Operanden gleich lang sind, und anschließend wird auf Grund der lexikographischen Anordnung entsprechend dem Zeichenkode verglichen. Beispiele: `'X' .EQ. 'X '` ergibt den Wert `.TRUE.`, während `'X' .EQ. ' X'` zum Wert `.FALSE.` führt.

Logische Operatoren sind `.NOT.` für die Negation, `.AND.` für die Konjunktion, `.OR.` für die Disjunktion, `.EQV.` für die Äquivalenz, `.NEQV.` für die Antivalenz.

Die Hierarchie von Operationen betrifft Größen aller Datentypen, da logische Größen mit Hilfe von Vergleichsoperatoren auch aus numerischen Größen oder Zeichenkettengrößen gebildet werden können. Sie ist wie folgt festgelegt:
(1) Klammern, (2) Funktionsaufrufe, (3) `**`, (4) Vorzeichenoperationen, (5) `*` und `/`, (6) `+` und `-`, (7) `//`, (8) Vergleichsoperatoren, (9) `.NOT.`, (10) `.AND.`, (11) `.OR.`, (12) `.EQV.` und `.NEQV.`
Bei Operationen gleicher Hierarchiestufe wird von links nach rechts ausgewertet.

Standardfunktionen

Dem Benutzer steht eine reiche Auswahl an Standardfunktionen zur Verfügung (intrinsic functions). Sie werden eingeteilt in eingebaute (inline) und Bibliotheksfunktionen (library functions). Eingebaute Funktionen stellen sogenannte offene Unterprogramme dar; sie können durch wenige Befehle in der Maschinensprache realisiert werden, und die Folge ihrer Maschinenbefehle wird bei der Übersetzung an jeder Stelle in das entstehende Objektprogramm eingefügt, an der das offene Unterprogramm aufgerufen wird. Im Unterschied dazu sind Bibliotheksfunktionen sowie vom Benutzer definierte externe Unterprogramme geschlossene Unterprogramme; während der Programmausführung liegen sie in übersetzter Form in einem eigenen Speicherbereich vor, und bei ihrem Aufruf findet ein Sprung in den Speicherbereich des Unterprogramms statt.

Standardfunktionen als eingebaute Funktionen gibt es für numerische Größen zur Typumwandlung, zum Runden und beispielsweise `ABS`, `MAX`, `MIN`, `MOD`; `INT` bezeichnet das Abschneiden der Nachkommastellen, während in anderen Programmiersprachen `INT(x)` die größte ganze Zahl ≤ `x` liefert - bei Anwendung auf negative Größen ergibt sich hier ein Unterschied.

Entsprechend gibt es eingebaute Funktionen für Zeichenkettengrößen, u.a. zur Längenbestimmung und zur Herstellung der Korrespondenz zwischen Einzelzeichen und zugehöriger Kode-Nummer. Hervorzuheben ist, daß eingebaute Funktionen für den lexikalischen Vergleich bezüglich des ASCII-Satzes vorhanden sind; mit ihnen ist die Übertragbarkeit von Programmen auch dann gesichert, wenn intern ein anderer Zeichenkode verwendet wird, auf dessen Grundlage Zeichenkettenvergleiche mit Hilfe der obigen Vergleichsoperatoren ausgewertet werden.

Als Bibliotheksfunktionen liegen `ACOS`, `ASIN`, `ATAN`, `COS`, `COSH`, `EXP`, `LOG`, `LOG10`, `SIN`, `SINH`, `SQRT`, `TAN` und `TANH` vor; ein Zufallszahlengenerator gehört nicht zum Sprachumfang. Bei den numerischen Bibliotheksfunktionen findet in Abhängigkeit vom numerischen Datentyp des verwendeten aktuellen Parameters intern eine angepaßte Auswertung statt, die durch den Übersetzer veranlaßt wird. In diesem Sinn gelten die zuvor aufgeführten Funktionsnamen als Gattungsnamen. Zusätzlich werden für spezielle Zwecke wie etwa die Benutzung einer Bibliotheksfunktion als aktueller Parameter in einem Unterprogrammaufruf auch noch spezielle Funktionsnamen benötigt, zum Beispiel `EXP` für reelle Größen, `DEXP` für reelle Größen höherer Genauigkeit und `CEXP` für komplexe Größen.

2 Anweisungen und Steuerstrukturen

Bei FORTRAN-Anweisungen wird nach ausführbaren und sogenannten nicht ausführbaren Anweisungen unterschieden. Beispiele nicht ausführbarer Anweisungen sind Typ- und Feldvereinbarungen sowie Formatvereinbarungen zur Bestimmung des Druckbildes; sie rufen aber im Ausführungszeitpunkt keine Aktivität mehr hervor. Dagegen werden die ausführbaren Anweisungen durch die Kompilation in Folgen von Maschinenbefehlen übersetzt, die während des Programmlaufs ausgeführt werden und dadurch zum Beispiel Daten einlesen, Prozeduren aufrufen, Operationen und Wertzuweisungen durchführen oder Ergebnisse ausgeben.

Der Quelltext von FORTRAN-Programmeinheiten wird zeilenorientiert geschrieben, wobei es Anweisungszeilen und Kommentarzeilen gibt. Kommentarzeilen sind in Spalte 1 durch `C` oder `*` gekennzeichnet; der in den Spalten 2 bis 80 enthaltene Text wird bei der Übersetzung der Programmeinheit ignoriert, jedoch wird er bei jeder Auflistung des Quelltextes mit angezeigt. Leerzeilen wirken wie Kommentarzeilen.

Jede FORTRAN-Anweisungszeile nimmt eine Anweisung oder einen Bestandteil einer Steuerstruktur auf. Hierbei sind die Programmzeilen streng formatiert, historisch bedingt als Gliederung einer Lochkarte. Sie bestehen aus maximal 80 Spalten bzw. Schreibstellen. Die ersten fünf Spalten können eine Anweisungsnummer aufnehmen, die in der Programmeinheit als Sprungmarke dient; anders als bei den BASIC-artigen Sprachen hat hierbei der numerische Wert der Anweisungsnummer keine Wirkung, etwa auf die Reihenfolge der Anweisungen.

Die Schreibstellen 7 bis 72 nehmen die FORTRAN-Anweisung auf. Wenn eine FORTRAN-Anweisung mehr als eine solche Zeile benötigt, so können bis zu 19 Fortsetzungszeilen angefügt werden; diese werden dadurch gekennzeichnet, daß sie in den ersten fünf Spalten leer sind und in Spalte 6 ein beliebiges Zeichen enthalten, das von der Zahl 0 und der Leerstelle verschieden ist. Der Inhalt der Spalten 73 bis 80 wird ignoriert; er konnte bei der Verwendung von Lochkarten zu ihrer Kennzeichnung und Numerierung benutzt werden.

Jede Anweisung beginnt mit einer neuen Zeile, Mehrfach-Anweisungen sind nicht zugelassen. Leerstellen sind nur innerhalb von Zeichenkettenkonstanten von Bedeutung, sonst werden sie in FORTRAN-Anweisungen ignoriert; sie können daher zur optischen Gliederung und Verbesserung der Lesbarkeit des Quellkodes verwendet werden. Die letzte Zeile einer Programmeinheit besteht immer aus der `END`-Anweisung.

Wertzuweisungen

Zuweisungen werden mit Hilfe des Gleichheitszeichens geschrieben in der Form

```
v = a
```

Hierbei bezeichnet `a` einen Ausdruck, und `v` ist eine Variable oder ein Feldelement; bei Zeichenketten können hiermit auch Wertbelegungen für Teilketten vorgenommen werden. `v` und `a` sind entweder beide numerisch oder Zeichenkettengrößen oder logische Größen. Stimmt bei numerischen Wertzuweisungen der Datentyp des Auswertungsergebnisses nicht mit demjenigen von `v` überein, so wird zuerst der Typ umgewandelt, bevor der zugehörige Wert nach v übertragen wird. Zeichenketten werden linksbündig gespeichert. Beispiel: Das folgende Programmstück ergibt für `GWURZ` den Ganzzahl-Wert `2`, `ZEICH1` wird mit dem Zeichenkettenwert `'1  '` belegt, und `ZEICH2` erhält den Wert `'ABC'`.

```
INTEGER GWURZ
IMPLICIT CHARACTER*3 (Z)
GWURZ = SQRT(8.)
ZEICH1 = '1'
ZEICH2 = 'ABCD'
```

Ein- und Ausgabe-Anweisungen

Die Anweisungen zur Ein- und Ausgabe sind in FORTRAN sehr vielgestaltig und sollen hier nur in Grundzügen geschildert werden.

Die formatierte Übertragung von Datensätzen aus Dateien oder zu Dateien hin besitzt zum Beispiel die Form

```
READ (Dateinummer, Format-Angabe) Liste
WRITE (Dateinummer, Format-Angabe) Liste
```

Soweit es sich nicht um die Standard-Eingabedatei (Dateinummer 5; z.B. Tastatur) oder die Standard-Ausgabedatei (Dateinummer 6; z.B. Bildschirm oder Druckdatei) handelt, muß zuvor im Programm die Zuordnung zwischen der Datei und der Dateinummer durch eine `OPEN`-Anweisung hergestellt und nach Beendigung durch eine entsprechende `CLOSE`-Anweisung aufgehoben werden. Für die Benutzung der Standard-Dateien sind häufig Kurzformen zulässig: anstelle von `READ (5, Format-Angabe) Liste` kann `READ (*, Format-Angabe) Liste` sowie `READ Format-Angabe, Liste` verwendet werden, und `WRITE (6, Format-Angabe) Liste` kann ersetzt werden durch `WRITE (*, Format-Angabe) Liste` oder auch durch `PRINT Format-Angabe, Liste`

Die Formatangabe lautet entweder `*` und bezieht sich dann auf die listengesteuerte Übertragung, oder sie ist die Anweisungsnummer einer zugehörigen `FORMAT`-Anweisung oder ein Zeichenkettenausdruck oder der Name eines Zeichenkettenfeldes, was dann jeweils zur `FORMAT`-gesteuerten Übertragung dient.

Die Liste nennt die zu übertragenden Daten durch Aufzählung von Variablen, Feldelementen, Feldnamen und impliziten zählergesteuerten Schleifen; bei der Ausgabe sind außerdem auch Ausdrücke zugelassen, soweit es sich nicht um die Verknüpfung von Zeichenkettengrößen handelt oder um Funktionsaufrufe, die als Seiteneffekt selbst Ausgabe erzeugen. Wird in der Liste ein Feldname genannt, so werden die Elemente des Feldes in der gespeicherten Reihenfolge übertragen.

Für die `FORMAT`-gesteuerte Ein- und Ausgabe stehen zu den einzelnen Grunddatentypen spezielle Umwandlungsschlüssel zur Verfügung. Sie beschreiben insbesondere unter der Benennung "Feldweite" die Anzahl der Spalten, die bei der Übertragung der einzelnen Werte benutzt werden; für numerische Werte ist die

Anzahl der Nachkommastellen festgelegt, bei der numerischen Eingabe gelten erfaßte Leerstellen als Null, und bei der Ausgabe von reellen Größen einfacher oder höherer Genauigkeit ist die letzte angezeigte Ziffer gerundet. Eine Ein- oder Ausgabe-Anweisung kann auch mehrere Datensätze betreffen, und die `FORMAT`-Angaben werden zum Teil zyklisch wiederholt. Hierdurch kann die Übertragung von Feldern und die Ausgabe gegliederter Tabellen genau kontrolliert und übersichtlich gestaltet werden, was für numerische Zwecke von großer Bedeutung ist. Hinzu kommt, daß benötigte `FORMAT`-Angaben mit Hilfe von Zeichenkettenoperationen durch Rechnung aufgebaut und dadurch variabel gehalten werden können, so daß sich eine große Vielfalt von Darstellungsmöglichkeiten eröffnet.

Die listengesteuerte Übertragung (`Format-Angabe *`) ist weniger differenziert. Sie ist daher zur Eingabe sowie zur vorläufigen Ausgabe im Teststadium geeignet. Zwischen je zwei Werten in der Ein- oder Ausgabe-Zeile wirken Komma oder Leerstelle als Trennzeichen. Für die Eingabe werden die zu übertragenden Werte als Konstante geschrieben. Daneben können sogenannte Leerwerte eingegeben werden; ein Leerwert (null value) bewirkt, daß der Wert des entsprechenden Elements in der Eingabeliste unverändert bleibt. Die Gruppierung der Ausgabedaten ist im FORTRAN-Standard nicht festgelegt, so daß also z.B. trennende Zwischenräume anlagenabhängig sind, ebenso bei der Darstellung reeller Größen die Exponentialangabe und die Anzahl der wiedergegebenen Nachkommastellen.

Neben den Ein- und Ausgabe-Anweisungen gibt es weitere Anweisungen zum Arbeiten mit externen Dateien. Daten können auch unformatiert mit ihrer anlagenabhängigen internen Darstellung als Folgen von Binärziffern übertragen werden. Außerdem besteht die Möglichkeit, interne Dateien zu verwenden.

Sprunganweisungen

Sprunganweisungen werden formuliert unter Verwendung von Anweisungsnummern als Marken innerhalb der Programmeinheit. Sie sind durch das Vorhandensein der Block-`IF`-Struktur im wesentlichen überflüssig geworden, gehören jedoch weiterhin zum Sprachumfang, um die Lauffähigkeit älterer Programme zu sichern. In diesem Sinn finden sie auch hier Erwähnung, damit FORTRAN-Programme aus der Literatur verstanden werden können.

Die einfache Sprunganweisung bewirkt einen unbedingten Sprung zur angegebenen Marke; sie besitzt die Gestalt

```
GO TO Anweisungsnummer
```

Wir werden sie verwenden, um fehlende Steuerstrukturen wie etwa ereignisgesteuerte Schleifen systematisch nachzubilden.

Die berechnete Sprunganweisung lautet

```
GO TO (Anw-Nr.1,Anw-Nr.2,...,Anw-Nr.k),Ganzzahl-Ausdruck
```

Liegt der Wert `i` des Ganzzahl-Ausdrucks zwischen `1` und `k`, so erfolgt ein Sprung nach `Anw-Nr.i`, für andere Werte von `i` bleibt diese Anweisung ohne Wirkung.

Die arithmetische `IF`-Anweisung hat die Form

```
IF (numerischer Ausdruck) Anw-Nr.1, Anw-Nr.2, Anw-Nr.3
```

mit einem nicht komplexen numerischen Ausdruck. Ist der Wert `a` des Ausdrucks negativ, so wird nach `Anw-Nr.1` gesprungen, für den Wert `0` wird die Ausführung bei `Anw-Nr.2` fortgesetzt, für einen positiven Wert wird nach `Anw-Nr.3` verzweigt. Wenn der numerische Ausdruck nicht ganzzahlig ist, so kann wegen der Auswirkung der Darstellungs- und Rundungsfehler ein solcher Vergleich mit Null jedoch zu Fehlentscheidungen führen.

Bedingte Anweisungen

Die Block-`IF`-Struktur erfaßt einseitige Entscheidung, Alternative und Fallunterscheidung. Sie hat zum Beispiel die Gestalt

```
IF (logischer Ausdruck 1) THEN
  Anweisungen1
ELSE IF (logischer Ausdruck 2) THEN
  Anweisungen2
ELSE
  Anweisungen3
END IF
```

Auch allgemeinere Formen sind möglich; der `IF-THEN`-Teil und der Abschluß mit `END IF` muß genau einmal auftreten, `ELSE IF ... THEN` mit zugehörigem Anweisungsblock kann ein- oder mehrmals auftreten, und der `ELSE`-Teil tritt höchstens einmal auf.

Daneben gibt es als älteres Sprachkonstrukt die sogenannte logische `IF`-Anweisung

```
IF (logischer Ausdruck) Anweisung
```

`Anweisung` ist eine ausführbare Anweisung, jedoch nicht selbst eine logische `IF`-Anweisung. Es handelt sich hierbei um die einzeilige Form der einseitigen Entscheidung: `Anweisung` wird nur ausgeführt, falls der logische Ausdruck den Wert `.TRUE.` besitzt. Die Wirkung der logischen `IF`-Anweisung kann also auch mit Hilfe der Block-`IF`-Struktur erreicht werden:

```
IF (logischer Ausdruck) THEN
   Anweisung
END IF
```

Wir werden die logische `IF`-Anweisung für Hilfskonstruktionen zur Nachbildung von Wiederhole-bis-Schleifen sowie für Schleifen mit Mittelausgang benutzen.

Schleifen

Die zählergesteuerte Schleife wird eingeleitet durch

```
DO Anweisungsnummer Index=Anfang, Ende, Schrittweite
```

Sie bezieht sich auf eine ausführbare Anweisung mit der genannten Anweisungsnummer, welche die letzte Anweisung des Wiederholungsbereichs der Schleife darstellt; häufig wählt man dafür die neutrale Anweisung `CONTINUE`.

In der Kurzform der `DO`-Anweisung beträgt die Schrittweite 1:

```
DO Anweisungsnummer Index=Anfang, Ende
```

`Index` ist eine numerische Variable, die nicht komplex ist, und entsprechend werden die Schleifenparameter `Anfang`, `Ende` und `Schrittweite` durch numerische, nicht komplexe Ausdrücke angegeben. Hierbei kann die Verwendung nicht ganzzahliger Größen problematisch sein. Wenn die Angaben für den Laufindex nicht zueinander passen, so gilt die Schleife als leer und wird übersprungen. Laufindex und Schleifenparameter können im Wiederholungsbereich der `DO`-Schleife nicht geändert werden. Nach normaler Beendigung der Schleife enthält die Variable `Index` *nicht* den Wert `Ende`. Wurde die Schleife jedoch mittels Sprung verlassen, so ist anschließend der letzte Wert von `Index` unter seinem Namen noch verfügbar.

Ereignisgesteuerte Schleifen gehören nicht zum Sprachumfang von FORTRAN 77, jedoch lassen sie sich durch systematische Hilfskonstruktionen ersetzen. Wenn im Folgenden n, n_1 und n_2 Anweisungsnummern bezeichnen, so kann die Solange-Schleife in FORTRAN nachgebildet werden durch

```
n    IF (Bedingung) THEN
       Anweisungen
       GO TO n
     END IF
```

Der Ablauf einer Wiederhole-bis-Schleife kann erreicht werden durch

```
n    CONTINUE
       Anweisungen
     IF (.NOT. Bedingung) GO TO n
```

Schleifen mit Mittelausgang können gestaltet werden gemäß

```
n1   CONTINUE
       Anweisungen1
       IF (Bedingung) GO TO n2
       Anweisungen2
       GO TO n1
n2   CONTINUE
```

3 Unterprogramme

Vom Benutzer können Anweisungsfunktionen (statement functions) sowie externe Funktionen und Prozeduren definiert werden. Der gesamte Quelltext eines FORTRAN-Programms entsteht dann aus der Zusammenfassung des Quellkodes der *Programmeinheiten*, womit Hauptprogramm und externe Unterprogramme bezeichnet werden. Jede Programmeinheit ist in sich abgeschlossen, endet mit dem Schlüsselwort `END` und wird unabhängig von anderen Programmeinheiten durch Kompilation in ein verschiebliches Maschinenprogramm übertragen; dadurch gelten zum Beispiel Namen, Typvereinbarungen und Wertzuweisungen nur lokal. Ein lauffähiges Programm entsteht erst durch das Binden, bei dem die verschieblichen Programme mit den benötigten Routinen aus der Standard-Programmbibliothek und eventuell aus weiteren Programmbibliotheken zusammengeführt werden.

Anweisungsfunktionen

Ähnlich wie eingebaute Funktionen werden auch Anweisungsfunktionen im allgemeinen als offene Unterprogramme gehandhabt. Während der Übersetzung wird ihr zugehöriger Maschinenkode überall dort in das Kompilat eingefügt, wo die Anweisungsfunktion aufgerufen wird. Dazu muß die Anweisungsfunktion innerhalb einer Programmeinheit vor den ausführbaren Anweisungen definiert werden; sie ist nur lokal gültig und bildet damit ein internes Unterprogramm. Ihre Definition besteht aus einer Anweisung

```
Funktionsname (Liste) = Ausdruck
```

Die Typfestlegung für den Funktionsnamen und für die in `Liste` genannten formalen Parameter geschieht explizit oder durch `IMPLICIT`-Anweisungen oder nach der Namensregel, und der Datentyp des Auswertungsergebnisses für den rechts stehenden Ausdruck muß mit dem Datentyp des Funktionsnamens verträglich sein. In `Ausdruck` könnnen andere Anweisungsfunktionen aufgerufen werden, soweit sie bereits definiert sind; Selbstaufruf ist unzulässig.

Treten in `Ausdruck` neben denjenigen Variablen, die formale Parameter sind, noch weitere Variable oder Feldelemente auf, so werden sie mit den zum Ausführungszeitpunkt gültigen Werten verwendet.

Beispiel: Ist in einer Programmeinheit eine Anweisungsfunktion definiert durch `QSUM(X,Y,Z) = X*X + Y*Y + Z*Z - T*T` und sind die Variablen `B`, `C`, `D`, `E` und `T` bereits mit Werten belegt, wenn die Anweisung `A = B + QSUM(2., C, 4.*D+E)` ausgeführt wird, dann werden für die formalen Parameter `X`, `Y`, `Z` der Funktionsdefinition die Werte `2.`, `C` und `4.*D+E` benutzt, und für `T` wird der aktuelle Wert eingesetzt.

Externe Unterprogramme

Funktionen als `FUNCTION`-Unterprogramme sowie Prozeduren sind externe Unterprogramme. Ihr Quelltext beginnt mit einer Titelzeile der Gestalt

```
Typbezeichnung FUNCTION Funktionsname (Liste)
```
bzw.
```
SUBROUTINE Prozedurname (Liste)
```

In `Liste` sind die formalen Parameter aufgeführt; es kann sich dabei u.a. um Variablen-, Feld- oder Unterprogrammnamen handeln. Darauf folgt der Vereinbarungsteil mit den nicht ausführbaren Anweisungen: Typ- und Feldvereinbarungen und Längenangaben für die formalen Parameter und für lokale Größen sowie Anweisungsfunktionen. Es schließen sich die ausführbaren Anweisungen an, die an einer oder auch an mehreren Stellen mit dem logischen Ende durch die Anweisung `RETURN` abgeschlossen werden. Das physikalische Ende der Programmeinheit, d.h. ihre letzte Anweisung, ist `END`.

In `FUNCTION`-Unterprogrammen muß vor dem Erreichen des logischen Endes eine Anweisung

```
Funktionsname = Ausdruck
```

ausgeführt sein, mit der dem Funktionsnamen ohne Parameterliste ein Wert zugewiesen wird. Die Typbezeichnung in der Titelzeile externer Funktionen legt den Datentyp des berechneten Funktionswerts fest; sie kann entfallen - in diesem Fall erfolgt die Typzuweisung durch den Vereinbarungsteil des Unterprogramms, ersatzweise nach der Namensregel. Im Unterschied dazu wird einer Prozedur kein Datentyp zugeordnet, eine mögliche Typfestlegung über den Prozedurnamen ist ohne Bedeutung.

Der Aufruf einer Prozedur wird durch die Anweisung

```
CALL Prozedurname (...)
```

erreicht; wenn eine Prozedur ohne formale Parameter definiert worden ist, so entfällt in der Titelzeile der Prozedurdefinition und bei den Aufrufen auch das Klammernpaar nach dem Prozedurnamen. Funktionen werden dadurch aufgerufen, daß ihr Name mit aktuellen Parametern in einem Ausdruck benutzt wird. Bei den Unterprogrammaufrufen müssen Anzahl, Reihenfolge und Typ der aktuellen Parameter mit den entsprechenden Angaben für die formalen Parameter übereinstimmen; die übergebenen Werte werden jedoch hinsichtlich ihres Typs nicht überprüft.

Für den Namen einer externen Funktion wird in der aufrufenden Programmeinheit eine Typfestlegung benötigt, falls eine Abweichung von der Namensregel vorliegt. Hingegen braucht die Verwendung einer externen Funktion im allgemeinen nicht gesondert angekündigt zu werden; denn tritt in einer Programmeinheit ein Name mit Parameterliste in einem Ausdruck auf, ohne daß für diesen Namen eine Feldvereinbarung vorliegt, so geht der Kompiler davon aus, daß es sich um den Aufruf einer externen Funktion dieses Namens handelt.

Wenn jedoch ein externes Unterprogramm selbst als aktueller Parameter in einem anderen Unterprogrammaufruf auftritt, so muß der Unterprogrammname in einer EXTERNAL-Anweisung aufgeführt sein; dadurch wird er als Funktions- bzw. Prozedurparameter gekennzeichnet und somit von Variablen unterschieden. Entsprechendes leistet die INTRINSIC-Anweisung für Standardfunktionen, die als aktuelle Parameter von Unterprogrammaufrufen eingesetzt werden; dabei kann nur der spezielle Funktionsname der Standardfunktion verwendet werden - Gattungsnamen sind in diesem Zusammenhang ausgeschlossen.

Beispiel: Zur Berechnung eines Näherungswerts für das bestimmte Integral über eine Funktion FUNKT zwischen den Integrationsgrenzen ANFANG und ENDE durch die Sehnentrapezregel mit INTERZ Teilintervallen sei das folgende externe Funktions-Unterprogramm gegeben.

```
      FUNCTION TRAPEZ ( FUNKT, ANFANG, ENDE, INTERZ )
      H = (ENDE - ANFANG)/INTERZ
      T = (FUNKT(ANFANG) + FUNKT(ENDE))/2.
      DO 10 I=1, INTERZ-1
        T = T + FUNKT(ANFANG + I*H)
10    CONTINUE
      TRAPEZ = H*T
      RETURN
      END
```

Liegt zusätzlich die externe Funktion

```
      FUNCTION SINXDX(X)
      SINXDX = SIN(X)/X
      RETURN
      END
```

vor, so kann zur Berechnung von Näherungswerten für das Integral über sin x / x von $\pi/2$ bis π sowie für das Integral über ln x von e bis e^2 das folgende Programmstück dienen:

```
      EXTERNAL SINXDX
      INTRINSIC ALOG
      E = EXP(1.)
      PI = 4.*ATAN(1.)
      WERT1 = TRAPEZ ( SINXDX, PI/2., PI, 16)
      WERT2 = TRAPEZ ( ALOG, E, E*E, 32)
```

Die Parameterübergabe erfolgt stets mittels Adreßübergabe (call by reference). Ist hierbei ein aktueller Parameter ein Ausdruck, so wird er zuerst ausgewertet und in einer Hilfsvariablen abgelegt, die dann für die Adreßübergabe benutzt wird.

Bei formalen Feldparametern dient die zugehörige lokale Feldvereinbarung dazu, aus der übergebenen Adresse des ersten Feldelements mit Hilfe der Indexrechnung die Adressen der weiteren gespeicherten Elemente des Feldes zu ermitteln. Hierbei soll die Länge des formalen Feldparameters höchstens so groß sein wie die Länge des eingesetzten aktuellen Feldparameters; jedoch werden die Feldlängen nicht überprüft, so daß bei Überschreitung der Feldangaben eines aktuellen Feldparameters kommentarlos auf anschließend gespeicherte Werte der rufenden Programmeinheit lesend oder schreibend zugegriffen wird.

Infolge der Adreßübergabe ist es nicht nur bei Prozeduren, sondern auch bei Funktionen möglich, mit Hilfe der Parameterliste Werte in die rufende Programmeinheit zurückzuübertragen; bei Funktionen wird man dies in der Regel jedoch nicht verwenden, da vom Konzept her eine Funktion dazu dient, einen Wert unter dem Funktionsnamen zur Verfügung zu stellen. Zur Vermeidung unerwünschter Nebeneffekte sollten auch in Prozeduren formale Parameter nur dann verändert werden, wenn es von der Aufgabe des Unterprogramms her erwünscht ist, daß sie mit neuen Werten belegt werden.

Neben der Wertübertragung über Parameterlisten und Funktionsnamen besteht die Möglichkeit, durch verschiedene Programmeinheiten eines Programms gemeinsame Speicherbereiche benutzen zu lassen. Diese werden durch COMMON-Anweisungen benannt, in denen in jeder Programmeinheit die gesondert gespeicherten lokalen Variablen und Felder angegeben werden. Wie die Namen von externen Funktionen und Prozeduren sind auch die Namen der Speicherbereiche global gültig; die Namen der darin abgelegten Größen bleiben jedoch lokal - die Korrespondenz wird durch die Reihenfolge der Speicherung hergestellt.

Da in FORTRAN die Speicherverwaltung statisch organisiert ist, werden während der Programmausführung üblicherweise die lokalen Variablen und Felder von Unterprogrammen bei erneutem Unterprogrammaufruf noch mit denjenigen Werten vorgefunden, die sie bei Abschluß des vorherigen Unterprogrammaufrufs aufwiesen. Dies ist nur dann nicht uneingeschränkt gültig, wenn einzelne Unterprogramme in der Laufzeit aus dem Arbeitsspeicher ausgelagert und später wieder nachgeladen werden; dann kann die Erhaltung der Wertbelegung für ausgewählte oder auch für alle lokal gespeicherten Größen des Unterprogramms mit Hilfe der SAVE-Anweisung sichergestellt werden.

Weiter können externe Unterprogrammme durch ENTRY-Anweisungen auch Eingangs- bzw. Aufrufstellen unterhalb der Titelzeile erhalten. Zusätzlich sind aus Prozeduren außergewöhnliche Rücksprünge mit anschließender Verzweigung in der rufenden Programmeinheit möglich.

Infolge der statischen Speicherverwaltung kann nicht rekursiv programmiert werden, weder durch direkten noch durch indirekten Selbstaufruf.

4 Ergänzungen

Zahlreiche weitere Bestandteile gehören zum Sprachumfang. So sind zum Beispiel in Ein- und Ausgabeanweisungen zusätzlich Fehlerbedingungen möglich, so daß bei Auftreten eines Übertragungsfehlers anstelle eines Programmabbruchs zu einer angegebenen Anweisungsnummer verzweigt werden kann; Entsprechendes gilt für die Anweisungen zum Öffnen und Schließen von Dateien.

Manche Implementationen erlauben über den Sprachstandard hinaus die Verknüpfung doppelt genauer und komplexer Größen, so daß ein zusätzlicher Grunddatentyp "komplexe Größen höherer Genauigkeit" entsteht. Häufig gibt es auch Hilfsroutinen zur Erleichterung der Fehlersuche, mit denen etwa Exponentüberlauf oder -unterlauf oder Division durch Null angezeigt bzw. entsprechende Laufzeitfehler abgefangen werden können.

Die Bedeutung von FORTRAN im wissenschaftlichen Bereich sowie für technische und naturwissenschaftliche Anwendungen beruht insbesondere darauf, daß zahlreiche umfangreiche Bibliotheken erprobter und bewährter Programmsammlungen von kommerziellen und wissenschaftlichen Anbietern zur Verfügung stehen, speziell für ausgewählte Themenbereiche der Numerischen Mathematik.

5 Programmbeispiel

Da Anweisungszeilen von FORTRAN-Programmen einem bestimmten Zeilenformat folgen müssen, wird dem folgenden Programmtext zur Verdeutlichung ein Zeilenlineal vorangestellt, das nicht zum Quellkode gehört. Hier ist die Ein- und Ausgabe wieder möglichst elementar gestaltet. In FORTRAN spricht jede Ausgabeanweisung einen neuen Datensatz an, so daß nun die Zahlen jeweils in einer eigenen Ausgabezeile, also untereinander, angezeigt werden.

```
1 3 5 7 9 1 3 5 7 9 1 3 5 7 9 1 3 5 7 9 1 3 5 7 9 1 3 5
C     Die Ulam-Aufgabe
C     Zu einer eingegebenen natürlichen Zahl wird
C     die entstehende Folge errechnet und angezeigt.
C
      WRITE (*,100)
      READ  (*,*) N
      WRITE (*,*) N
C                                    solange N<>1, wiederhole
10    IF (N .NE. 1) THEN
        IF (N .NE. N/2*2) THEN
          N = 3*N+1
        ELSE
          N = N/2
        END IF
        WRITE (*,*) N
        GO TO 10
      END IF
C                                    solange-Ende
100   Format (' Gib eine natürliche Zahl ein!')
      END
```

Kapitel V

Pascal

Diese Sprache, deren willkürliche Namenswahl an Blaise Pascal (1623-1662) erinnern soll, wurde zwischen 1968 und 1974 von N. Wirth an der Eidgen. Technischen Hochschule (ETH) Zürich systematisch konstruiert. Sie weist ausgeprägte pädagogische Aspekte auf: der Lernende soll mit wichtigen Konzepten des Programmierens vertraut werden und muß seine Programme klar strukturieren.

Ein wesentlicher Grundsatz dieses Konzepts ist es, daß die Grenze zwischen syntaktischen und semantischen Fehlern so gelegt wurde, daß sich möglichst viele Fehler bereits als syntaktische Fehler erweisen und dadurch schon während des Übersetzungsprozesses bemerkt werden. Das geschieht z.B. durch eine strenge Typüberprüfung und den Zwang zur Deklaration aller Objekte (wie Variablennamen, Unterprogrammnamen etc.) vor ihrer Verwendung im Programm.

Zu Pascal existiert die DIN-Norm 66256, die inhaltlich mit der ISO-Norm 7185 Pascal übereinstimmt. Darin werden zwei Normerfüllungsstufen (0 und 1) festgelegt. Der für die USA festgelegte ANSI-Standard (ANSI/IEEE 770X3.97) aus dem Jahr 1983 erfüllt nur die ISO-Stufe 0. Nur diese wird, wenn überhaupt, von den gängigen Pascal-Implementationen angestrebt. - Seit 1987 wird eine Standardisierung einer strikten Obermenge der Programmiersprache, "Extended Pascal", diskutiert. Pascal gehört zu den erfolgreichsten neueren Programmiersprachen. Ein Beleg dafür ist die Aufnahme der hier vorhandenen Sprachelemente in andere Sprachen (moderne BASIC-Versionen, C, Ada, geplante Versionen von FORTRAN).

Im Zusammenhang mit Pascal tritt häufig das Wort "strukturiert" auf: man spricht von strukturierten Datentypen, strukturierten Anweisungen und strukturierter Programmentwicklung. In den beiden ersten Verwendungen bedeutet "strukturiert" lediglich "zusammengesetzt", die dritte Verwendung zielt auf die Gliederung eines komplexen Programms in Unterprogramme (Blockstruktur) mit genau festgelegten Schnittstellen.

Wichtig für das Verständnis der Sprachbeschreibung im allgemeinen und eines Pascal-Programmtextes im besonderen sind die Begriffe reserviertes Wort, vordefinierter Bezeichner und selbstdefinierter Bezeichner.

- *Reservierte Wörter* (Schlüsselwörter) sind Symbole wie `BEGIN`, `PROGRAM`, `TYPE`, die nur in einer festgelegten Weise benutzt werden dürfen. Obwohl die Wahl von Groß- und Kleinschrift in Pascal keine Bedeutung hat, werden reservierte Wörter in diesem Text in Großschrift angegeben.
- *Vordefinierte Bezeichner* (Standardnamen) wie `false`, `Integer`, `WriteLn` sind standardmäßig mit einer Bedeutung versehen. Sie dürfen durch den Programmierer umdefiniert werden, was allerdings unüblich ist. Sie werden in diesem Text in freier Schreibweise angegeben. - Der Grund für ihre Unterscheidung von Schlüsselwörtern ist besonders für Anfänger unklar.
- *Selbstdefinierte Bezeichner* (Namen) werden für Objekte verwendet, die der Programmierer festlegt, speziell bei Typ-, Variablen- und Unterprogrammvereinbarungen. Sie werden aus den 26 Grundbuchstaben und den Ziffern gebildet und dürfen beliebig lang sein, wobei das führende Zeichen ein Buchstabe sein muß; Sonderzeichen (z.B. Umlaute und ß) sind nicht erlaubt.

1 Datenstrukturen

Einfache Datentypen

In Pascal werden vier einfache (skalare) Datentypen als Grunddatentypen vorgegeben; dies sind `Integer` und `Real` (Zahlen), `Boolean` (logische Werte), `Char` (Einzelzeichen). Daneben können vom Programmierer Datentypen der Klassen Aufzählung und Abschnitt definiert werden.

Variable, die stets vor ihrer Verwendung deklariert werden müssen, sind zu Programmbeginn nicht mit einem Wert vorbelegt (nicht initialisiert). Die Verwendung einer noch nicht initialisierten Variablen in einem Ausdruck führt (laut Normvorgabe) zu einem Laufzeitfehler.

Ganzzahlige Größen (Integer)

Beim Datentyp `Integer` für Ganzzahlen ist der größte darstellbare Wert unter der Bezeichnung `maxint` abrufbar (zum Beispiel 32767), der kleinste unter der Bezeichnung `-maxint-1` (zum Beispiel -32768). Die angegebenen Werte beziehen sich auf eine Darstellung von `Integer`-Zahlen mit 16 Bit, so daß die folgende Gleichung gilt: `maxint` = $2^{15}-1$. Allerdings ist der Definitionsbereich der ganzen Zahlen (und entsprechend auch der `Real`-Zahlen) implementationsabhängig, er kann z.B. auf einer Breite von 32 Bit beruhen und dann den Bereich von -2^{31} bis $2^{31}-1$ umfassen.

Den Zahlenstrahl von `-maxint-1` bis `maxint` muß man sich zu einem Kreis zusammengefügt denken. Addiert man `1` zu `maxint`, so erhält man im Zusammenhang mit der Überschreitung des Zahlbereichs keine Fehlermeldung, sondern als Wert wird `-maxint-1` verwendet.

Boolesche Größen (Boolean)

Für logische Größen gibt es zwei Werte, die vordefinierten Konstanten `true` und `false`. Mit ihnen kann man den Wert logischer Variabler festlegen oder z.B. auch eine Endlosschleife konstruieren, wie folgende Beispiele zeigen:

```
Gefunden := true;
WHILE true DO Anweisung;                 { Endlosschleife }
```

Eine derartige Formulierung einer Endlosschleife erscheint zunächst wenig sinnvoll, jedoch kann sich innerhalb des Schleifenkörpers ein Ausgang (Sprungbefehl) befinden.

Die zwei Werte `false` und `true` sind angeordnet, es gilt `false < true`. Es ist nicht möglich, einer logischen Variablen einen Zahlenwert zuzuordnen:

```
Gefunden := 1;                                { Falsch !! }
```

Eine korrekte Verwendung einer logischen Variablen zeigen hingegen die folgenden zwei Anweisungen:

```
test := x<y;
IF test THEN WriteLn('x ist kleiner als y.');
```

Gelegentlich wird eine Bedingung statt dessen wie folgt formuliert:

```
IF test=true THEN WriteLn('x ist kleiner als y.');
```

Dies ist syntaktisch korrekt, jedoch auf eine überflüssige Weise umständlich.

Einzelzeichen (Char)

Als Werte dieses Datentyps sind alle Zeichen des jeweils verwendeten Zeichensatzes zulässig (das ist häufig der ASCII-Satz). Zeichenkonstante werden in einfache Hochkommata eingefaßt. Die Anordnung der Zeichen ist durch die Reihenfolge im Zeichensatz festgelegt; es darf angenommen werden

`'0'<'1'<...<'9'`, `'A'<'B'<...<'Z'` und `'a'<'b'<...<'z'`

Operationen für ordinale Grunddatentypen

Die drei bisher genannten Typen (Ganzzahlen, Boolesche Größen, Einzelzeichen) gehören zu den ordinalen Datentypen, weil die jeweils möglichen Werte angeordnet und die Bereiche endlich sind. Ein Beispiel zur Verwendung ordinaler Variabler ist die `CASE`-Anweisung (vgl. den Abschnitt zur Fallanweisung unten)

```
CASE Eingabe OF                      { Eingabe von Typ Char }
  'E', 'e': WriteLn('Ende');
  'W', 'w': WriteLn('Weiter')
END;
```

Mit den Funktionen `pred` und `succ` kann man Vorgänger und Nachfolger bestimmen. So ist `pred('5') = '4'`, und die Wertzuweisung `I := I+1` entspricht `I := succ(I)`. Ordinale Variable sind deshalb z.B. als Zählvariable von `FOR`-Schleifen zulässig. Diese lassen sich also sowohl durch `Integer`-Variable als auch auch z.B. durch Zeichen-Variable kontrollieren:

```
FOR I := 0 TO 80 DO ...
FOR Buchstabe := 'A' TO 'Z' DO ...
```

Für `Integer`-Werte stehen neben den üblichen Rechenoperationen + (Addition), - (Subtraktion), * (Multiplikation) auch die Operatoren `DIV` und `MOD` zur Verfügung. Dabei ist `DIV` die Division ganzer Zahlen, liefert also den Wert des Quotienten nach Streichen der Nachkommastellen. `MOD` bestimmt den Divisionsrest ganzer Zahlen. Es gilt also:

```
i - (i DIV j)*j  = i MOD j      { Bedingung: i>=0, j>0 }
```

Mit diesen Operationen läßt sich z.B. ein Teilbarkeitstest durchführen, etwa auf Teilbarkeit durch 3:

```
IF i MOD 3 = 0 THEN ...
```

oder gleichwertig:

```
IF i = (i DIV 3) * 3 THEN ...
```

Zum Test auf Teilbarkeit durch 2 gibt es für Ganzzahlen außerdem die vordefinierte Funktion `odd` (engl. ungerade) mit Booleschem Ergebnis: `odd(x)` ist genau dann `true`, wenn `x` ungerade ist.

Für Boolesche Größen gibt es die Verknüpfungen durch `AND` und `OR`, sowie die Negation mit `NOT`. Bei zusammengesetzten logischen Ausdrücken, die häufig sowohl logische Operatoren als auch arithmetische Operatoren und Vergleichsoperatoren enthalten, gilt die folgende Hierarchie:

`()` Klammern besitzen das höchste Gewicht
Negation `NOT`, Vorzeichen `-`
`AND, *, /, DIV, MOD`
`OR, +, -`
Vergleichsoperatoren: `=, <>, IN` etc.

Diese Rangordnung führt dazu, daß in vielen Fällen Klammern benutzt werden müssen, z.B. bei der Konjunktion von Vergleichen:

```
IF (x <> 0) AND (y DIV x < 1000) THEN ...
```

Zusammengesetzte Ausdrücke werden stets vollständig ausgewertet; so führt der angegebene Test im Fall `x=0` wegen Division durch `0` zu einem Laufzeitfehler, die erste Prüfung erfüllt also nicht ihren Zweck. An ihrer Stelle ist eine geschachtelte Abfrage zu verwenden.

Für Zeichen existieren keine Verknüpfungsoperationen. Die Funktion `ord` liefert zu einem gegebenen Zeichen die Kodenummer, umgekehrt ergibt die Funktion `chr` zu einer Kodenummer das zugehörige Zeichen. Ein Anwendungsbeispiel ist die folgende Formel zur Umwandlung einer Ziffer (Typ `char`) in die entsprechende einstellige Zahl (Typ `integer`):

```
wert := ord(ziffer)-ord('0')
```

Real-Größen

Der Datentyp `Real` dient zur Verarbeitung von Dezimalzahlen; die Genauigkeit der Darstellung ist implementierungsabhängig. Weitere Typen für Dezimalzahlen, etwa zur doppeltgenauen Darstellung, sind in Standard-Pascal nicht vorgesehen.

`Real`-Zahlen müssen entweder einen Dezimalpunkt enthalten oder in Exponentialschreibweise notiert sein; zulässige Schreibweisen sind z.B.

```
47.11   0.4711E2   0.4711e2      1E6   1.0E6   1000000.0
```

Neben den arithmetischen Operationen für die Grundrechenarten `+`, `-`, `*` und `/` sind die üblichen Standardfunktionen wie `sin`, `cos`, `atan` (Winkelfunktionen), `sqr` (Quadrat), `sqrt` (Quadratwurzel) u.a. vorhanden.

Einen Operator zum Potenzieren gibt es nicht. Abhilfe kann durch ein einfaches Funktions-Unterprogramm geschaffen werden, wobei die vordefinierte Exponentialfunktion und die Logarithmusfunktion (beide zur Basis e) verwendet werden:

```
FUNCTION hoch(u,v: real): real;
             { Berechnet wird u hoch v wenn u > 0 ist }
BEGIN hoch := exp(v * ln(u)) END;
```

`Real`-Größen gehören nicht zu den ordinalen Datentypen und sind damit z.B. nicht für die Steuerung von Zählschleifen zugelassen.

Als einzige Ausnahme vom Typzwang ist in Pascal die Typmischung zwischen `Integer`-Ausdrücken und `Real`-Variablen erlaubt:

```
VAR nr: Integer; Abstand: Real;
...
Abstand:= 2 * nr;
```

Man sagt: `Integer`-Ausdrücke sind zuweisungsverträglich mit Variablen vom Datentyp `Real`, auch der Operator `/` darf auf `Integer`-Ausdrücke angewendet werden, das Ergebnis ist stets von Typ `Real`. Dies kann zu schwer erkennbaren Fehlern bei Berechnungen führen; so ergeben z.B. die folgenden Anweisungen (bei 16-Bit-Darstellung von Ganzzahlen) nicht dieselben Werte:

```
x := 0.5*24*60*60;                { Resultat korrekt }
x := 24*60*60/2;{Überlauf bei Integer-Produkt 24*60*60}
```

Weitere ordinale Datentypen: Abschnitte und Aufzählungen

Abschnitte von ordinalen Datentypen umfassen einen zusammenhängenden Teilbereich, z.B. nur die positiven ganzen Zahlen, oder nur die Zeichen von `'A'` bis `'Z'`. Gleichwertige Bezeichnungen sind Intervall, Teilbereich oder Ausschnitt. Solche Typen dienen etwa der zusätzlichen Kontrolle von Schleifenanweisungen, indem der Schleifen-Parameter nur in dem zulässigen Abschnitt deklariert ist:

```
VAR Index: 1..5; { Syntax verlangt genau zwei Punkte! }
```

Es führt zu einem Fehler, einer Variablen vom Abschnittstyp einen Wert außerhalb des vereinbarten Bereichs zuzuordnen.

Aufzählungen bestehen aus Werten, die vom Benutzer angegeben werden; es muß sich dabei um zulässige Namen handeln. Man beachte, daß die Werte eines Aufzählungstyps nicht in Hochkommata eingefaßt werden, was einer Verwechslung mit einer Zeichenkette entspräche. Beispiele für Aufzählungen sind

```
VAR Route: (N, O, S, W);
    Tag  : (Mon,Die,Mit,Don,Fre,Sam,Son);
```

Reservierte Wörter, wie z.B. `DO`, sind nicht erlaubt, darum wurden hier die Werte der Variablen `Tag` aus drei Buchstaben gebildet.

Die Bedeutung dieser ordinalen Datentypen liegt darin, daß ihre Verwendung die Lesbarkeit des Quelltextes fördern kann. Sie dienen z.B. zur Steuerung von Zählschleifen:

```
FOR Tag := Die TO Son DO ...
```

Die Funktionen `succ` bzw. `pred` sind für Aufzählungstypen die einzigen Hilfsmittel, um von einem Wert auf den Vorgänger bzw. den Nachfolger zu schließen; Rechenoperationen sind nicht vorhanden. Beispiele:

`succ(Mit)` ergibt `Don` , `pred(S)` ergibt `O`

Statt spezieller Variabler können auch Abschnitts- und Aufzählungs*typen* vereinbart werden:

```
TYPE Richtungen= (N, O, S, W);
     Woche     = (Mon,Die,Mit,Don,Fre,Sam,Son);
     Intervall = 1..5;
```

Im Anschluß an eine solche Typdefinition hat man im Beispiel nicht nur die vorgegebenen Datentypen `Integer`, `Boolean` usw. zur Verfügung, sondern zusätzlich auch die Datentypen `Richtungen`, `Woche` (beide vom Aufzählungstyp) und `Intervall` (Abschnittstyp). Danach könnte die Vereinbarung der Variablen `Index`, `Route` und `Tag` wie folgt lauten:

```
VAR Index: Intervall;
    Route: Richtungen;
    Tag  : Woche;
```

Strukturierte Datentypen

In Standard-Pascal gibt es vier Klassen strukturierter Datentypen: Feld, Verbund, Menge und Datei, die in gängigen Implementationen durch einen Typ für Zeichenketten (String) ergänzt werden.

Feld (ARRAY)

Felder, die die Zusammenfassung mehrerer Größen gleichen Typs zu einer Variablen erlauben, werden durch Abschnitte ordinalen Typs indiziert. Abschnitte sind `1..5` oder `-13..2` oder `'A'..'Z'`. Im folgenden Beispiel wird ein Vektor mit den fünf Komponenten `M[1]` bis `M[5]` für `Real`-Werte definiert:

```
VAR M: ARRAY [1..5] OF Real
```

Die folgende Variablenvereinbarung definiert eine `4·10`-Matrix mit ganzzahligen Komponenten:

```
VAR Z: ARRAY [-3..0,-1..8] OF Integer
```

Um die Häufigkeit von Buchstaben in einem einzugebenden Text zu bestimmen, könnte der folgende Vektor benutzt werden:

```
VAR Haeufigkeit: ARRAY ['A'..'Z'] OF Integer
```

Mit der Ausgabeanweisung `WriteLn(Haeufigkeit['K'])` ruft man z.B. nach einer Auswertung ab, wie oft der Buchstabe `K` gezählt wurde.

Besonders das letzte Beispiel illustriert, wie die Freizügigkeit der Benennung und Indizierung von Feldern es erleichtert, Programmtexte so zu formulieren, daß sie annähernd so leicht zu lesen sind wie Klartext.

Der Zugriff auf nicht vereinbarte Komponenten eines Feldes führt zu einem Laufzeitfehler.

Verbund (RECORD)

Ein Verbund ermöglicht die Zusammenfassung von Komponenten verschiedenen Typs zu einer Variablen.

Im folgenden Beispiel wird eine Variable `Kfz` definiert, die Baujahr, nächsten TÜV-Termin (Monat und Jahr) sowie eine Angabe über Unfälle enthält.

```
VAR Kfz: RECORD
           Baujahr: Integer;
           Tuev   : RECORD
                      Monat: Integer;
                      Jahr : Integer
                    END;
           Unfall : Boolean
         END
```

Die Variable `Kfz` besteht aus Komponenten, die von verschiedenem Typ sind. Wie das Beispiel zeigt, können die Komponenten eines Verbunds wieder von einem Verbundtyp sein.

Der Zugriff auf die Komponenten und die Wertzuweisung in einem Programm geschieht mit Hilfe des Symbols ". ", z.B. wie folgt:

```
Kfz.Baujahr := 1908; Kfz.Tuev.Monat := 3;
```

Ein prinzipieller Unterschied zwischen Feld und Verbund besteht darin, daß die Komponenten eines Felds numerisch durchlaufen werden können, z.B. in einer Zählschleife, weil ihre Adressen während der Programmausführung berechnet werden können. Dies ist beim Verbund nicht möglich.

Verbunde spielen eine entscheidende Rolle beim Aufbau dynamischer Datenstrukturen. Dabei wird stets ein Verbund-Datentyp verwendet, dessen Komponenten einerseits die betrachtete Information und andererseits Verweise auf Nachfolger bzw. Vorgänger enthalten. Dies wird im Abschnitt über Zeiger aufgegriffen.

Menge (SET)

Eine Menge muß aus Elementen desselben ordinalen Typs bestehen, `Real`-Zahlen dürfen nicht verwendet werden. Eine Mengenkonstante wird durch eckige Klammern begrenzt. Auch Mengenkonstante dürfen in einem Programm ohne vorhergehende Vereinbarung einer Variablen verwendet werden; die Reihenfolge, in der ihre Elemente aufgeführt werden, ist unerheblich.

Mengenvariable werden durch die Angabe der maximal möglichen Grundmenge deklariert. (In vielen Pascal-Implementationen ist die Maximalzahl von Elementen auf 256 beschränkt.)

```
VAR Lotto : SET OF 1..49;
```

Damit ist die Variable `Lotto` vom Mengentyp noch nicht mit Elementen belegt: dies muß unabhängig von der Deklaration im Programm erfolgen, etwa:

```
Lotto := [7,10,18,27,30,41];
```

Die Vergleichsoperationen für einfache Datentypen können auch auf Mengen über demselben Grunddatentyp angewendet werden. Außerdem stehen als Operationen Vereinigung (+), Durchschnitt (*) und Restmenge (-) zur Verfügung:

```
[1,3,7,8] + [3,8,10,12]   ergibt   [1,3,7,8,10,12]
[1,3,7,8] * [3,8,10,12]   ergibt   [3,8]
```

Ein Test, ob ein Element in einer Menge enthalten ist, wird mit dem Schlüsselwort `IN` formuliert. Beispiel: Soll eine interaktive Eingabe genau entweder `J` oder `N` lauten, wobei die Eingabe in Groß- oder in Kleinschreibung erfolgen darf, so kann man dies in der folgenden Weise abfragen:

```
ReadLn(Eingabe);IF Eingabe IN ['j','n','J','N'] THEN ...
```

Datei (FILE)

Es gibt nur sequentielle Dateien, auf die wie auf ein Magnetband zugegriffen werden muß: zum Lesen eines bestimmten Datensatzes müssen auch alle vorangehenden Datensätze gelesen werden. Die Deklaration einer Datei geschieht über die Vereinbarung einer Dateivariablen, z.B. wie folgt:

```
VAR Kunden : FILE OF Datentyp;
```

Der Datentyp der Einzelkomponenten ist zum Beispiel ein Verbund oder ein Feld, darf aber auch ein einfacher Typ wie etwa `Integer` sein. Das Ende einer Datei wird mit einem besonderen Zeichen gekennzeichnet, das maschinenspezifisch ist. Die logische Funktion `EOF` (End Of File) spricht darauf an.

Dateien können entweder zum Lesen oder zum Schreiben jeweils ab der Anfangsposition geöffnet werden. Es ist nicht möglich, innerhalb einer Datei einen Teil zu lesen und danach Daten zu schreiben. Die einfachste Möglichkeit zum Lesen wird durch die Prozedur `Read` gegeben, zum Schreiben durch die Prozedur `Write`.

Ein spezieller Dateityp `Text` ist bereits vordefiniert. Eine Datei dieses Typs kann Elemente des Typs `Char` enthalten und eine Zeilenstruktur besitzen (Markierung an jedem Zeilenende), die mit der logischen Funktion `EOLN` (End Of LiNe) abgefragt werden kann. Der Dateityp `Text` unterscheidet sich damit von einem einfachen `FILE OF Char`. In Textdateien können neben Zeichen und Zeichenketten auch Daten der Typen `Integer`, `Real` und `Boolean` mit automatischer Konvertierung geschrieben werden. Zusätzlich zu `Read` und `Write` können hier auch die Prozeduren `ReadLn` (Lesen bis zum Zeilenende) und `WriteLn` (Schreiben mit anschließendem Zeilenvorschub) benutzt werden, und die Ausgabe kann mit Formatangaben versehen werden (:).

Vorgegeben werden in Pascal stets zwei besondere Text-Dateien: `Input` und `Output` für die Standardeingabe und die Standardausgabe. Diese erfolgen auf Mikrorechnern in der Regel von der Tastatur bzw. auf den Bildschirm; bei größeren Systemen kann es sich aber auch um Dateien auf einem Massenspeicher handeln. `Input` und `Output` werden nicht durch Programmbefehle geöffnet oder geschlossen.

Zeichenkette (String)

Viele Pascal-Versionen bieten für Zeichenketten den Datentyp `String` an. Dieser ähnelt einem `ARRAY OF Char`, wobei es in der Regel zur Verarbeitung von Zeichenkettenvariablen noch spezielle Funktionen und Prozeduren gibt: Längenbestimmung, Löschen von Teilen einer Zeichenkettenvariablen, Zusammenfügen von Zeichenketten, Umwandlungsfunktionen usw. In jeder Pascal-Implementation ist aber die Verwendung von Zeichenketten*konstanten* erlaubt, die in einfache Hochkommata eingefaßt werden, z.B. in einer Ausgabe-Anweisung:

```
Ln('Summe aller Koeffizienten: ', sigma:8:3);
```

kettenvariable werden in der ISO-Norm bzw. der DIN-Festlegung von Pasca. nicht berücksichtigt.

Zeiger

Zeiger (engl. Pointer) sind Verweise auf Speicherplätze für Variable; ihre Werte sind also die Adressen von Variablen. Eine wichtige Anwendung von Zeigern ist die Nachbildung dynamischer Datenstrukturen, wie z.B. von Listen und Bäumen, die in Pascal nicht direkt zur Verfügung stehen.

Wir betrachten zunächst ein einfaches Beispiel, bei dem eine "anonyme Variable" mit Hilfe eines Zeigers vereinbart wird:

```
VAR Z : ^Real;          { Z selbst ist keine Real-Variable }
    X : Real;           { X ist eine übliche Real-Variable }
```

Z ist nach dieser Definition ein Zeiger, der auf einen Speicherplatz vom Typ Real verweisen kann. Wie jede andere Variable wird er nicht automatisch mit einem Wert belegt; dies kann während der Laufzeit des Programms auf drei Weisen erfolgen: entweder wird dem Zeiger der Ausnahmewert nil zugewiesen, oder ihm wird der Wert eines anderen Zeigers zugewiesen, der schon initialisiert ist, oder es wird die Prozedur new aufgerufen und ein konkreter Speicherplatz bereitgestellt.

```
Z := nil;        { Z hat Ausnahmewert, zeigt "ins Leere" }
new(Z);          { reserviere Platz für anonyme Variable }
```

Dieselbe Zeigervariable kann innerhalb eines Programmlaufs durch new mehrfach auf neue Speicherplätze gerichtet werden.

Der aktuell gültige Speicherplatz hat selbst keinen Namen; er wird über den Zeiger Z in Verbindung mit dem Symbol ^ angesprochen, z.B. wie folgt:

```
Z^ := 1.4E6; { belege anonyme Variable mit einem Wert }
WriteLn(Z^:10:4);       { Ausgabe der anonymen Variablen }
X := X+Z^;  { Verbindung mit einer üblichen Variablen }
```

Bei der Verwendung von Zeigern ist es hilfreich, die Situation durch eine Skizze zu veranschaulichen, z.B. wie folgt:

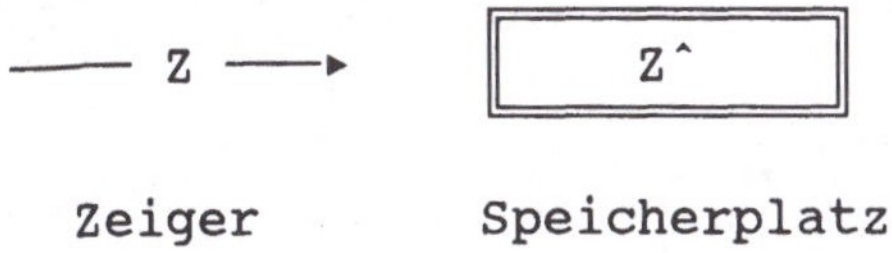

Zeiger Speicherplatz

Gewöhnung erfordert bei Zeigern die Verwendung des Symbols ^, das in zwei Bedeutungen auftritt: bei der Typ- oder Variablenvereinbarung kennzeichnet es Zeiger und wird dem Typnamen vorangestellt; in Anweisungen dient es zum Übergang von der Zeigervariablen auf die betreffende anonyme Variable und wird dem Variablennamen nachgestellt.

Es ist nicht möglich, auf eine konkret definierte Variable, z.B. die Variable `X`, einen Zeiger zu richten; das Kopieren ihres Inhalts in eine anonyme Variable ist aber gestattet:

```
Z^ := X; { belege anonyme Variable mit dem Wert einer
                                     konkreten Variablen }
```

In der Verwendung von Zeigern auf einfache Variable liegt kein Vorteil, vielmehr wird der Programmkode länger und unübersichtlicher. Der eigentliche Vorteil von Zeigern kommt erst dann zum Tragen, wenn die angesprochenen Objekte strukturiert sind und als Komponenten wieder Zeiger besitzen, so daß eine Kette oder ein Geflecht etc. von Datenelementen entstehen kann.

Die folgenden Typdefinitionen dienen zur Erzeugung eines Binärbaums, der aus Elementen vom Typ `Knoten` besteht. Dieser Verbundtyp enthält neben einem Inhaltsfeld (hier der Einfachheit halber ein `Integer`-Wert) auch zwei Verweise auf nachfolgende Knoten.

```
TYPE Zeiger = ^Knoten;
     Knoten = RECORD
                Inhalt: Integer;
                L,R   : Zeiger
               END;
```

Benötigt wird mindestens eine Zeigervariable, die hier den Namen `Wurzel` erhält. Sie ist ein Verweis auf den Anfang des zu konstruierenden Baums.

```
VAR Wurzel : Zeiger;
```

Da von jedem Knoten Verweise auf zwei weitere Knoten ausgehen, entsteht eine dynamisch wachsende bzw. schrumpfende Struktur, die man sich in der Ebene wie in der nachfolgenden Skizze veranschaulichen kann. Das Ende eines Zweigs wird dadurch gekennzeichnet, daß beiden Zeigern des Endknotens der Wert `nil` zugewiesen wird. - Die Bezeichnungen der Knoten in der Skizze sind umgangssprachlich zu verstehen, sie sind keine Variablennamen:

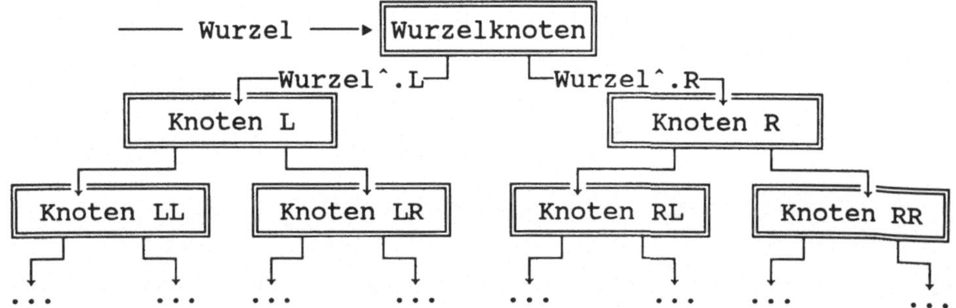

Skizze eines einfachen Binärbaums

Datentypen im Überblick

Die folgende Tabelle enthält alle in Pascal vorhandenen Datentypen. Vorgegeben sind nur die vier einfachen Grundtypen `Integer`, `Boolean`, `Char` und `Real`; alle anderen Eintragungen bedeuten, daß der Programmierer eigene Datentypen der betreffenden Struktur definieren kann. Dabei bietet der Typ Zeiger in Verbindung mit dem Typ Verbund die weitestgehenden Möglichkeiten. In der Tabelle tritt der Typ `String` nicht auf, weil er nicht zum Standardumfang der Sprache gehört.

EINFACH		STRUKTURIERT	ZEIGERTYP
ordinal	nicht-ordinal		
`Integer`	`Real`	`ARRAY`	`Zeiger`
`Boolean`		`RECORD`	
`Char`		`SET`	
`Abschnitte`		`FILE`	
`Aufzählungen`		`Sonderfall: Text`	

2 Anweisungen und Steuerstrukturen

Pascal ist eine formatfreie Sprache. Es gibt keine syntaktisch bindenden Vorschriften über die Gestaltung der Programmzeilen; insbesondere wird auch nicht verlangt, daß für jede Anweisung eine eigene Schreibzeile benutzt wird. Das Ende einer Zeile bedeutet hinsichtlich der syntaktischen Struktur nichts anderes als eine Leerstelle; man könnte also prinzipiell ein ganzes Pascalprogramm in eine einzige Zeile schreiben. Allerdings fördert die Einteilung des Programmkodes in Zeilen die Übersichtlichkeit, und sie erleichtert die Pflege des Programms.

Die Verwendung von Groß- bzw. Kleinschreibung ist freigestellt, d.h. die Namen `x` und `X` bezeichnen dasselbe Objekt.

Soweit wie möglich sollten Programmkommentare verwendet werden, die an jeder Stelle des Kodes erlaubt sind, an denen auch ein Leerzeichen oder eine Zeilenschaltung auftreten dürfte. Kommentare werden in geschweifte Klammern `{ }` eingefaßt, ersatzweise dürfen die Doppelzeichen `(*` und `*)` verwendet werden. Kommentartexte können beliebig lang sein und über mehrere Zeilen laufen, doch dürfen sie nicht verschachtelt werden, d.h. ein Kommentar innerhalb eines Kommentars ist nicht erlaubt.

Einfache Anweisungen

In Pascal gibt es drei Typen einfacher Anweisungen:

a) Wertzuweisung mit ":="

Natürlich dürfen einfachen Variablen einfache Ausdrücke gleichen Typs als Wert zugewiesen werden. Bemerkenswert ist, daß auch einer strukturierten Variablen ein strukturierter Wert als Ganzes zugewiesen werden darf, z.B. ein Verbund, sofern die Typen identisch sind. Eine Besonderheit von Pascal liegt in der Strenge, mit der Daten auf Übereinstimmung geprüft werden; als Ausnahme ist nur die Zuweisung von `Integer`-Ausdrücken an Variable des Typs `Real` möglich.

b) Aufruf einer Prozedur

Beim Aufruf einer Prozedur muß eine Liste mit aktuellen Parametern angegeben werden, die in Typ und Anzahl mit denen der formalen Parameterliste übereinstimmen; als Ausnahme darf auch ein `Integer`-Argument für einen `Real`-Parameter benutzt werden, aber nicht etwa umgekehrt ein `Real`-Argument für einen `Integer`-Parameter. Allgemeine Beispiele werden im Abschnitt über Blockstrukturierung gegeben.

c) Sprunganweisung (`GOTO`)

`GOTO`-Befehle erfordern numerische Sprungmarken im Bereich zwischen 0 und 9999, die vorab im Vereinbarungsteil des jeweiligen Programmblocks mit dem Schlüsselwort `LABEL` deklariert werden müssen. Sprungmarken sind keine numerischen Größen, man kann mit ihnen keine arithmetischen Operationen ausführen.

Bei ausgiebiger Verwendung von Sprungmarken ist es ein Mangel, daß nur Zahlenmarken und keine Namen verwendet werden dürfen; dies hängt wohl mit dem Wunsch der Sprachkonstrukteure zusammen, den Gebrauch von Sprungbefehlen so stark wie möglich einzuschränken.

Sprünge dürfen nicht in strukturierte Anweisungen hinein und nicht aus Unterprogrammen heraus führen. Eine zweckmäßige Anwendung des `GOTO`-Befehls ist die Nachbildung einer Schleife mit Mittelausgang, wie sie weiter unten dargestellt wird.

Strukturierte (zusammengesetzte) Anweisungen

Anweisungsfolge (Sequenz)

Eine Anweisungsfolge wird durch `BEGIN` am Anfang und `END` am Ende gekennzeichnet. Enthält der `BEGIN-END`-Block mehrere Anweisungen, so werden diese durch je ein Semikolon getrennt; sie dürfen in einer Zeile aufgeführt werden oder über mehrere Zeilen verteilt sein. Vor `END` braucht kein Semikolon zu stehen:

```
BEGIN
  Anw_1;    ... ;    Anw_n
END
```

In der folgenden Kurzdarstellung der Steuerstrukturen bedeutet der Begriff `Anweisung` insbesondere, daß dort eine Anweisungssequenz auftreten darf.

Bedingte Anweisung (Einseitige Entscheidung)

```
IF Bedingung THEN Anweisung
```

Beispiel:

```
IF x<0 THEN
  BEGIN                             { Anweisungssequenz }
    WriteLn('Sie haben verloren');
    a := a+1
  END;
```

Folgt auf `THEN` nur eine einzelne Anweisung (die selbst strukturiert sein darf) und keine Sequenz, ist keine Klammerung durch `BEGIN` und `END` nötig.

Alternative

```
IF Bedingung THEN Anweisung_1 ELSE Anweisung_2
```

Beispiel:

```
IF 4*q > p*p THEN
  WriteLn('komplex')
ELSE
  WriteLn('reell');
```

Zur Formulierung einer Fallunterscheidung müssen in Pascal mehrere Alternativen ineinander geschachtelt werden; eine eigene Steuerstruktur gibt es dafür nicht.

Dabei kann es beim Programmierer zu Unklarheiten über die Bedeutung der gesamten Konstruktion kommen, speziell in Bezug auf die Wirkung von `ELSE`-Zweigen (Problematik des sog. dangling else). Durch den Einschluß jedes Anweisungsteils in `BEGIN-END`-Klammern, unabhängig davon, ob dies syntaktisch zwingend wäre, kann diese Unklarheit vermieden werden.

Fallanweisung

```
CASE Ausdruck OF
  Konstante_Werte_1: Anweisung_1;
   ... ;
  Konstante_Werte_n: Anweisung_n
END
```

Zu Beginn dieser Anweisung wird zunächst der Wert von `Ausdruck` berechnet (Fallindex), der von ordinalem Typ sein muß, also z.B. vom Typ `Integer` oder `Char`. Nicht zulässig ist für den Fallindex der Typ `Real`. Beispiel:

```
CASE Tag OF           { Tag ist Variable vom Typ Integer }
  1, 2, 3, 4, 5: Write('Werktag');
  6, 7: Write('Wochenende')
END;
```

Der aktuelle Wert des Fallindex muß in den folgenden Konstantenlisten enthalten sein, anderenfalls tritt ein Laufzeitfehler auf. Dieser kann durch die bedingte Ausführung der Fallanweisung abgefangen werden, wobei zunächst getestet wird, ob der Wert zulässig ist. Vorteilhaft ist bei Verwendung der Alternative, daß dann im ELSE-Zweig auch der Sonderfall des Auftretens unerwarteter Werte behandelt werden kann:

```
IF Ausdruck IN [ .... ] THEN
  CASE Ausdruck OF
  ...
  END {CASE}
ELSE ... { Sonderbehandlung }
```

Schleifen

Zählschleife

```
FOR Variable := Startwert TO Endwert DO Anweisung
FOR Variable := Startwert DOWNTO Endwert DO Anweisung
```

Die beiden Konstruktionen unterscheiden sich durch die bei jedem Durchlauf vorgenommene Veränderung der Laufvariablen: im ersten Fall durchläuft die Schleifenvariable aufsteigend aufeinanderfolgende Werte (zum Beispiel 1, 2, 3, ...), im zweiten Fall absteigend. Besteht der Wiederholungsbereich aus mehreren Anweisungen, d.h. einer Anweisungssequenz, so müssen diese durch BEGIN und END geklammert werden.

Die Schrittweite ist grundsätzlich +1 bzw. -1. Ist eine andere Schrittweite erforderlich, muß die interessierende Größe mit dem Schleifenindex durch eine lineare Transformation verknüpft werden. Beispiel:

```
FOR i := 0 TO 80 DO
  BEGIN              { Tabelle der Quadrate von 5 bis 9 }
    x := 5 + 0.05*i; WriteLn(x, x*x)
  END;
```

Die Zählvariable darf im Schleifeninneren nicht durch Programmanweisungen verändert werden; ihr Wert ist nach Beendigung der Schleife undefiniert (sofern die Schleife nicht durch einen Sprungbefehl verlassen wurde). Befindet sich die Schleifenkonstruktion in einem Unterprogramm, muß die Zählvariable als lokale Variable vereinbart sein. Als Datentypen kommen alle ordinalen Typen in Frage.

Solange-Schleife

Die Schleife wird ausgeführt, solange eine Bedingung gilt. Eventuell bleibt sie also wirkungslos.

```
WHILE Bedingung DO Anweisung
```

Besteht der Wiederholungsbereich aus mehreren Anweisungen (d.h. einer Sequenz), so werden diese durch BEGIN und END eingeklammert. Bei einer einzelnen Anweisung ist dies nicht erforderlich. Beispiel:

```
x := 4.95;
WHILE x<8.99 DO
  BEGIN                 { Tabelle der Quadrate von 5 bis 9 }
    x := x + 0.05; WriteLn(x, x*x)
  END;
```

Wiederhole-bis-Schleife

Eine Schleife dieses Typs wird mindestens einmal ausgeführt.

```
REPEAT Anweisung(en) UNTIL Bedingung
```

Auch wenn der Wiederholungsbereich aus mehreren einzelnen Anweisungen besteht, werden zu seiner Begrenzung die Schlüsselwörter BEGIN und END nicht benötigt, da die Klammerung bereits durch REPEAT und UNTIL zum Ausdruck kommt. Beispiel:

```
x := 4.95;
REPEAT                  { Tabelle der Quadrate von 5 bis 9 }
  x := x + 0.05; WriteLn(x, x*x)
UNTIL x>8.99;
```

Schleife mit Mittelausgang

Pascal besitzt keine Schleifenstruktur mit Abbruchmöglichkeit im Inneren des Schleifenkörpers. Dieser Schleifentyp kann hilfsweise mit dem Sprungbefehl GOTO realisiert werden:

```
WHILE true DO
  BEGIN
    ...
    IF Bedingung_1 THEN GOTO 99;
    ...
    IF Bedingung_2 THEN GOTO 99;
    ...
  END;
99: Anweisung;
```

Ein Beispiel ist am Ende des Kapitels im Zusammenhang mit einem Unterprogramm für eine Eingabe zu finden.

3 Blockstrukturierung

Prinzipiell bestehen Pascal-Programme aus drei Teilen:

1.Teil: Titelzeile

```
PROGRAM Programmname (Input,Output);
```

2.Teil: Vereinbarungsteil

```
LABEL ...;          ↑——————————————↑
CONST ...;           feste
TYPE ...;            Reihenfolge
VAR ...;            ↓——————————————↓
PROCEDURE ...;
FUNCTION ...;
```

Im Vereinbarungsteil werden Sprungmarken, Konstante, Datentypen, Variable, Funktionen und Prozeduren deklariert. Einfaches Beispiel:

```
LABEL 11;
CONST n=10;
TYPE Vektor= ARRAY[1..n] OF Real;
     Matrix= ARRAY[1..n,1..n] OF Real;
VAR a,b,c: Real;
    v1,v2: Vektor;
    k:     Matrix;
```

Die Reihenfolge und die Anzahl der Funktions- und Prozedurvereinbarungen ist beliebig.

3.Teil: Anweisungsteil

In diesem Teil finden sich die eigentlichen Anweisungen des Hauptprogramms.

Wir geben ein Beispiel für ein vollständiges kleines Pascal-Programm:

```
PROGRAM xhochy (Input,Output);           { Titelzeile       }

VAR x,y: Real ;                          { Vereinbarung     }
    Antwort: Char ;                      { glob. Variable   }

FUNCTION hoch(u,v: real): real;          { Vereinbarung     }
BEGIN hoch := exp(v*ln(u)) END;          { Funktion         }

BEGIN                                    { Anweisungsteil   }
  REPEAT
    ReadLn(x); ReadLn(y);
    WriteLn(hoch(x,y));
    Write('Noch einmal? (J/N)');
    ReadLn(Antwort)
  UNTIL (Antwort = 'n') OR (Antwort = 'N')
END.
```

Der Anweisungsteil des Hauptprogramms muß stets am Ende des gesamten Quellkodes stehen, d.h. nach den Anweisungsteilen aller Unterprogramme. Für den

…ser eines Programms erscheint es natürlicher, die Detailinfor- … nterprogramme den Anweisungen des Hauptprogramms nachzu- …rdnen (Stichwort "Top-Down", vom Allgemeinen zum Besonderen). Das ist in Pascal aber nicht möglich. Deutlich wird auch die Doppelfunktion des Sprachelements Semikolon: einerseits markiert es den Abschluß von Vereinbarungen, andererseits ist es der Trenner zwischen Anweisungen.

Der Aufbau eines Unterprogramms folgt im wesentlichen derselben dreiteiligen Struktur, die ein Hauptprogramm kennzeichnet. Die Titelzeile enthält dann entweder das Schlüsselwort `PROCEDURE` oder `FUNCTION`.

Prozeduren und Funktionen unterscheiden sich bei ihrem Aufruf: ein Prozeduraufruf ist eine eigenständige Anweisung, die die Abarbeitung des betreffenden Programmblocks auslöst. Ein Funktionsaufruf bewirkt zusätzlich die Berechnung und Rückgabe eines Werts und ist daher stets Teil eines Ausdrucks. Der Typ des Rückgabewerts muß einfach oder ein Zeiger sein. Es ist daher z.B. nicht möglich, als Ergebniswert einer Funktion ein Feld zu vereinbaren, wie es etwa Funktionen zur Matrizenbearbeitung erfordern würden.

Funktionen und Prozeduren können jeweils eigene Vereinbarungsteile enthalten, dort werden insbesondere lokale Variable definiert. Diese sind nur während der Ausführung des Unterprogramms vorhanden; mit Verlassen des Unterprogramms wird ihr Speicherplatz (auf dem Laufzeitstapel) freigegeben. Bei einem erneuten Aufruf des Unterprogramms sind die alten Werte nicht mehr verfügbar.

```
╔═══════════════════════════Hauptprogramm═══════════════════════════╗
║PROGRAM Haupt(Input,Output);                                       ║
║                                                                   ║
║CONST          ┌──────────────Prozedur U1 ──────────────────────┐  ║
║    n = 10;    │PROCEDURE U1(a:Integer);                        │  ║
║VAR            │TYPE Neu=REC ┌──Unterfunktion V1 ──────────────┐│  ║
║   x,y: Real   │VAR b,c: Inte│FUNCTION V1(m:INTEGER):Real      ││  ║
║fertig: Bool   │{In U1       │VAR x,y: REAL;                   ││  ║
║               │ bekannt:    │ { In V1 bekannt: U1,            ││  ║
║               │ U1,V1, Neu, │   V1, m,  x, y,(lokal!)         ││  ║
║               │ a,b,c, n,   │   Neu, a,b,c, n,fertig}         ││  ║
║               │ x,y, fertig}└─────────────────────────────────┘│  ║
║               └────────────────────────────────────────────────┘  ║
║                                                                   ║
║{Im Haupt-     ┌──────────────Prozedur U2 ──────────────────────┐  ║
║ programm      │PROCEDURE U2;                                   │  ║
║ bekannt:      │VAR c,d:CHAR;┌──Unterfunktion V2 ──────────────┐│  ║
║ n, x, y,      │             │FUNCTION V2(Ein:Char):Boole      ││  ║
║ fertig,       │{In U2       │CONST max=20;                    ││  ║
║ U1, U2   }    │ bekannt:    │VAR r,s: REAL;                   ││  ║
║               │ U2,V2, U1,  │ { In V2 bekannt:                ││  ║
║               │ c,d, n,     │   U2, V2, Ein, max, r,s         ││  ║
║               │ x,y, fertig}│   c,d, n, x,y, fertig }         ││  ║
║               │             └─────────────────────────────────┘│  ║
║               └────────────────────────────────────────────────┘  ║
╚═══════════════════════════════════════════════════════════════════╝
```

Beispiel zur Blockstruktur eines Pascal-Programms

Im vorangehenden Bild wird eine mögliche Programmstruktur skizziert, bei der ein Hauptprogramm zwei Unterprogramme (Prozeduren) enthält, die jeweils ein lokales Unterprogramm (Funktion) enthalten.

Wir fragen zunächst danach, an welchen Stellen welche Unterprogramme aufgerufen werden können:

- Das Hauptprogramm kann `U1` und `U2` aufrufen, nicht aber `V1` oder `V2`.
- `U1` kann `V1` aufrufen (und sich selbst).
- `U2` kann `U1` und `V2` (und sich selbst) aufrufen, nicht aber `V1`.

Diese Regeln folgen aus den allgemeinen Regeln zur Sichtbarkeit von Konstanten, Typen, Variablen und Unterprogrammen:

- Globale Objekte des Hauptprogramms (`x`, `y` etc.) sind überall sichtbar, es sei denn, sie werden durch lokale Größen mit gleichem Namen verdeckt. Dies geschieht mit den Variablen `x` und `y` im Unterprogramm `V1`.
- Die Objekte von `U1` sind in `V1` sichtbar (global), hingegen sieht `U1` nicht die lokalen Objekte von `V1` und von `U2`. (Die Namen `x` und `y`, die in `U1` bekannt sind, beziehen sich auf die globalen Variablen aus dem Hauptprogramm!)
- Die lokalen Objekte von `U1` bzw. `U2` sind im Hauptprogramm nicht sichtbar; speziell können dort also auch die Unterprogramme `V1` und `V2` nicht aufgerufen werden.
- Die lokalen Objekte von `U1` bzw. `U2` sind voneinander strikt getrennt; in `U1` und `U2` können daher z.B. dieselben Namen für verschiedene Variable benutzt werden. Im Beispiel betrifft das die Variable `c`. Entsprechendes gilt für die Unterprogramme `V1` und `V2`.

Die Lokalität von Variablennamen und anderen Objekten hat den Vorteil, daß Programmteile von verschiedenen Programmierern weitgehend unabhängig voneinander erstellt werden können und daß ausgereifte Unterprogramme in andere Programme eingefügt werden können (Modularisierung). Theoretisch sollte genau nur die Information und Struktur, die die beteiligten Programmierer jeweils festlegen, zwischen Unterprogrammen und rufenden Programmen ausgetauscht werden, nebengeordnete Information sollte verdeckt bleiben ("information hiding").

Die Übergabe von Daten zwischen einem aufrufenden Programm und dem Unterprogramm soll als Parameter erfolgen. Diese können sowohl als Werte als auch als Variable übergeben werden.

Bei *Wertübergabe* (call by value) können die Parameter durch das Unterprogramm nicht verändert werden. Technisch betrachtet werden die übergebenen Werte in lokale Speicher kopiert, die zwar lokal auch verändert werden dürfen, was jedoch außerhalb des Unterprogramms nicht sichtbar wird.

Die *Adreßübergabe* (Übergabe durch Referenzierung, call by reference) wird durch das Schlüsselwort `VAR` in der Parameterliste gekennzeichnet. Dabei werden die

Speicheradressen der übergebenen Variablen durch das Unterprogramm angesprochen. Dies bedeutet, daß übergebene Parameter eventuell mit veränderten Werten zurückgegeben werden. Ein Beispiel ist die folgende Prozedurdefinition:

```
PROCEDURE halbiere(VAR x: REAL);
BEGIN
  x := x/2
END;
```

Eine zu verändernde Variable a wird zum Beispiel in folgender Weise an die Prozedur übergeben:

```
IF a > 1e4 THEN halbiere(a);
```

Bei call-by-reference-Übergabe kann als aktueller Parameter kein allgemeiner Ausdruck verwendet werden, wie etwa:

```
halbiere (5*k)                                    { FALSCH! }
```

Zur Verdeutlichung des Unterschieds zwischen den Übergabearten betrachten wir eine nicht funktionsfähige Prozedur zum Vertauschen der Werte zweier Variabler, die im Beispiel vom Typ `Integer` sind:

```
PROCEDURE tausche(i,k:integer);          { call by value }
VAR h:integer;
BEGIN                          { Ergebnis nicht wie gewünscht ! }
  h:=i; i:=k; k:=h;
END;
```

Der Aufruf dieser Prozedur bleibt nach außen wirkungslos, die Werte übergebener Variabler werden nicht getauscht. Der Grund ist, daß die bei dieser Übergabeart übergebenen Variablen lokal in eigene Variable kopiert werden; diese werden auch korrekt getauscht, jedoch beim Verlassen der Prozedur - wie alle anderen lokalen Größen - aufgegeben. Erforderlich ist hier die Übergabeart call by reference:

```
PROCEDURE tausche(VAR i,k:integer);{ call by reference }
```

Die klare Trennung der beiden Mechanismen zur Parameterübergabe geht bei der Verwendung von Zeigern und speziell bei dynamischen Datenstrukturen verloren. Wir betrachten die einfachste Situation, bei der ein Zeiger `z` auf den "anonymen" Speicherplatz `z^` weist:

```
    —— z ——▸   | z^ |

    Zeiger     Speicherplatz
```

Die Übergabe des Zeigers `z` an ein Unterprogramm hat in jedem Fall zur Folge, daß `z^` vom Unterprogramm aus direkt zugänglich ist, der Wert also verändert werden kann, auch wenn für `z` Wertübergabe benutzt wird. Diese Problematik kann hier aber nicht vertieft werden.

In Pascal können auch prozedurale und funktionale Parameter verwendet werden, d.h. an Unterprogramme können neben Variablen (als Wert oder durch Referenzierung) als Parameter auch Prozeduren oder Funktionen übergeben werden. Das folgende einfache Beispiel aus der Mathematik zeigt eine Funktionsdefinition, deren erster Parameter eine Funktion ist. Die Funktion berechnet den Differenzenquotienten (d.h. einen Näherungswert der ersten Ableitung) an einer gegebenen Stelle `x` mit einer gegebenen Differenz `delta`:

```
FUNCTION DiffQuotient
    (FUNCTION f(x0:Real):Real;    { Funktions-Parameter }
     x:Real; delta:Real)        { einfache Wert-Parameter }
                    :Real; { Ergebnistyp der Funktion }
BEGIN
  DiffQuotient:= (f(x+delta)-f(x))/delta
END;
```

Als Funktionsparameter `f` kann jede in dem betreffenden Programm definierte Funktion übergeben werden, die genau einen reellen Parameter erhält und ein reelles Ergebnis liefert. Wir setzen jetzt voraus, daß z.B. die folgende Funktion `g` definiert ist:

```
FUNCTION g(a:Real):Real;
BEGIN
  g:=sin(a)+cos(a)
END;
```

Danach lautet ein erlaubter Aufruf der Funktion `DiffQuotient`

```
WriteLn(DiffQuotient(g, 0, 5e-6):10:5);
```

Sinnvolle Anwendungen für die Übergabe von Funktionen und Prozeduren als Parameter an andere Unterprogramme ergeben sich etwa bei der Bearbeitung von dynamischen Datenstrukturen, wenn eine Hauptprozedur das systematische Durchlaufen aller Elemente bewirkt und eine andere, als Parameter übergebene Prozedur die Verarbeitung der Einzelwerte bestimmt: die Ausgabe in eine Datei oder das Bilden einer statistischen Kenngröße oder eine Veränderung der Elemente etc. - Eine andere Anwendung liegt in der Verwendung eines beliebigen Sortier-Unterprogramms in einem zu erstellenden Programm. Erst beim Aufruf muß dann die für die betreffende Datenmenge passende Routine (z.B. Bubblesort für kleine Mengen, Quicksort für große Mengen) gewählt werden.

Der Mechanismus zur Übergabe funktionaler und prozeduraler Parameter ist in vielen Pascal-Implementationen nicht oder nur in veränderter Form vorgesehen .

Eine wichtige Eigenschaft von Pascal, im Gegensatz zu älteren Programmiersprachen, besteht in der Möglichkeit zur Verwendung von Rekursion. Ein rekursiver Programmablauf liegt bekanntlich dann vor, wenn ein Unterprogramm sich selbst (direkt oder auch indirekt) aufruft. Im folgenden ersten Beispielprogramm wird wesentlich die Rekursion benutzt.

4 Beispielprogramme

Potenzmenge

Das folgende Programm dient zur Bestimmung der Potenzmenge einer endlichen Menge ganzer Zahlen, d.h. es erzeugt die Menge aller Teilmengen einer Menge der Gestalt {1,2,...,N}. Da die Mächtigkeit der Potenzmenge einer N-elementigen Menge 2^N beträgt, ist hier der größte für N zulässige Wert auf 10 festgelegt, denn $2^{10}=1024$, d.h. die Ausgabe aller Teilmengen einer nur 10-elementigen Menge umfaßt bereits 1024 Mengen. Der Algorithmus benutzt rekursive Aufrufe der Prozedur `Potenz`. Es tritt hier der Datentyp Menge auf mit der Operation "Mengenvereinigung", für die in Pascal das Zeichen "+" verwendet wird.

```
PROGRAM Potenzmenge (Input,Output);
CONST Max        = 10;
TYPE  Abschnitt  = 1..Max;
      Menge      = SET OF Abschnitt;
VAR   N          : Abschnitt;

PROCEDURE Ausgabe(Teil:Menge);
VAR i : Abschnitt;
BEGIN
  Write('{ ');
  FOR i:=1 TO Max DO
    IF i IN Teil THEN Write(i,' ');
  Write('}   ')
END;

PROCEDURE Potenz(x:Menge;E:Abschnitt);
BEGIN
  IF E>N THEN Ausgabe(x)                  { Mengenvergleich }
  ELSE
    BEGIN
      Potenz(x+[E],E+1);                        { Rekursion }
      Potenz(x,E+1)                             { Rekursion }
    END
END;

BEGIN     { Hauptprogramm: Anfang des Anweisungsteils }
  Write('Eingabe des größten Elements: '); ReadLn(N);
  Potenz([],1)           { [] bezeichnet die leere Menge }
END.
```

Als Anwendung eines derartigen Verfahrens zur Potenzmengenbestimmung sei auf das Verschnittproblem hingewiesen: Ein Stab der Länge L soll in Teilstücke der Längen L_1, L_2, ... L_k zerschnitten werden, und die Summe der Teilstücke ist größer als L. Daher muß eine Auswahl getroffen werden mit dem Ziel, den verbleibenden Rest (Verschnitt) zu minimieren. Zur Lösung können alle Teilmengen der Menge { L_1, L_2, ... L_k } und der zugehörige Verschnitt betrachtet werden.

Hinweise zur Programmiertechnik: Bereits bei der Eingabe `N = 3` wird die Prozedur `Potenz` fünfzehnmal aufgerufen. Die Prozedur `Ausgabe` ist der Prozedur `Potenz` nicht untergeordnet, damit das Stapelregister nicht zu schnell aufgefüllt wird. - Die gestellte Aufgabe kann auch durch einen nichtrekursiven Ansatz gelöst werden, indem jede Teilmenge $\{e_1, e_2, ..., e_k\}$ durch genau eine natürliche Zahl zwischen 0 und 2^n-1 auf folgende Weise kodiert wird:

$$\{e_1, e_2, \ldots, e_k\} \longleftrightarrow 2^{e_1-1} + 2^{e_2-1} + \ldots + 2^{e_k-1}$$

Die Potenzmenge ergibt sich, wenn die Zahlen von 0 bis 2^n-1 durchlaufen werden und die jeweils eindeutig zugehörige Teilmenge bestimmt wird.

Ulamfolge

Zum Vergleich mit den anderen vorgestellten Programmiersprachen wird nun auch in Pascal das Beispielprogramm zur Ulam-Aufgabe angeführt.

Der Zweck der Funktion Eingabe ist die interaktive Anforderung eines zulässigen Wertes, dabei wird eine Schleife mit Mittelausgang benutzt.

```
PROGRAM Ulam (Input,Output);
VAR a: Integer;

FUNCTION Eingabe: Integer;          { keine Parameterliste }
LABEL 1;
VAR n: Integer;                          { lokale Variable }
BEGIN
  Write('Geben Sie eine positive ganze Zahl ein: ');
  WHILE true DO               { Schleife mit Mittelausgang }
    BEGIN                   { Simulation durch Sprungbefehl }
      ReadLn(n);
      IF n>0 THEN GOTO 1;    { Mittelausgang bei Erfolg }
      Write(n,'  Fehler. Eingabe wiederholen: ');
    END;                                   { Schleifenende }
  1: Eingabe := n
END;                      { Ende der Funktionsdefinition }


BEGIN                              { Anfang Hauptprogramm }
  a := Eingabe;
  Write(a:4);
  WHILE a > 1 DO                         { Schleifenanfang }
    BEGIN
      IF odd(a) THEN                    { ist a ungerade? }
        a := 3*a+1;
      ELSE                                     { a gerade }
        a := a DIV 2
      Write(',',a:4)
    END                                    { Schleifenende }
END.
```

Kapitel VI

Modula-2

Modula wurde in der Nachfolge von Pascal ebenfalls von N. Wirth an der ETH Zürich entwickelt. Diese Sprache wurde im Jahr 1975 erstmalig implementiert und 1977 veröffentlicht; ihr Name ist abgeleitet von der Bezeichnung MODUlar Programming LAnguage.

Die Überarbeitung des ursprünglichen Sprachentwurfs führte zur Definition von Modula-2. Dieser Sprachentwurf wird hier dargestellt; wir werden der Einfachheit halber die Bezeichnung Modula für Modula-2 verwenden. Für Modula existiert noch keine verabschiedete Norm, weder von einem nationalen noch von einem übergeordneten Gremium.

Der Leser sollte die folgende Darstellung zu Modula mit der vorangehenden Darstellung zu Pascal vergleichen. Dabei wird sich zunächst ergeben, daß viele Konzepte von Pascal in Modula weiterbestehen:

- die Vorgabe zahlreicher Grunddatentypen und die Möglichkeit zur Definition eigener Datenstrukturen,
- die Strenge der Syntax mit dem Zwang zur Deklaration aller verwendeten Objekte, die nicht standardmäßig vorgegeben werden, und ein noch stärkerer Typzwang als in Pascal,
- eine sinnvoll begrenzte Auswahl an Steuerstrukturen (neu gegenüber Pascal ist eine Schleifenanweisung mit Mittelausgang),
- die Lokalität von Vereinbarungen (Typen, Variable, Prozeduren, Moduln).

Als Hauptkennzeichen von Modula sind die folgenden neuen Konzepte zu benennen, die diese Sprache zu einem Werkzeug sowohl zur Bearbeitung großer Softwareprojekte als auch zur Bearbeitung systemnaher Aufgaben machen:

- ein Modulkonzept, das die Aufteilung von Programmkode in ein (allgemeinverbindliches) Definitionsmodul und ein (eventuell systemabhängiges) Implementationsmodul erlaubt,

- die getrennte Übersetzung von Moduln, [1]
- Möglichkeiten zur maschinennahen Programmierung,
- Prozedurtypen durch die Zuordnung von Prozeduren zu Variablennamen,
- ein Prozeßkonzept, mit dem auf Einzelprozessorsystemen parallele Prozesse nachgebildet werden können (Koroutinen). Auf diesen Aspekt kann im gegebenen Rahmen nicht eingegangen werden.

Bei näherer Betrachtung treten daneben einige minder bedeutsame Änderungen zutage, die einem Programmierer den Übergang von Pascal zu Modula teilweise erleichtern, teilweise aber auch erschweren:

- Die Reihenfolge der Vereinbarungen innerhalb eines Blocks ist nicht strikt festgelegt, Wiederholungen der Schlüsselwörter (`CONST`, `TYPE`, `VAR`) sind erlaubt. Damit können inhaltlich zusammengehörige Vereinbarungen auch entsprechend im Programmtext gruppiert werden.
- Jede Steuerstruktur wird durch ein Schlüsselwort abgeschlossen (fast immer ist dies `END`).
- Prozedur- und Funktionsdefinitionen haben eine angeglichene Syntax.
- Die Wahl von Groß- und Kleinschrift ist bedeutsam: so können z.B. die zwei Namen `A` und `a` nebeneinander bestehen. Schlüsselwörter sind stets groß zu schreiben; bei Namen, die aus Bibliotheksmoduln übernommen werden, muß der vorgegebenen Schreibweise gefolgt werden. Für den Anfänger liegt hier eine unnötige Quelle formaler Fehler.
- Die Anzahl der Grunddatentypen wurde vergrößert, z.B. wird ein Typ für nichtnegative ganze Zahlen vorgegeben (`CARDINAL`).
- Der Typzwang wurde verstärkt: `INTEGER`-Ausdrücke sind nicht mehr mit Variablen vom Datentyp `REAL` zuweisungsverträglich, damit ist z.B. der Operator `/` auf `INTEGER`-Ausdrücke nicht mehr anwendbar.
- Viele der in Pascal vordefinierten Objekte (speziell die Prozeduren zur Ein- und Ausgabe) sind nun in Modulbibliotheken definiert, aus denen sie in das aktuelle Modul explizit importiert werden müssen.
- Die Prozeduren zur Ein- und Ausgabe sind weniger flexibel nutzbar als in Pascal, weil zur Verarbeitung von Daten verschiedenen Typs jeweils verschiedene Prozeduren benutzt werden müssen.
- Noch konsequenter als in Pascal werden die Möglichkeiten zur Erzeugung unstrukturierter Programme eingeschränkt: ein GOTO-Befehl existiert nicht.

Bei objektiver Betrachtung der Sprachkonstruktion erscheint Modula gegenüber Pascal für die meisten Zwecke genauso gut oder besser geeignet. Die wesentlich breitere Verwendung von Pascal reflektiert die Verfügbarkeit preiswerter, schneller und bedienfreundlicher Kompiler (Turbo Pascal).

---

1 Beim Plural von "das Modul" weicht die Sprechweise der Informatik von den Regeln gemäß Sprachduden ab: korrekt wäre "die Module", gebräuchlich ist "die Moduln".

1 Datenstrukturen

Die in Modula vorhandenen Datentypen können wie im folgenden Diagramm gruppiert werden:

EINFACH		STRUKTURIERT	ZEIGERTYP
ordinal	nicht-ordinal		
INTEGER CARDINAL BOOLEAN CHAR Abschnitte Aufzählungen WORD ⎤ SYSTEMNAH ADDRESS ⎦	REAL	ARRAY RECORD SET	POINTER

Einfache Datentypen

In Modula gibt es neben den vier aus Pascal bekannten einfachen Datentypen `INTEGER` und `REAL` (Zahlen), `BOOLEAN` (logische Werte), `CHAR` (Einzelzeichen) weiter den Typ `CARDINAL` (positive ganze Zahlen einschließlich Null). Zur maschinennahen Programmierung dienen die Typen `WORD` (Maschinenwort) und `ADDRESS` (Adresse eines Speicherplatzes), die aus einem immer bereitstehenden Modul `SYSTEM` importiert werden können.

INTEGER

Der Typ `INTEGER` umfaßt positive und negative ganze Zahlen. Bei einer angenommenen Wortlänge von 16 Bit sind dies die Werte von -2^{15} (-32768) bis $2^{15}-1$ (32767); häufig sind diese Größen unter den Namen `MinInt` und `MaxInt` vordefiniert. Den `INTEGER`-Zahlenstrahl muß man sich bei vielen Implementationen zu einem Kreis zusammengeführt denken; addiert man z.B. 1 zu `MaxInt`, so erhält man keinen Überlauf-Fehler sondern `MinInt`. Als weiteres Beispiel betrachte man die folgenden Anweisungen, die dann den Wert `0` für `i` ergeben (Wortlänge 16 Bit):

```
i:=2;                                (* i vom Typ INTEGER *)
FOR j:=2 TO 16 DO i:=2*i END;   (* berechne 2 hoch 16 *)
```

Ganze Zahlen dürfen auch in sedezimaler (hexadezimaler) Schreibweise oder in oktaler Schreibweise angegeben werden, z.B. in der Form

```
257B (B für oktal) = 175
0AFH (H=Hex für sedezimal) = 175
```

Bei oktaler Schreibweise einer Zahlkonstanten werden nur die Ziffern von `0` bis `7` verwendet. Bei sedezimaler Schreibweise muß die erste Ziffer zwischen `0` und

9 liegen; beginnt die Zahl mit einer Ziffer zwischen A und F, ist eine 0 voranzustellen. Diese Schreibweisen ganzer Zahlen erlauben speziell die Angabe von Speicheradressen, die in der technischen Dokumentation üblicherweise zur Basis 8 oder 16 angegeben werden.

CARDINAL

Dieser Datentyp umfaßt positive ganze Zahlen einschließlich der Null. Bei derselben angenommenen Wortlänge von 16 Bit wie beim Typ INTEGER sind damit die Zahlen von 0 bis 65536 (= 2^{16}) darstellbar, bei vielen Sprachimplementationen ist der größte Wert unter dem Namen MaxCard vordefiniert. Die Operation MaxCard + 1 führt dann zum Wert 0.

Werte vom Typ INTEGER und CARDINAL sind miteinander zuweisungsverträglich, sofern die Werte übertragbar sind; speziell muß darauf geachtet werden, daß einer Variablen vom Typ CARDINAL kein negativer Wert zugewiesen wird. In einem Ausdruck dürfen verschiedene Typen nicht gemischt werden; bei Bedarf wird die vordefinierte Funktion VAL benutzt, wie es das folgende Beispiel zeigt:

```
VAR i:INTEGER; k:CARDINAL;
i := 5; k := 2;
k := i;                          (* Zulässig, da i>=0 *)
i := i+k;                              (* Unzulässig *)
i : =i+VAL(INTEGER,k)                    (* Zulässig *)
i := -5; k := i;                (* Unzulässig, da i<0 *)
```

Logische Größen (BOOLEAN)

Es gibt genau zwei Werte, die vordefinierten Konstanten TRUE und FALSE. Mit ihnen kann man den Wert logischer Variabler festlegen oder z.B. auch Endlosschleifen konstruieren, wie folgendes Beispiel zeigt:

```
Gefunden := FALSE;
WHILE TRUE DO Anweisung(en) END;
```

Es ist nicht möglich, einer logischen Variablen einen anderen Ordinalwert als FALSE oder TRUE zuzuordnen, auch die Großschreibung dieser Konstanten ist wesentlich:

```
Gefunden := False;     (* Fehlerhafte Kleinschreibung *)
```

Logische Werte ergeben sich durch Anwendung von Vergleichsoperatoren wie = (Gleichheit), <> oder # (Ungleichheit), < (kleiner als) usw. Eine korrekte Verwendung einer logischen Variablen zeigt das folgende Beispiel:

```
q := x<y;
IF q THEN Anweisung(en) END;
```

Für Boolesche Größen gibt es Verknüpfungen durch `OR` und `AND` (Abkürzung `&`), sowie die Negation mit `NOT`; Klammern dürfen benutzt werden. Die Priorität der Operationen steigt in der genannten Reihenfolge, d.h. die Verknüpfung mit `OR` bindet schwächer als die mit `AND` (`&`) usw.:

```
IF (k >= 0) & (k MOD 5 = 0) THEN ... END;
```

Die Auswertung zusammengesetzter logischer Ausdrücke wird abgebrochen, sobald der Wert des Ergebnisses festliegt ("short circuit evaluation"). Im Beispiel oben wird die Teilbarkeit durch `5` gar nicht mehr getestet, falls bereits der erste Test `FALSE` ergibt, der Wert von `k` also negativ ist.

Einzelzeichen (CHAR)

Als Werte dieses Datentyps sind alle Zeichen des jeweils verwendeten Zeichensatzes zulässig; häufig ist dies der ASCII-Zeichensatz. Zeichenkonstante werden entweder in einfache Hochkommata oder in Anführungszeichen eingefaßt. Die Anordnung der Zeichen ist durch die Reihenfolge im Zeichensatz festgelegt; es darf angenommen werden, daß die folgenden lokalen Ordnungen gelten:

`'0' < ... < '9'` , `'A' < ... < 'Z'` und `'a' < ... < 'z'`

Das Zeichen mit der Ordnungzahl `n` darf in der Form `nC` angegeben werden. So hat z.B. das Zeichen `"Z"` im ASCII-Zeichensatz die Ordnungzahl 90; anstelle von `"Z"` oder `'Z'` kann man im Programmkode also auch `90C` notieren.

Weitere ordinale Datentypen: Abschnitte und Aufzählungen

Ein *Abschnitt* ist ein eingeschränkter, zusammenhängender Bereich (Unterbereich) eines anderen ordinalen Datentyps, zum Beispiel der positiven ganzen Zahlen `CARDINAL`:

```
VAR i : [1..5];
```

Variable eines solchen Typs belegen in der Regel weniger Speicherplatz als die Variablen des Grunddatentyps, und sie garantieren eine zusätzliche Kontrolle, ob Werte von nicht erwarteter Größe während des Programmlaufs erzeugt werden (Programmierfehler): so würde im Beispiel der Versuch der Zuweisung des Wertes `6` an die Variable `i` zu einem Laufzeitfehler führen. Häufig werden Variable vom Abschnittstyp zur Steuerung von Schleifen verwendet, indem der Schleifenparameter nur in einem vorgegebenen Unterbereich deklariert ist.

Bei *Aufzählungen* werden die Werte des jeweils definierten Datentyps der Reihe nach vom Benutzer deklariert:

```
VAR Wind   : (N, NO, O, SO, S, SW, W, NW);
    Termin: (Mo, Di, Mi, Do, Fr, Sa, So);
```

Man beachte, daß die Werte eines Aufzählungstyps nicht in Hochkommata eingefaßt werden. Bei der Definition des Wertes `Do` für die Variable `Tag` tritt kein Konflikt mit dem reservierten Wort `DO` auf, weil in Modula Groß- und Kleinschreibung unterschieden werden.

Die wesentliche Bedeutung dieser ordinalen Datentypen liegt darin, daß sie zur Steuerung z.B. von Zählschleifen oder Fallanweisungen verwendet werden, um die Lesbarkeit des Quelltextes zu fördern:

```
FOR Termin := Di TO Sa DO ... END;
```

Werte von Aufzählungen können nicht direkt ausgegeben werden, und es sind keine allgemeinen Rechenoperationen möglich, doch können der Vorgänger ("predecessor") und der Nachfolger ("successor") bestimmt werden. Beispiele:

```
SUCC(Mi) ergibt Do,    PRED(So) ergibt Sa
```

Statt spezieller Variabler können für Abschnitte und Aufzählungen auch *Typen* vereinbart werden:

```
TYPE Richtungen= (N, NO, O, SO, S, SW, W, NW);
     Woche     = (Mo,Di,Mi,Do,Fr,Sa,So);
     Intervall = [1..5];
```

Im Anschluß an eine solche Typdefinition hat man im Beispiel neben den vorgegebenen Datentypen `INTEGER`, `BOOLEAN` usw. zusätzlich die neuen Datentypen `Richtungen`, `Woche` und `Intervall` zur Verfügung. Danach kann die Vereinbarung der Variablen `i`, `Wind` und `Termin` wie folgt lauten:

```
VAR i      : Intervall;
    Wind   : Richtungen;
    Termin: Woche;
```

Operationen für ordinale Datentypen

Die bisher genannten Typen, d.h. sowohl die vier Grunddatentypen `INTEGER`, `CARDINAL`, `BOOLEAN` und `CHAR` als auch Abschnitte und Aufzählungen, gehören zu den ordinalen Datentypen, weil die möglichen Werte jeweils angeordnet sind und ihre Anzahl endlich ist.

Bei allen ordinalen Datentypen kann man Vorgänger und Nachfolger mit den schon oben erwähnten Funktionen `PRED` und `SUCC` bestimmen. So gilt z.B. für den Datentyp `CHAR`:

```
PRED('5') = '4'    SUCC('x') = 'y'
```

Der Wertzuweisung `i := i+1` zum Inkrementieren einer ganzen Zahl entspricht die für jeden ordinalen Datentyp mögliche Anweisung `i := SUCC(i)` . Gleichwertig dazu ist die folgende Anweisung, die in der Regel schneller ausgeführt wird:

```
INC(i);                        (* INC = Inkrementieren *)
```

Allgemein gilt: die Prozeduren `INC` bzw. `DEC` (Dekrementieren) ersetzen den Wert der übergebenen Variablen durch ihren Nachfolger- bzw. Vorgängerwert.

Jedem Wert eines ordinalen Datentyps ist über die Funktion `ORD` eine Ordnungszahl zugeordnet. Der kleinste Wert ist 0, die Werte sind also vom Typ `CARDINAL`. Beispiele:

```
Wenn Wind=N, dann ORD(Wind)=0
ORD('A')=65                (* falls ASCII verwendet wird *)
```

Eine Ausnahme bildet der ordinale Typ `INTEGER`. Hier wirkt `ORD` als die identische Funktion, so daß negative Parameterwerte zu negativen Ergebnissen führen; die Funktion `ORD` ist also in diesem Fall uninteressant.

Als Umkehrung der Funktion `ORD` existiert eine Funktion `VAL`, die zu jedem definierten Ordinaltyp und jeder Ordnungszahl den entsprechenden Wert liefert. Beispiel: die folgenden Anweisungen sind gleichwertig:

```
Wind:=VAL(Richtungen,0);                 Wind:=N;
```

Für Zeichen existiert zusätzlich die Funktion `CHR`, mit der Bedeutung von `VAL(CHAR,..)`.

Wir betrachten ein Beispiel zur Verwendung ordinaler Variabler in der `CASE`-Anweisung (vgl. den Abschnitt Fallanweisung unten):

```
CASE Eingabe OF
   'E', 'e': WriteStr('Ende'); WriteLn|
   'W', 'w': WriteStr('Weiter'); WriteLn|
END; (* CASE *)
```

Ordinale Variable spielen eine wichtige Rolle als Zählvariable von `FOR`-Schleifen. Diese Schleifen lassen sich also sowohl durch `INTEGER`- bzw. `CARDINAL`-Variable als auch z.B. durch Zeichenvariable oder logische Variable steuern:

```
FOR Buchstabe := 'a' TO 'z' DO... END;
```

Für Größen der Datentypen `INTEGER` und `CARDINAL` stehen die üblichen Rechenoperationen + (Addition), - (Subtraktion), * (Multiplikation) zur Verfügung, aber nicht die Division mit dem Operator `/`. Die ganzzahlige Division, die den Wert des Quotienten nach Streichen der Nachkommastellen liefert, wird mit `DIV` bezeichnet, `MOD` bestimmt den Divisionsrest. Es gilt also:

```
i - (i DIV j)*j  = i MOD j
```

Mit diesen Operatoren läßt sich z.B. ein Teilbarkeitstest durchführen. Die folgenden Anweisungen führen zu einer Anordnung der Werte des Feldes `Z[i]` in 6 Spalten (zum Datentyp `ARRAY` vgl. unten):

```
FOR i:=1 TO N DO
  WriteInt(Z[i],10);
  IF i MOD 6 = 0 THEN WriteLn END
END (* FOR *);
```

Weiterhin gibt es die Standardfunktion ODD, die testet, ob das ganzzahlige Argument eine ungerade Zahl ist und ein Ergebnis vom Typ BOOLEAN liefert.

REAL

REAL-Zahlenkonstante müssen einen Dezimalpunkt enthalten, die Exponentialschreibweise ist möglich. Zulässige Schreibweisen sind z.B.

```
c:=2.9979E8;    hquer:=1.0545E-34;    x:=2.;
```

Falsche Schreibweisen sind z.B. die folgenden:

```
x:=10;      (* Dezimalpunkt fehlt. Richtig: x:=10.;  *)
y:=1E2;     (* Dezimalpunkt fehlt. Richtig: y:=1.E2; *)
z:=1E3.;   (* Dezimalpunkt falsch. Richtig: z:=1.E3; *)
z:=z/2;       (* Typischer Fehler. Richtig: z:=z/2.; *)
```

REAL-Größen sind nicht ordinal und nicht für die Steuerung von Zählschleifen zugelassen.

Die Datentypen für Zahlen REAL auf der einen Seite und INTEGER, CARDINAL auf der anderen sind nicht miteinander verträglich; insbesondere darf ein INTEGER-Wert nicht einer REAL-Variablen zugewiesen werden. Bei Bedarf müssen die Typumwandlungsfunktionen FLOAT (CARDINAL in REAL) bzw. TRUNC (positive REAL-Zahlen in CARDINAL) oder die allgemeinere Funktion VAL (zur Umwandlung der Ordnungszahl in einen Ordinaltyp) verwendet werden. Beispiele:

```
VAR x:REAL; i:INTEGER; k:CARDINAL;
x:=1.23; i:=TRUNC(x);                    (* Ergebnis i=1 *)
x:=-1.23; i:=TRUNC(x);           (* FALSCH! Positiver Pa-
                                   rameter erforderlich *)
i:=5; x:=FLOAT(i);           (* FALSCH! Parameter vom Typ
                                 CARDINAL erforderlich *)
k:=5; x:=FLOAT(k);                     (* Ergebnis x=5.0 *)
```

Als arithmetische Operationen sind +, -, *, / vorhanden; zur Bestimmung des Absolutwerts eines INTEGER- oder REAL-Arguments ist die Standardfunktion ABS vorgegeben. Ein Operator zum Potenzieren ist nicht vorhanden, ersatzweise kann eine Funktionsprozedur definiert werden. Eine einfache Fassung, bei der die Sonderfälle ganzzahliger Argumente nicht berücksichtigt werden, ist:

```
PROCEDURE hoch(u,v: REAL):REAL; (* Berechne u hoch v *)
FROM MathLib IMPORT exp, ln; (* Bibliothek math.Fkt. *)
BEGIN
  IF u>0 THEN
    RETURN exp(v*ln(u))        (* Hier muß gelten: u>0 *)
  ELSE
    RETURN 0
  END (* IF *)
END hoch;
```

Bei gängigen Implementationen von Modula werden diese und verwandte mathematische Funktionen in einer Unterprogrammbibliothek vorgegeben.

Systemnahe Datentypen

Anders als Pascal erlaubt es Modula von vornherein, systemnahe (d.h. maschinenspezifische) Operationen auszuführen. Dabei spielt z.B. Typprüfung keine Rolle mehr. Es wird deshalb dringend empfohlen, solche Programmteile in eigenen Moduln abzuschirmen.

Wir erwähnen diese Möglichkeiten, ohne auf nähere Einzelheiten einzugehen:

Der Datentyp `WORD` stellt Speicherplätze von der Größe der im benutzten System definierten Wortlänge zur Verfügung, z.B. 16 Bit. Benutzt man diesen Typ als formalen Parameter einer Prozedur, so kann die Prozedur mit einem Parameter jedes Typs passender Länge aufgerufen werden. Noch allgemeiner kann durch den formalen Parameter `ARRAY OF WORD` jeder Parameter an eine Prozedur übergeben werden.

Der Datentyp `ADDRESS` erlaubt das direkte Ansprechen von Speicherzellen, eine Variable dieses Typs ist zuweisungsverträglich mit jedem anderen Zeigertyp.

Strukturierte Datentypen

In Modula gibt es drei Klassen strukturierter Datentypen: Feld, Verbund und Menge mit dem Spezialtyp `BITSET`. Für Zeichenketten wird der Feldtyp `ARRAY [ ] OF CHAR` verwendet. Ein Typ Datei wird in Modula nicht als Grunddatentyp vorgegeben; er ist implementationsabhängig und muß aus einem Modul importiert werden.

Feld (ARRAY)

Felder, die zur Zusammenfassung mehrerer Größen gleichen Typs zu einer Variablen dienen, werden durch einen oder mehrere Abschnitte ordinalen Typs indiziert. Beispiele für Abschnitte sind `[1..5]` oder `[-13..2]` oder `['A'..'Z']`; eine typische Anwendung zeigt die folgende Vereinbarung:

```
VAR M: ARRAY [1..5] OF REAL;
```

Diese Festlegung definiert einen Vektor mit den fünf Komponenten `M[1]`, `M[2]` bis `M[5]`, die mit `REAL`-Werten belegt werden können. - Die folgende Variablenvereinbarung definiert eine `4•10`-Matrix mit nichtnegativen ganzzahligen Komponenten:

```
VAR Z: ARRAY [-3..0],[-1..8] OF CARDINAL;
```

Eine bestimmte Komponente wird z.B. mit `Z[-2,5]` angesprochen. Man beachte die unterschiedliche Verwendung der Klammern bei der Vereinbarung einerseits und dem Ansprechen der Komponenten andererseits!

In einem weiteren Beispiel betrachten wir nach Monaten erhobene Umsatzwerte eines Unternehmens. Dazu kann der folgende Vektor `Umsatz` benutzt werden:

```
TYPE Jahr = (Jan,Feb,Mar,Apr,Mai,Jun,Jul,Aug,Sep,Okt,
             Nov,Dez,Saldo);             (* Aufzählung *)
     Monat= [Jan..Dez];                  (* Unterbereich *)
VAR Umsatz: ARRAY Monat OF CARDINAL;
```

Mit `Umsatz[Jul]` ruft man z.B. nach einer Erfassung der Daten den Wert für den Monat Juli ab.

Diese Beispiele zeigen die weitgehenden Gestaltungsmöglichkeiten zur Benennung von Feldern, was der Verständlichkeit von Programmtexten zugute kommt.

Zeichenkette

Gegenüber Pascal wurde das Konzept eines Datentyps für Texte (Zeichenfolgen) ausgebaut, obwohl auch in Modula kein vordefinierter Datentyp "String" bereitgestellt wird. Man bedient sich des Typs `ARRAY [0..x] OF CHAR`, wobei `x` eine feste obere Länge des betreffendenden Typs ist. Bei Wertzuweisungen muß nicht die volle Länge des Felds benutzt werden, denn ein typisches Merkmal von Textvariablen ist ihre veränderbare Länge. Nicht belegte Stellen des Feldes erhalten als Wert automatisch das Nullzeichen `CHR(0)`, nicht etwa das Leerzeichen.

Zur Bearbeitung von Zeichenfolgen werden in Bibliotheken spezielle Prozeduren bereitgestellt (z.B. zur Längenbestimmung, Umwandlungsfunktionen, zum Löschen von Teilketten, zum Zusammenfügen von Zeichenketten). Als Beispiel für eine Anwendung dieses Datentyps betrachten wir ein Programm, das eine positive ganze Zahl als Text einliest und in eine Kardinalzahl umrechnet:

```
MODULE Test;
FROM InOut IMPORT ReadString, WriteCard;
TYPE String= ARRAY[0..24] OF CHAR;
VAR Eingabe: String;  Wert: CARDINAL;  i: [0..25];
BEGIN
  ReadString(Eingabe); (* lies Kardinalzahl als Text *)
  Wert:=0; i:=0;
  WHILE (Eingabe[i]#CHR(0)) AND (i<=24) DO
                                 (* Umrechnung in Zahl *)
    Wert:=Wert*10 + ORD(Eingabe[i])-ORD('0');
    INC(i)
  END (* WHILE *);
  WriteCard(Wert, 30)
END Test.
```

Verbund

Ein Verbund (RECORD) erlaubt die Zusammenfassung von Komponenten verschiedenen Typs zu einer Variablen.

Zum Beispiel kann man mit folgender Deklaration eine Variable `Kfz` definieren, die Automarke, Baujahr, den nächsten Termin (Monat und Jahr) zur technischen Überprüfung sowie eine Angabe über eventuelle Unfälle enthält.

```
VAR Kfz: RECORD
           Marke  : ARRAY[0..29] OF CHAR;
           Baujahr: CARDINAL;
           Tuev   : RECORD
                       Monat: [1..12];
                       Jahr : CARDINAL
                    END;
           Unfall : BOOLEAN
         END;
```

Die Variable `Kfz` besteht aus Komponenten, die von verschiedenem Typ sind. Wie das Beispiel zeigt, können Komponenten eines Verbunds wiederum von einem Verbundtyp sein: die Komponente `Tuev` ist ein Verbund für einen Datumswert.

Der Zugriff auf die Komponenten und die Wertzuweisung in einem Programm geschieht z.B. wie folgt:

```
Kfz.Baujahr := 1990;
Kfz.Tuev.Monat := 5;
Kfz.Tuev.Jahr := 1993;
```

Der grundlegende Unterschied zwischen einem Feld und einem Verbund besteht darin, daß die Komponenten eines Felds numerisch durchlaufen werden können, z.B. in einer Zählschleife, während dies beim Verbund nicht möglich ist. Hier werden die Komponenten über ihren Namen angesprochen. Da eine Komponente z.B. ein Verweis (Zeiger) auf einen Verbund gleichen Typs sein darf, können durch Verbunde dynamische Datenstrukturen erzeugt werden.

Menge

Eine Menge (Datentyp `SET`) besteht aus Elementen desselben ordinalen Typs. `REAL`-Zahlen oder strukturierte Datentypen dürfen nicht verwendet werden; auch negative ganze Zahlen sind nicht zugelassen. Mengenkonstante werden durch geschweifte Klammern begrenzt und durch ihren Typnamen angeführt; ersatzweise darf auch der Variablenname benutzt werden.

Beispiel: Eine interaktive Eingabe soll entweder `'J'` oder `'N'` lauten, wobei nicht zwischen Groß- und Kleinschreibung unterschieden wird. Die Zulässigkeit einer Eingabe kann man in der folgenden Weise abfragen; dabei ist eine Vereinbarung wie z.B. für einen Typ `Zeichen` unerläßlich:

```
TYPE Zeichen= SET OF CHAR;
VAR  Eingabe: CHAR;
...
ReadChar(Eingabe);
IF Eingabe IN Zeichen{'j','J','n','N'} THEN ... END;
```

Mengentypen bzw. Mengenvariable werden durch die Angabe der Grundmenge deklariert. In vielen Modula-Implementationen ist dabei die Größe der Grundmenge auf maximal 256 Elemente beschränkt. Beispiel:

```
TYPE Lottozahlen= SET OF [1..49];
VAR  Ziehung: Lottozahlen;
```

Mit einer solchen Vereinbarung ist die Menge `Ziehung` noch nicht mit einem Wert belegt, auch nicht mit dem Wert für die leere Menge; dies erfolgt unabhängig von der Deklaration im Anweisungsteil des Programms, etwa:

```
Ziehung := Lottozahlen{};
```

oder

```
Ziehung := Lottozahlen{7,10,18,27,30,41};
```

oder

```
Ziehung := Ziehung{7,10,18,27,30,41};
```

Der Mengenkonstanten muß also entweder der Variablenname oder der Typname vorangestellt werden; diese Mehrdeutigkeit ist kein glücklicher Aspekt.

Für Mengen stehen die zwei Prozeduren `INCL` bzw. `EXCL` zur Aufnahme bzw. zum Entfernen eines Elements sowie die Operationen Vereinigung (`+`), Durchschnitt (`*`), Restmenge (`-`) und symmetrische Differenz (`/`) zur Verfügung:

Vereinigung:	`{1,3,7,8} + {3,8,10,12} = {1,3,7,8,10,12}`
Durchschnitt:	`{1,3,7,8} * {3,8,10,12} = {3,8}`
Restmenge:	`{1,3,7,8} - {3,8,10,12} = {1,7}`
symm. Differenz:	`{1,3,7,8} / {3,8,10,12} = {1,7,10,12}`

(Diese Zeilen stellen keine korrekten Modula-Anweisungen dar.)

Der Test auf Enthaltensein eines Elements in einer Menge wird durch `IN` formuliert, wie im Beispiel zur Eingabe eines Zeichens oben verwendet. Weiterhin dürfen Mengen auf Gleichheit, Ungleichheit und Teilmengenbeziehung getestet werden, wofür die üblichen Vergleichsoperatoren `=`, `<>` bzw. `#` (ungleich), `<=` und `>=` verwendet werden.

Ein weiterer vordefinierter Typ `BITSET` enthält als Werte Mengen von `CARDINAL`-Zahlen zwischen `0` und einem konstanten Wert `N-1`, wobei `N` entweder die Wortlänge oder ein kleines Vielfaches davon ist, z.B. 32. Beispiel:

```
VAR Zustand: BITSET;
Zustand:={3,7,12};             (* Typname darf entfallen *)
```

Dateneingabe und Datenausgabe; Dateien

Die Konzeption der Sprache Modula sieht eine strikte Trennung zwischen allgemeingültigen, abstrakten Daten und Operationen einerseits und computerspezifischen, implementationsabhängigen Gegebenheiten andererseits vor. Daher werden alle Prozeduren und sonstigen Vereinbarungen zur Eingabe und Ausgabe von Daten in speziellen Bibliotheksmoduln bereitgestellt; sie gehören nicht zum Kern der Sprache. Weder die Namen der betreffenden Moduln noch die der dort definierten Objekte sind fest vorgegeben; wir folgen hier weitgehend den Bezeichnungen, die N. Wirth in seiner Darstellung der Sprache verwendet.

Die sequentielle Dateneingabe und Datenausgabe wird unter dem Begriff *Datenstrom* zusammengefaßt. Alle Elemente eines Stroms sind von einem einheitlichen Datentyp: entweder `CHAR` (bei einem Textstrom) oder allgemein `WORD`. Die Anzahl der Elemente ist nicht festgelegt. Ein Strom kann zwei Zustände annehmen: im Schreibzustand kann ein neues Element am Ende angefügt werden, im Lesezustand kann jeweils ein Element gelesen werden.

Das wichtigste Beispiel für Datenströme sind die Textströme `In` bzw. `Out` für die standardmäßige Eingabe bzw. Ausgabe. In einem Modul `StdIO` werden die von Pascal her gewohnten Prozeduren `Read`, `Write`, `WriteLn` usw. für die Ströme `Stdin` und `Stdout` bereitgestellt. Diese Ströme werden automatisch geöffnet.

Auf einer höheren Ebene werden in einem Modul `InOut` alle Prozeduren für die interaktive Eingabe über Tastatur und die Ausgabe über Bildschirm bereitgestellt. Für Grunddatentypen werden jeweils eine eigene Prozedur zur Eingabe und zur formatierten Ausgabe benutzt, z.B.

```
ReadInt(VAR i:INTEGER)   WriteInt(i:INTEGER; b:CARDINAL)
ReadCard(VAR k:CARDINAL)   WriteCard(k,b:CARDINAL)
```

Dabei wird die Breite des Ausgabeformats durch das zweite Argument `b` festgelegt. Beispiele für die Benutzung dieser Prozeduren finden sich in den folgenden Programmbeispielen.

In einem weiteren Modul `FILES` wird ein Datentyp `FILE` vorgegeben, z.B. als

```
TYPE FILE = CARDINAL;
```

sowie weitere Prozeduren zum Erzeugen `(Create)`, Aufrufen `(Lookup)`, Umbenennen `(Rename)`, Löschen `(Delete)`, Lesen `(ReadBlock)`, Beschreiben `(WriteBlock)` usw.

Zeiger

Genauso wie in Pascal stehen in Modula dynamische Datentypen nicht direkt zur Verfügung, diese können mit Hilfe von Zeigern nachgebildet werden. Zeiger sind Verweise auf die Speicherplätze von anonymen Variablen, d.h. ihre Adressen. In der Regel sind diese Variablen strukturiert, z.B. vom Typ Verbund.

Als Beispiel geben wir Deklarationen an, die zur Erzeugung eines Binärbaums erforderlich sind. Abgesehen von Einzelheiten der Sprachsyntax ist das Vorgehen in Modula ganz analog zu dem in Pascal:

```
TYPE Zeiger = POINTER TO Knoten;
     Knoten = RECORD
                Inhalt: INTEGER;
                L,R   : Zeiger
              END;
VAR Wurzel : Zeiger;
```

Die Variable `Wurzel` ist ein Verweis auf einen Verbund, der neben einem Inhalt (der hier der Einfachheit halber ein `INTEGER`-Wert ist) auch Verweise auf nachfolgende Knoten enthält.

2 Anweisungen und Steuerstrukturen

Modula ist, wie Pascal, eine formatfreie Sprache. Es gibt keine aus der Syntax abgeleiteten Vorschriften über die Gestaltung des Programmtextes; insbesondere wird auch nicht verlangt, für jede Anweisung eine eigene Schreibzeile zu benutzen, obwohl dies häufig geübte Praxis ist.

Das Ende einer Zeile bedeutet in syntaktischer Hinsicht nicht mehr als eine Leerstelle; man könnte also prinzipiell ein ganzes Modula-Programm in eine einzige Zeile schreiben. Die Einteilung des Quellprogramms in Zeilen und die Einrückung zusammengehöriger Anweisungen fördern jedoch die Übersichtlichkeit und erleichtern so die Fehlersuche und spätere Veränderungen des Programms.

Einfache Anweisungen

In Modula gibt es nur zwei Arten einfacher Anweisungen:

a) Wertzuweisung mit ":="

Auch strukturierte Werte dürfen einer Variablen des gleichen Typs zugewiesen werden. Eine implizite Typumwandlung findet nie statt, auch nicht zwischen Ganzzahlen und Gleitkommazahlen.

b) Aufruf einer Prozedur

Abhängig von der Syntax ihrer Definition können Prozeduren auch Werte zurückliefern, d.h. sie werden dann so benutzt wie Funktionen. In diesem Fall ist ihr Aufruf keine eigenständige Anweisung.

Wir bemerken, daß ein Sprungbefehl nicht existiert. Es gibt jedoch eine Schleifenanweisung mit Mittelausgang, und jede Prozedur kann mit der `RETURN`-Anweisung ggf. vorzeitig verlassen werden. Das summarische Verlassen mehrerer ineinandergeschachtelter Prozeduren ist nicht vorgesehen.

Strukturierte Anweisungen

Anweisungsfolge (Sequenz)

Eine Anweisungsfolge wird durch `BEGIN` am Anfang und `END` am Ende gekennzeichnet. Enthält der `BEGIN-END`-Block mehrere Anweisungen, so werden diese durch je ein Semikolon getrennt:

```
BEGIN
  Anw_1;
   ... ;
  Anw_n
END
```

Bedingte Anweisung (Einseitige Entscheidung)

```
IF Bedingung THEN Anweisung(en) END
```

Die `IF`-Anweisung muß stets durch das Schlüsselwort `END` abgeschlossen werden, auch wenn nur eine einzelne Anweisung betroffen ist. Sollen hingegen mehrere Anweisungen bedingt ausgeführt werden, brauchen sie nicht durch `BEGIN` und `END` eingefaßt zu werden, denn die Klammerung wird durch die Schlüsselwörter `THEN` und `END` kenntlich gemacht.

Beispiele:

```
IF Spalte=80 THEN WriteLn END (* IF *)
IF x<0 THEN
  WriteStr('Sie haben verloren'); WriteLn;
  INC(a)
END (* IF *)
```

Die `IF`-Anweisung ist ein Sonderfall der Alternative (zusätzlich wird dann das Schlüsselwort `ELSE` gebraucht). Diese stellt wiederum einen Sonderfall der Mehrfachentscheidung (Schlüsselwort `ELSIF`) dar.

Fallunterscheidung (Mehrfachentscheidung)

```
IF Bedingung_1 THEN Anweisung(en)_1
ELSIF Bedingung_2 THEN Anweisung(en)_2
...
ELSE Anweisung(en)_n
END
```

Die Anzahl der ELSIF-Teile ist beliebig (auch die Anzahl 0 ist zulässig); der abschließende ELSE-Zweig darf entfallen. Wir betrachten als Beispiel die drei möglichen Fälle einer quadratischen Gleichung mit reellen Koeffizienten, wobei die Problematik von Rundungsfehlern hier unberücksichtigt bleibt:

```
IF 4*q > p*p THEN
  WriteStr('Komplexe Lösungen'); WriteLn
ELSIF 4*q = p*p THEN
  WriteStr('Eine reelle Lösung'); WriteLn
ELSE
  WriteStr('Zwei reelle Lösungen'); WriteLn
END; (* IF *)
```

Anstelle einer Fallunterscheidung reicht in vielen Fällen die Sonderform der Fallanweisung, die sich durch Schreibökonomie auszeichnet.

Fallanweisung

```
CASE Ausdruck OF
  Marke_1: Anweisung(en)_1 |   (* beachte Begrenzer | *)
        ... |
  Marke_n: Anweisung(en)_n
END
```

Dabei muß Ausdruck von ordinalem Typ sein, die Marken des jeweils passenden Typs müssen aus Konstanten gebildet werden; zulässig sind neben Aufzählungen von Konstanten auch Intervalle, was eine Vereinfachung gegenüber Pascal ist. Beispiel:

```
VAR Termin: (Mo, Di, Mi, Do, Fr, Sa, So);
...
CASE Termin OF
  Mo..Fr: WriteStr('Werktag'); WriteLn| (* kein BEGIN *)
  Sa,So : WriteStr('Wochenende'); WriteLn (* kein END *)
END; (* CASE *)
```

Als universelle abschließende Fallmarke darf ELSE verwendet werden (ohne folgenden Doppelpunkt). Fehlt diese Marke und trifft keine der angeführten Fallmarken auf den aktuellen Wert zu, so ist die Wirkung der Fallanweisung undefiniert, eventuell tritt ein Laufzeitfehler auf.

Schleifen

Zählschleife

```
FOR Variable := Start TO Endwert DO Anweisung(en) END
FOR Variable := Start TO Endwert BY Schrittweite DO
   Anweisung(en) END
```

Die Schleifenvariable muß von einem Ordinaltyp sein, z.B. `INTEGER` oder `CHAR`. Im ersten Fall durchläuft sie aufsteigend aufeinanderfolgende Werte (zum Beispiel `1, 2, 3,` ... oder `'A', 'B', 'C',` ...). Im zweiten Fall wird jeweils der Wert der Schleifenvariablen mit einer festen Schrittweite verändert, z.B. mit `2` oder mit `-1`. `Schrittweite` ist grundsätzlich vom Typ `INTEGER` (positiv oder negativ). Dies gilt auch für nicht-numerische Schleifenvariable. Im folgenden Beispiel nimmt die Variable `Termin` nacheinander die Werte `Mo`, `Mi`, `Fr` an:

```
FOR Termin := Mo TO Sa BY 2 DO        (* Aufzählungstyp *)
  ...
END; (* FOR *)
```

Ist eine nicht ganzzahlige Schrittweite erforderlich, muß die interessierende Größe mit dem Schleifenindex durch eine lineare Transformation verknüpft werden, wobei die Umwandlung von `INTEGER` in `REAL` explizit herbeigeführt werden muß. Im Beispiel durchläuft `x` die Werte von `5.0` bis `9.0` mit dem Inkrement `0.05`:

```
FOR i := 0 TO 80 DO
  x := 5. + 0.05*FLOAT(i);
  WriteReal(x,8); WriteReal(x*x,8); WriteLn
END; (* FOR *)
```

Der Wert der Zählvariablen ist nach Beendigung der Schleife undefiniert.

Solange-Schleife

```
WHILE Bedingung DO Anweisung(en) END
```

Wir betrachten als Beispiel den Lauf der Variablen `x` vom Startwert `5.0` bis zum Endwert `9.0` mit dem Inkrement `0.05`:

```
x := 4.95;
WHILE x<8.99 DO
  x := x + 0.05;
  WriteReal(x,8); WriteReal(x*x,8); WriteLn
END; (* WHILE *)
```

Auch wenn der Wiederholungsbereich der `WHILE`-Schleife nur aus einer einzelnen Anweisung besteht, wird die Schleife durch `END` abgeschlossen.

Wiederhole-bis-Schleife

```
REPEAT Anweisung(en) UNTIL Bedingung
```

Die Klammerung des Wiederholungsbereichs kommt durch die Schlüsselwörter `REPEAT` und `UNTIL` zum Ausdruck. Als Beispiel betrachten wir wieder den Lauf einer Variablen `x` von `5.0` bis `9.0` mit dem Inkrement `0.05`:

```
x := 4.95;
REPEAT
```

```
    x := x + 0.05;
    WriteReal(x,8); WriteReal(x*x,8); WriteLn
  UNTIL x>8.99;
```

Schleife mit Mittelausgang

```
  LOOP ... EXIT; ...  END
```

Der EXIT-Befehl kann an jeder Stelle des Schleifenkörpers auftreten, er darf auch wiederholt verwendet werden. Die Bearbeitung des Programms wird nach einem EXIT-Befehl an derjenigen Stelle wiederaufgenommen, die an das Schleifenende anschließt. Eine LOOP-END-Schleife ohne EXIT-Befehl ist zwar syntaktisch zulässig, führt jedoch zu einer Endlosschleife und ist semantisch widersinnig.

```
  LOOP
     ...
    IF Bedingung_1 THEN EXIT END (* IF *);
     ...
    IF Bedingung_2 THEN EXIT END (* IF *);
     ...
  END; (* LOOP *)
```

Durch den Befehl EXIT kann nur eine mit LOOP gebildete Schleife verlassen werden, nicht etwa eine FOR-Schleife o.ä. Jedoch darf eine LOOP-Schleife eine FOR-Schleife enthalten, in deren Wiederholungsteil der EXIT-Befehl zulässig ist: seine Ausführung stoppt dann sowohl die innere FOR-Schleife als auch die äußere LOOP-Schleife.

Der EXIT-Befehl, der in Pascal nicht vorhanden ist, erweist sich bei genauer Betrachtung als ein Element, das einer sauberen Strukturierung entgegensteht, weil eine LOOP-Schleife mehrere EXIT-Befehle und damit mehrere Ausgänge besitzen kann. In praktischen Anwendungen wird bei sorgfältigem Gebrauch jedoch ein leichter verständliches Quellprogramm erzeugt als etwa bei Verwendung der in Pascal verfügbaren Steuerstrukturen.

Programmkommentierung

Kommentare werden durch die Symbole (* und *) begrenzt; sie dürfen sich über mehrere Zeilen erstrecken und auch verschachtelt auftreten. Dies ist besonders dann von Bedeutung, wenn ein schon getesteter Teil des Quellprogramms mit Kommentaren vorübergehend durch Einschluß in weitere Kommentarbegrenzer von der Kompilation ausgenommen werden soll.

Strukturierte Anweisungen werden häufig ineinandergeschachtelt, z.B. kann eine Schleife eine Alternative enthalten, in deren ELSE-Zweig eine Fallanweisung auftritt. Da fast alle strukturierten Anweisungen durch END abgeschlossen werden, treten häufig mehrere hintereinander auf. Dadurch kann ein Quellprogramm auch bei guter optischer Gliederung schwer lesbar werden, wenn die jeweiligen `END`-Marken nicht durch Kommentare erläutert werden, wie es in den vorangehenden Beispielen geschehen ist, d.h. durch `(* IF *)`, `(* WHILE *)` etc.

3 Blockstrukturierung

Ein Modula-Programm besteht aus beliebig vielen Moduln, von denen eines als Hauptmodul bezeichnet wird, die anderen sind lokal und definieren feste Sichtbarkeits- und Gültigkeitsbereiche für die dort definierten Objekte, d.h. die Namen für Typen, Variable und Prozeduren. Weiterhin werden in jedem Programm aus externen Moduln vordefinierte Objekte importiert, z.B. aus einem Modul `InOut` die Prozeduren zur interaktiven Eingabe und Ausgabe. Die Namen der vorgegebenen Bibliotheksmoduln sind nicht streng festgelegt, anstelle von `InOut` findet man auch z.B. den Namen `IO`.

Im folgenden Schema wird skizziert, wie ein Modula-Programm aufgebaut sein kann. In diesem Beispiel enthält ein Hauptmodul zwei Untermoduln; daneben gibt es getrennt übersetzte Bibliotheksmoduln, deren Objekte je nach Bedarf in das Hauptmodul - oder auch seine Untermoduln - importiert werden können.

```
MODULE Haupt;
FROM Grafik IMPORT P1;
VAR a,b,c: REAL;

  MODULE Teil1;
  IMPORT a; EXPORT k;
  VAR k,l,m: REAL;
  BEGIN
    ...
  END Teil1;

  MODULE Teil2;
  IMPORT b; EXPORT v;
  VAR u,v,w: REAL;
  BEGIN
    ...
  END Teil2;

BEGIN
  (* Verfügbare Namen:
     a,b,c,k,v, P1    *)
END HAUPT.
```

Hauptmodul mit Untermoduln

```
DEFINITION MODULE Rechnen;
...

IMPLEMENTATION MODULE Rechnen
...

DEFINITION MODULE Grafik;
EXPORT P1,P2,P3;
END Grafik.

IMPLEMENTATION MODULE Grafik;
PROCEDURE P1; BEGIN...END;
PROCEDURE P2; BEGIN...END;
PROCEDURE P3; BEGIN...END;
END Grafik.

DEFINITION MODULE Drucker;
...

IMPLEMENTATION MODULE Drucker
...
```

Bibliotheksmoduln

Schema eines Modula-Programms

Selbstverständlich kann die Modulstruktur durch Verwendung beliebig vieler Untermoduln wesentlich komplexer gestaltet sein, als es diese Skizze wiedergibt.

Prozeduren und Funktionsprozeduren

Vor der Beschreibung des gegenüber Pascal zentral neuen Modulkonzepts soll zunächst das in Modula realisierte Prozedurkonzept dargestellt werden. Hier finden sich mancherlei Parallelen zu Pascal.

Die folgende Schemadarstellung zeigt ein Beispiel für geschachtelte Prozeduren in einem Modul und die Sichtbarkeit der dort definierten Objekte.

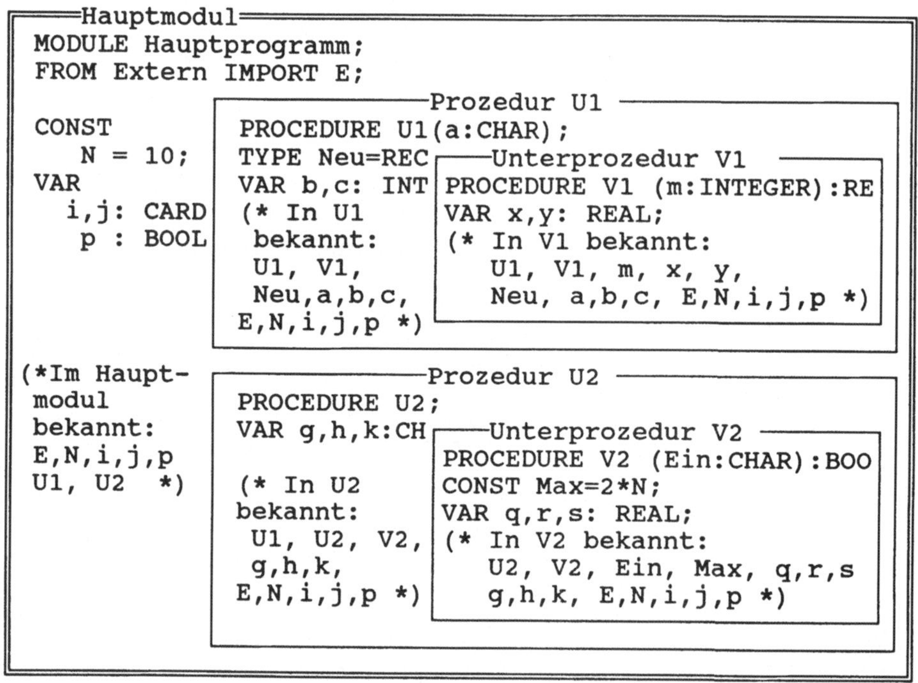

Sichtbarkeit von Bezeichnern

Jedes Modul und jede Prozedur kann beliebig viele Prozeduren enthalten; sie bestehen formal jeweils aus drei Teilen:

1.Teil: Titelzeile

```
PROCEDURE Pname(Parameterliste);
```

oder bei Funktionsprozeduren

```
PROCEDURE Pname(Parameterliste):Ergebnistyp;
```

2.Teil: Beschreibung der Objekte, die lokal innerhalb der Prozedur benötigt werden (Vereinbarungsteil für Konstante, Typen, Variable, weitere untergeordnete Prozeduren)

3.Teil: Anweisungsteil der Prozedur

Prozeduren sind also Unterprogramme, die jeweils eigene Vereinbarungsteile für Konstante, Typen, Variable und weitere Prozeduren enthalten können. Alle diese Objekte sind dort lokal und können nicht in ein umgebendes Modul oder Unterprogramm exportiert werden. Sie existieren, solange das Unterprogramm läuft. Mit dem Verlassen des Unterprogramms wird der (auf dem Laufzeitstapel) benötigte Speicherplatz freigegeben; bei einem erneuten Aufruf des Unterprogramms sind z.B. die Werte lokaler Variabler undefiniert und nicht mehr mit den alten Werten belegt.

In der Schemadarstellung oben gelten die folgenden Sichtbarkeitsregeln:

Im Hauptprogramm können `U1` und `U2`, nicht aber `V1` oder `V2` aufgerufen werden. Das Unterprogramm `U1` kann `V1` aufrufen, nicht aber `U2`, weil dieses im Programmtext erst später deklariert wird. Das Unterprogramm `U2` kann `U1` und `V2`, nicht aber `V1` aufrufen, weil `V1` lokal in `U1` verborgen bleibt, andererseits `U1` vor `U2` im Programmtext deklariert ist und nicht in einer umgebenden Prozedur enthalten ist.

Alle Objekte des Hauptmoduls (Konstante `N`, Variable `i, j` etc.) sind global und daher in allen untergeordneten Prozeduren sichtbar. Die Objekte von `U1` sind in `V1` sichtbar, hingegen sieht `U1` nicht die lokalen Objekte von `V1` und von `U2`. Die lokalen Objekte von `U1` bzw. `U2` sind voneinander strikt getrennt, in `U1` und `U2` könnten daher z.B. dieselben Namen für verschiedene Variable benutzt werden. Entsprechendes gilt natürlich auch für `V1` und `V2`.

Als Parameter können an Prozeduren sowohl Werte als auch Variable übergeben werden. Bei Wertübergabe (call by value) können die Parameter durch das Unterprogramm nicht verändert werden. Bei Variablenübergabe (besser: Adreßübergabe, Übergabe durch Referenzierung, call by reference) können übergebene Parameter mit veränderten Werten zurückgegeben werden.

Ein Beispiel für die Übergabeart call by reference findet sich in der folgenden Prozedurdefinition:

```
PROCEDURE Small(VAR x: CHAR);
BEGIN
  CASE x OF
    'A'..'Z': x:=CHR(ORD(x)-ORD('A')+ORD('a'))|
    'Ä': x:='ä'|  'Ö': x:='ö'|  'Ü': x:='ü'|
    ELSE  (* andere Zeichen nicht verändern:
            - leere Anweisung -                *)
  END (* CASE *)
END Small;
```

Eine zu verändernde Variable `z` vom Typ `CHAR` wird zum Beispiel in folgender Weise an die Prozedur übergeben:

```
Small(z);
```

Nach dem Aufruf ist der Wert von `z` durch den entsprechenden Kleinbuchstaben ersetzt, sofern ein Großbuchstabe übergeben wurde.

Es ist bei call-by-reference-Übergabe nicht gestattet, als aktuellen Parameter einen allgemeinen Ausdruck zu verwenden, speziell ist auch die Übergabe einer Konstanten nicht zulässig.

Passender als im vorangehenden Beispiel ist eine Formulierung der gestellten Aufgabe als Funktionsprozedur wie folgt:

```
PROCEDURE Minuskel(x: CHAR):CHAR;
BEGIN
  CASE x OF
    'A'..'Z': RETURN CHR(ORD(x)-ORD('A')+ORD('a'))|
    'Ä': RETURN 'ä'|  'Ö': RETURN 'ö'|  'Ü': RETURN 'ü'|
    ELSE RETURN x  (* andere Zeichen nicht verändern *)
  END (* CASE *)
END Minuskel;
```

Ein erlaubter Aufruf der Funktionsprozedur `Minuskel` wäre

```
y := Minuskel(z);
```

Der Wert von `z` wird durch diesen Prozeduraufruf nicht verändert. Anstelle der Variablen `z` dürfen auch allgemeine Ausdrücke übergeben werden:

```
y := Minuskel(SUCC(z));
```

An diesem Beispiel wird deutlich, daß in Modula kein eigenes Schlüsselwort zur Definition einer Funktion benutzt wird (wie etwa `FUNCTION` in Pascal). Der durch eine Funktionsprozedur bestimmte Wert wird durch das Schlüsselwort `RETURN` an den rufenden Programmteil zurückgegeben. Der Ergebnistyp muß ein einfacher Typ oder ein Zeigertyp sein. Durch die Ausführung der `RETURN`-Anweisung wird die Ausführung der gesamten Prozedur beendet; auch bei normalen Prozeduren darf diese Anweisung - ohne Ergebniswert - zum Stoppen der Ausführung benutzt werden.

Eine besondere Stärke ist die Möglichkeit, sogenannte offene Felder als Parameter einer Prozedur zu verwenden: die Grenzen einer `ARRAY`-Variablen `A` werden bei der Definition der Prozedur nicht angegeben und erst beim Aufruf mit konkreten Werten belegt. Innerhalb der Prozedur wird ein Index verwendet, der in den Grenzen von `0` bis `HIGH(A)` läuft, d.h. die aktuell gültige obere Grenze des übergebenen Feldes wird durch die Funktion `HIGH` angegeben. Ein Beispiel wird in der Prozedur `Mittelwert` im später angeführten Modul `Statistik` gezeigt.

Die Übergabe von Prozeduren als Parameter an andere Prozeduren ist anders als in Pascal geregelt. Das folgende Verfahren ist einzuhalten: für jede Klasse von Prozeduren (die durch ihre formale Parameterliste und ggf. durch ihren Ergebnistyp bestimmt wird) kann ein Typname vereinbart werden. Objekte dieses Typs können dann Parameter anderer Prozeduren sein. Ein - aus Platzgründen - ganz einfaches Beispiel ist das folgende:

```
TYPE EinfachProz=PROCEDURE(CHAR);
...
PROCEDURE mehrfach
          (P: EinfachProz;              (* Prozedurtyp *)
           c: CHAR; n: CARDINAL);     (* Wert-Parameter *)
VAR k: CARDINAL;
BEGIN
  FOR k:=1 TO n DO P(c) END
END mehrfach;
```

Wir setzen nun voraus, daß eine passende Prozedur definiert ist. Ein Beispiel ist die Prozedur `Zeile`, deren Aufgabe die 79-malige Bildschirmausgabe eines als Argument übergebenen Zeichens ist:

```
PROCEDURE Zeile(x:CHAR);
VAR k: CARDINAL;
BEGIN
  FOR k:=1 TO 79 DO  WriteChar(x)  END;
  WriteLn
END Zeile;
```

Danach kann eine Folge von drei Bildschirmzeilen, die jeweils aus 79 Zeichen ° bestehen, durch den folgenden Prozeduraufruf von `mehrfach` erzeugt werden:

```
mehrfach(Zeile,'°',3);
```

Ein inhaltlich etwas überzeugenderes Beispiel für die Verwendung eines Prozedurparameters wurde im Kapitel über Pascal gegeben; dieses kann sinngemäß übertragen werden.

Moduln

Die aus Pascal bekannten Möglichkeiten zur Blockstrukturierung eines Programms durch Prozeduren werden wesentlich erweitert durch das in Modula zusätzlich vorhandene Modulkonzept. Ein Modul, gleichgültig, ob es sich um ein internes Modul oder um ein Bibliotheksmodul handelt, besteht formal aus vier Teilen:

1.Teil: Titelzeile, bei Bibliotheksmoduln mit vorangestellter Ergänzung `IMPLEMENTATION` bzw. `DEFINITION`. Beispiel:

```
MODULE Modulname;
```

2.Teil: Import- und Exportlisten

Die Möglichkeit zur Verwendung von Import- und Exportlisten ist gegenüber Prozedurdefinitionen eine entscheidende Erweiterung. Durch sie wird ausdrücklich festgelegt, einerseits welche Namen von außerhalb in dem Modul bekannt sein sollen und andererseits welche lokalen Namen außerhalb des Moduls benutzt werden dürfen. Beispiel:

```
IMPORT InOut;
FROM Statistik IMPORT Mittelwert;
EXPORT NeueFunktion;
```

3.Teil: Beschreibung der lokalen Programmobjekte (Vereinbarungsteil); es können Konstante, Typen, Variable, Prozeduren und Moduln vereinbart werden.

```
CONST Konstantenname= ... ;
TYPE Typname= ... ;
VAR Variablenname: ... ;
PROCEDURE ... ;
MODULE ... ;
```

Beispiel:

```
CONST n=10;
VAR a,b,c : REAL;
    i     : [0..2*n];
    Vektor: ARRAY[1..2*n] OF REAL;
```

4.Teil: Die eigentlichen Anweisungen des Moduls (Anweisungsteil); auch wenn diese fehlen - wie es bei Definitionsmoduln häufig vorkommt - wird der dann leere Anweisungsteil mit dem Schlüsselwort END und dem Modulnamen abgeschlossen.

Zur Erläuterung des Gebrauchs eines internen Moduls geben wir zwei parallele Programmbeispiele. Im ersten wird das Konzept der Untermoduln nicht angewendet, es ähnelt stark einem Pascal-Programm:

```
MODULE xhochy1;                                   (* Titelzeile *)
FROM InOut IMPORT WriteStr,ReadChar;
FROM RealInOut IMPORT ReadReal,WriteReal;
FROM MathLib IMPORT exp, ln;     (* Biblio. math. Fkt. *)
VAR x,y: REAL;
    Antwort: CHAR;                         (* Globale Variable *)
PROCEDURE hoch(u,v: REAL): REAL;       (* Funktionspro- *)
  BEGIN             (* zedur innerhalb des Hauptmoduls *)
    RETURN exp(v*ln(u))  (* x,y hier bekannt; Neben- *)
  END hoch;                       (* effekte wären möglich *)
BEGIN                   (* Anweisungsteil des Hauptmoduls *)
  REPEAT
    ReadReal(x); ReadReal(y);
    WriteReal(hoch(x,y),8);
```

```
      WriteStr('Noch einmal? (J/N) ');
      ReadChar(Antwort)
    UNTIL CAP(Antwort) = 'N'  (* CAP wandelt Klein- in
   Grossbuchstaben, andere Zeichen bleiben unverändert *)
  END xhochy1.
```

Im folgenden zweiten Programm wird ein Untermodul verwendet, das die Definition der Funktionsprozedur einkapselt. Innerhalb des Untermoduls sind nur diejenigen Objekte des Hauptmoduls sichtbar, die ausdrücklich importiert werden - hier sind es gar keine; unbeabsichtigte Nebeneffekte sind ausgeschlossen.

```
MODULE xhochy2;                              (* Titelzeile *)

FROM InOut IMPORT WriteStr,ReadChar;
FROM RealInOut IMPORT ReadReal,WriteReal; (*Import in*)
FROM MathLib IMPORT exp, ln;                (* Hauptmodul *)
VAR x,y: REAL;
    Antwort: CHAR;             (* Variable in Hauptmodul *)

  MODULE Rechne;    (* Vereinbarung eines Untermoduls *)
  IMPORT exp, ln;        (* Import aus Umgebungsmodul *)
  EXPORT hoch;            (* Export in Umgebungsmodul *)
  PROCEDURE hoch(u,v: REAL): REAL; (* Funktionsproz. *)
    BEGIN                              (* in Untermodul *)
      RETURN exp(v*ln(u))       (* x,y hier unbekannt *)
    END hoch;                 (* Ende Funktionsprozedur *)
  END Rechne;                        (* Ende Untermodul *)

 BEGIN              (* Anweisungsteil des Hauptmoduls *)
   REPEAT
     ReadReal(x); ReadReal(y);
     WriteReal(hoch(x,y),8);
     WriteStr('Noch einmal? (J/N) ');
     ReadChar(Antwort)
   UNTIL CAP(Antwort) = 'N'
 END xhochy2.
```

Wichtiger als interne Moduln sind externe Bibliotheksmoduln. Das folgende Beispiel zeigt die Verwendung eines extern definierten Moduls `Statistik` durch Import in einen Hauptmodul `StatistikTest`. Zur Einrichtung des externen Moduls `Statistik` müssen sowohl ein Definitionsmodul als auch ein Implementationsmodul angegeben werden.

Das Definitionsmodul zeigt die für den Anwender wichtigen Daten: welche Namen extern zur Verfügung gestellt werden (d.h. exportiert werden), mit welcher Parameterliste Prozeduren aufzurufen sind etc. Das Definitionsmodul steht dem Anwender als Quelltext zur Verfügung und enthält Erläuterungen in Form von Kommentaren.

Bei der `EXPORT`-Angabe muß das Schlüsselwort `QUALIFIED` verwendet werden.

```
DEFINITION MODULE Statistik;
  (* Zweck: Berechnung statistischer Kennwerte einer als
     ARRAY gegebenen Datenreihe, z.B. arithm. Mittel *)
EXPORT QUALIFIED Mittelwert;
PROCEDURE Mittelwert(V:ARRAY OF REAL):REAL;
  (* leerer Anweisungsteil: kein Schlüsselwort BEGIN *)
END Statistik.
```

Das Implementationsmodul enthält die eigentliche Kodierung der im Definitionsmodul festgelegten Objekte. Es wird dem Anwender in der Regel nicht im Quelltext zur Verfügung gestellt.

```
IMPLEMENTATION MODULE Statistik;
PROCEDURE Mittelwert(W:ARRAY OF REAL):REAL;
(* Funktionsprozedur mit offenem ARRAY als Parameter *)
VAR Summe: REAL;  k: CARDINAL;

BEGIN
  Summe:=0.;
  FOR k:=0 TO HIGH(W) DO          (* Allgemeine ARRAY- *)
    Summe:= Summe+W[k]          (* Grenzen [0..HIGH(W)] *)
  END;
  RETURN Summe / FLOAT(HIGH(W)+1)
END Mittelwert;                 (* Semikolon hier zwingend *)
END Statistik.
```

Das folgende Hauptmodul zeigt ein Beispiel für das Einbinden der im externen Modul zur Verfügung gestellten Funktionsprozedur:

```
MODULE StatistikTest;
FROM Statistik IMPORT Mittelwert;
VAR A: ARRAY[1..60] OF REAL; (*konkrete ARRAY-Grenzen*)
    Mittel: REAL;
BEGIN
  ...
  Mittel:=Mittelwert(A);
  ...
END StatistikTest.
```

Die Trennung eines externen Moduls in Definition und Implementation hat den Vorteil, daß bei einer Übertragung eines Programms auf ein anderes Computersystem eventuell andere Methoden (Algorithmen, Verwendung maschinenspezifischer Eigenschaften) zur Implementation benutzt werden können, ohne daß die formale Definition geändert wird. Anwender des Moduls brauchen ihren Programmkode daher in einem solchen Fall nicht zu verändern.

4 Beispielprogramm

Wie zuvor wird auch in Modula als Beispiel ein Programm zur Ulam-Aufgabe gezeigt. Vergleicht man den Text mit dem entsprechenden Pascal-Programm, so sieht man unter anderem:

- Die Routinen für die Eingabe und die Ausgabe sind unhandlicher als in Pascal. Sie müssen aus einem speziellen Modul, der hier `InOut` heißt, importiert werden.
- Die `LOOP-EXIT-END`-Anweisung ist bequemer als die entsprechende Konstruktion in Pascal.
- Die Funktion `Eingabe` wird durch eine Funktionsprozedur definiert; zentral ist der Gebrauch der `RETURN`-Anweisung. An die Stelle der `EXIT`-Anweisung könnte in diesem Fall auch unmittelbar die `RETURN`-Anweisung treten.

```
MODULE Ulam;
FROM InOut IMPORT ReadInt, WriteStr, WriteInt, WriteLn;
VAR a: INTEGER;
PROCEDURE Eingabe():INTEGER;
                (* Funktionsprozedur ohne Parameterliste *)
VAR n: INTEGER;                         (* lokale Variable *)
BEGIN
  WriteStr('Geben Sie eine positive ganze Zahl ein: ');
  LOOP                        (* Schleife mit Mittelausgang *)
    ReadInt(n);
    IF n>0 THEN EXIT END;                  (* Mittelausgang *)
    WriteInt(n,1);
    WriteStr(' Fehler. Eingabe wiederholen: ');WriteLn
  END; (* LOOP *)                          (* Schleifenende *)
  RETURN n
END Eingabe;
BEGIN                                      (* Hauptprogramm *)
  a := Eingabe(); (*leere Parameterliste erforderlich*)
  WriteInt(a,4);
  WHILE a>1 DO                           (* Schleifenanfang *)
    IF ODD(a) THEN
      a := 3*a + 1
    ELSE
      a := a DIV 2
    END; (* IF *)
    WriteStr(','); WriteInt(a,4)
  END (* WHILE *)                          (* Schleifenende *)
END Ulam.
```

Kapitel VII

C

Die Sprache C entstand ab ca. 1970 im Zusammenhang mit der Systemprogrammierung und der Entwicklung des Betriebssystems UNIX: Ein Vorläufer ist eine Sprache mit Namen B; die Namenswahl ist ansonsten willkürlich. Die Sprachdefinition von C basierte zunächst auf der Darstellung durch B. Kernighan und D. Ritchie [32] aus dem Jahr 1978. Seit 1989 liegt eine Standardisierung (X3.159-1989) durch einen ANSI-Unterausschuß vor. Es ist zu erwarten, daß sich diese Festlegung von "ANSI-C" in naher Zukunft ohne wesentliche Änderung in einer DIN-Festlegung niederschlagen wird.

Obwohl in ANSI-C viele der ursprünglich irritierenden Eigenschaften von C beseitigt wurden oder zumindest Wege zu ihrer Vermeidung vorhanden sind, spiegelt auch diese Definition den gewachsenen Charakter der Sprache wider: manche Sprachmerkmale sind redundant,während andere wünschenswerte Konstrukte fehlen. Eine Weiterentwicklung von C ist z.B. die Sprache C++ durch B. Stroustrup [35], die im folgenden aber nicht berücksichtigt wird.

Bis etwa zum Anfang der achtziger Jahre war die Anwendung von C auf Minirechner mit dem Betriebssystem UNIX beschränkt; mittlerweile findet C jedoch auch zunehmend auf kleinen PC-Systemen (unter den Betriebssystemen CP/M oder MS-DOS) und auch auf Großrechnern Verbreitung. C wird von professionellen Programmierern als eine maschinennahe Sprache geschätzt, in der die Vorzüge der Schnelligkeit des erzeugten Kodes mit der Produktivität höherer Programmiersprachen verknüpft sind.

Natürlich erzeugt nicht jeder C-Kompiler automatisch schnellen Kode (und nicht jeder BASIC-Kompiler, beispielsweise, muß weniger effektiv sein). Jedoch ist die Sprache C wegen ihrer vergleichsweise geringen Zahl von Schlüsselwörtern und der Nähe der angebotenen Operationen zur Architektur gängiger Prozessoren leichter zu implementieren als andere höhere Programmiersprachen.

Das hat auch dazu geführt, daß C-Kompiler für viele spezielle Computersysteme angeboten werden, für die es außer Assembler keine anderen Übersetzer gibt. Einmal entwickelte Programme sind damit vergleichsweise leicht auf verschiedenen Rechnern zu implementieren, weshalb Standardsoftware und insbesondere auch Bestandteile von Betriebssystemen in zunehmendem Maße in C statt in Assemblersprache erstellt werden.

C-Programme sind im wesentlichen formatfrei; bezüglich Präprozessor-Anweisungen gelten aber Abweichungen (siehe unten). Zwischen Groß- und Kleinschreibung wird unterschieden; die Schlüsselwörter der Sprache müssen klein geschrieben werden. Es hat sich eingebürgert, für selbstdefinierte Konstanten- und Makro-Namen durchgängig Großschreibung zu verwenden.

Eine ungewöhnliche Eigenschaft ist, daß der Begriff "Ausdruck" in C weiter gefaßt wird als in anderen Programmiersprachen. Wie sonst auch gilt, daß jeder Ausdruck einen Wert besitzt. Neu ist, daß z.B. neben algebraischen Operatoren auch Zuweisungsoperatoren Bestandteile von Ausdrücken sein dürfen. Zum Beispiel ist die folgende Wertzuweisung ein Ausdruck:

```
b = c    /* Wert d. Ausdrucks = Inhalt d. Variablen c */
```

Jeder Ausdruck wird zu einer Anweisung, indem ein Semikolon nachgestellt wird:

```
b = c;                      /* Anweisung in üblicher Form */
```

Damit sind insbesondere auch mehrfache Wertzuweisungen erlaubt, z.B.

```
a = b = c;            /* Anweisung entspricht b=c; a=b; */
```

Auch der folgende Ausdruck ist erlaubt: ein Zeichen des Eingabestroms wird gelesen, der Wert wird der Variablen `ch` zugewiesen und mit dem Dateiende-Zeichen verglichen; der Wert des Ausdrucks ist das Ergebnis des logischen Vergleichs:

```
ch = getchar() != EOF          /* != bedeutet ungleich */
```

Die Strukturierung großer Programme wird in der Regel durch die Trennung von Programmteilen in verschiedene Dateien erreicht; als Unterprogramme gibt es nur Funktionen, die allerdings keinen Wert zurückliefern müssen. Auch das Hauptprogramm ist eine Funktion mit dem Namen `main`.

Trotz der geringen Zahl von Schlüsselwörtern bietet C eine reiche Zahl möglicher Konstruktionen. So wird z.B. sowohl für Schleifen mit Test auf Wiederholung am Eingang als auch für Schleifen mit Test am Ausgang dasselbe Schlüsselwort `while` verwendet. Dem Anfänger kann diese Viefalt und die z.T. unübersichtliche Syntax Schwierigkeiten bereiten, so daß auf manchen Programmentwicklungssystemen, speziell unter dem Betriebssystem UNIX, ein besonderes Prüfprogramm für C-Quelltexte zur Verfügung steht, das neben der Syntax auch in Ansätzen die semantische Stimmigkeit eines Programms testet (lint). Nach einer alten Anekdote gibt es fast keine syntaktisch falschen C-Programme, aber viele semantisch falsche C-Programme. Wenn dies auch überzogen sein mag, so gilt doch auch noch teilweise für ANSI-C, daß selbst absurde Konstruktionen kompiliert werden, deren Wirkung in der Regel Anlaß zu Erstaunen gibt. Dem Programmierer stehen so in C viel mehr Freiheiten offen als in allen anderen höheren Programmiersprachen, die Kontrolle über ihre sinnvolle Verwendung liegt bei ihm selbst.

1 Datenstrukturen

Es stehen vier Grunddatentypen zur Verfügung: `int` (ganzzahlig), `char` (Einzelzeichen), `float` (Gleitkommazahlen) und `double` (doppeltgenaue Gleitkommazahlen). Variable sollten vor ihrer Verwendung deklariert werden, um die Zuordnung von Speicherplatz zu erreichen; fehlt die Vereinbarung, so wird der Typ `int` angenommen.

Die Speicherplatzzuordnung kann bei einigen Datentypen durch Verwendung von Qualifikatoren noch genauer gesteuert werden. So dürfen für die numerischen Datentypen die Zusätze `short`, `long`, `unsigned` bzw. `signed` benutzt werden (kleinerer, größerer Definitionsbereich, vorzeichenlos bzw. mit Vorzeichen). Beispiele für Variablenvereinbarungen finden sich im folgenden C-Programm, das allerdings keine ausführbaren Anweisungen enthält:

```
main()
  {
    float a,b,c;                    /* Gleitkommazahlen */
    char Eingabe;                       /* Einzelzeichen */
    unsigned int i;         /* nicht-negative ganze Zahl */
  }
```

Gleichzeitig mit der Typvereinbarung dürfen Variable auch mit einem Anfangswert belegt werden, zum Beispiel wie folgt:

```
unsigned int i=0;
```

Damit wird die Variable `i` als nicht-negative (vorzeichenlose) ganze Zahl vereinbart und zur Initialisierung mit dem Wert `0` belegt.

Konstante werden durch das Schlüsselwort `const` gekennzeichnet. Beispiel:

```
const float absolutnull = -273.2;
```

Neben der Typdefinition kann der Programmierer auch festlegen, wie Variable während der Laufzeit im Speicher behandelt werden sollen. Als Speicherklassen stehen zur Verfügung: `auto`, `extern`, `register` und `static`.

- `auto` bedeutet, daß lokale Variable nur während der Laufzeit des betreffenden Programmblocks bereitgestellt werden. Dieses ist die übliche Festlegung; sie gilt immer, wenn keine weitere Angabe erfolgt.
- `extern` kennzeichnet globale Variable, die stets zur Verfügung stehen und in Unterprogrammen bekannt sind, auch in anderen Dateien, die miteinander verbunden werden (Bibliotheken).

- `register` kennzeichnet Registervariable. Dies bedeutet, daß die betreffenden Variablen möglichst in solchen Speicherbereichen abgelegt werden, auf die schnell zugegriffen werden kann, im Idealfall den Registern des Prozessors. Auf Registervariable kann nicht über eine Adresse zugegriffen werden.
- `static` kennzeichnet globale oder lokale Variable, die stets bereitgehalten werden. Globale `static`-Variable sind nur in der Datei (dem Quellmodul) bekannt, in der (dem) sie definiert wurden, nicht in anderen Dateien. Lokale `static`-Variable werden nach dem Verlassen der betreffenden Funktion nicht aufgegeben; bei einem erneuten Aufruf der Funktion sind sie mit dem zuletzt enthaltenen Wert wieder verfügbar. (Technisch: lokale `static`-Variable werden nicht in einem Laufzeitstapel verwaltet.)

Zahlengrößen

Für Zahlengrößen gibt es die drei Grunddatentypen `int`, `float` und `double`. Bei der Angabe von `float`- und `double`-Konstanten muß entweder ein Dezimalpunkt oder ein Exponententeil auftreten, z.B.

```
1000.0   1000.   1E3   1000E0   /* alle vom Typ double */
```

Durch Anhängen spezieller Zeichen kann der Speichertyp von Zahlenkonstanten genau festgelegt werden, z.B. `f` oder `F` für `float`, `l` oder `L` für `long`.

Für numerische Ausdrücke stehen die üblichen arithmetischen Operatoren `+`, `-`, `*`, `/` zur Verfügung. Dabei wird `/` bei `int`-Größen als ganzzahlige Division aufgefaßt; bei Verwendung von Zahlkonstanten in Ausdrücken können so unbeabsichtigte Wirkungen entstehen:

```
x=99.85f;    /* Suffix f für float-Konstante (ANSI-C) */
x=x*(114/100);      /* x bleibt unverändert, 114/100=1 */
x=x*(114.0/100.0);                /* korrekte Wirkung */
```

Funktionen, die etwa für gängige mathematische Aufgaben benötigt werden, gehören nicht zum eigentlichen Grundumfang der Sprache. Sie werden, je nach Implementation, entweder in Bibliotheken oder als Makrodefinitionen vorgegeben. Nach der ANSI-Vorgabe werden z.B. `abs`, `exp` und `log`, die üblichen trigonometrischen Funktionen `cos`, `sin`, `tan`, `atan` usw., die hyperbolischen Funktionen und die häufig benötigte Wurzelfunktion `sqrt` in Bibliotheken bereitgestellt. Die Parameter, mit denen diese Funktionen aufgerufen werden, müssen einen festgelegten Typ besitzen, häufig ist dies `double`. Bei Verwendung eines anderen Parametertyps wird bei älteren Kompilern eventuell ohne Fehlermeldung ein falsches Ergebnis zurückgeliefert; in ANSI-C ist dieses Problem behoben.

Weiterhin existieren die Operatoren `++` zum Erhöhen und `--` zum Erniedrigen des Wertes einer Variablen um 1:

```
b++; oder ++b;   (Anweisungen zum Inkrementieren von b)
b--; oder --b;   (Anweisungen zum Dekrementieren von b)
```

Der Unterschied zwischen der ersten und der zweiten Verwendungsform dieser Operatoren liegt im Zeitpunkt, zu dem die Variable verändert wird. Wir betrachten als Beispiel zwei Fälle, bei denen außer einer Wertzuweisung als Nebenwirkung ein Inkrementieren erfolgt:

```
a = ++b;                                   /* Fall 1 */
```

Diese Anweisung bedeutet: inkrementiere zuerst `b`, weise dann das Ergebnis `a` zu. Sie ist damit gleichbedeutend mit

```
b = b+1; a = b;
```

Im Gegensatz dazu ist die Wirkung der Anweisung

```
a = b++;                                   /* Fall 2 */
```

die folgende: weise zuerst `a` den Wert von `b` zu und inkrementiere dann `b`:

```
a = b; b = b+1;
```

Für `int`-Größen gibt es auch den Modulo-Operator `%`. Wie oben erwähnt bedeutet `/` die ganzzahlige Division ohne Rest. Beispiele:

`7 / 2` ergibt `3`, `7 % 2` ergibt `1`, `7.0 / 2.0` ergibt `3.5`

Neben der gewöhnlichen Darstellung ganzer Zahlen zur Basis 10 können als Basis für `int`-Konstanten auch 8 (oktale Notation) bzw. 16 (hexadezimale, besser: sedezimale Notation) gewählt werden. Dazu wird der Zahlenkonstanten die Ziffer `0` bzw. das Doppelsymbol `0x` (gleichwertig `0X`) vorangestellt. Beispiele:

```
077      /* Oktale Schreibweise (entspricht 63)      */
0x1FF    /* Sedezimale Schreibweise (entspricht 511) */
```

`Int`-Größen können auf vielfältige Art bitweise manipuliert werden:

`~`	Einer-Komplement (d.h. der Wert aller Bits wird umgekehrt)
`&`	bitweises UND
`^`	bitweises ausschließendes ODER
`|`	bitweises ODER
`>> n`	bitweise Rechtsverschiebung um n Stellen
`<< n`	bitweise Linksverschiebung um n Stellen

Diese Operatoren erlauben das maschinennahe Verändern von Speicherinhalten. Zum Verständnis der folgenden Beispiele setzen wir voraus, daß die folgenden Bitmuster gelten (bei Verwendung von 16 Bit für `int`-Werte):

```
0000000000100001 für 33,  0000000010101000 für   168,
0000000001000010 für 66,  0000000010101001 für   169,
0000000010001001 für 137, 0111111111111111 für 32767
```

```
33 & 137     ergibt  1
33 ^ 137     ergibt  168
33 | 137     ergibt  169
33 & ~1      ergibt  32
33 << 1      ergibt  66
~0           ergibt  -1
~32767       ergibt  -32768
```

Für spezielle Anwendungen können auch sogenannte Bit-Felder benutzt werden, bei denen jedes einzelne Bit eines Speicherworts einen Namen tragen kann. Bit-Felder sind stark implementationsabhängig.

Logische Größen

Für Boolesche Größen gibt es keinen eigenen Datentyp. Logische Variable werden durch numerische Werte realisiert: `0` für falsch und $\neq$`0` für wahr. Als Operatoren stehen zur Verfügung:

`!`	Negation
`&&`	und
`||`	oder

Die Auswertung eines zusammengesetzten logischen Ausdrucks erfolgt nach dem Kurzschlußverfahren von links nach rechts: ergibt sich also als Zwischenresultat bei einer ODER-Verknüpfung der Wert 1 (d.h. wahr), dann werden die folgenden Operanden nicht mehr ausgewertet, und der gesamte Wert ist 1. Ergibt sich als Zwischenresultat bei einer UND-Verknüpfung der Wert 0 (d.h. falsch), dann werden die folgenden Operanden nicht mehr ausgewertet, und der gesamte Wert ist 0.

Häufig werden logische Größen durch Verwendung von Vergleichsoperatoren erzeugt. Die folgenden Operatoren sind in C vorhanden, wobei besonders das Symbol für den Test auf Gleichheit `(==)` nicht mit dem Zuweisungszeichen `(=)` verwechselt werden darf:

`==`	gleich
`!=`	ungleich
`<`	kleiner als
`<=`	kleiner als oder gleich
`>`	größer als
`>=`	größer als oder gleich

Zeichen

Druckbare Zeichenkonstante, d.h. Einzelzeichen, werden in einfache Hochkommata (Apostrophe) eingeschlossen. Für einige Steuerzeichen sind besondere Symbole vereinbart, z.B.

`\t`	(Tabulatorzeichen)
`\b`	(Rückschritt, "backspace")
`\n`	(Zeilentrenner, Beginn einer neuen Zeile)
`\f`	(Seitenvorschub)
`\0`	(Nullzeichen)

Zeichen werden als `int`-Größen behandelt, d.h. durch ihren Wert im verwendeten Zeichenkode repräsentiert. Einzelzeichen sind zu unterscheiden von Zeichenketten, die in Anführungszeichen eingefaßt werden.

Aufzählungen

Die Werte eines vom Benutzer definierten Aufzählungstyps werden nach dem Schlüsselwort `enum` und der Typbezeichnung in geschweiften Klammern aufgeführt. Daran schließt sich die Variablenvereinbarung an. Beispiel:

```
enum Wochentage {Mo,Di,Mi,Do,Fr,Sa,So} Tag;
```

Der Name `Wochentage` bezeichnet nun einen Typ, während `Tag` der Name einer Variablen von diesem Typ ist. Es gibt eine direkte Entsprechung zwischen den in einer `enum`-Deklaration aufgeführten Konstanten und einem Abschnitt der ganzen Zahlen: `Mo` entspricht `0`, `Di` entspricht `1` usw. So ergeben die folgenden Anweisungen die Ausgabe `2`:

```
Tag=Mi;
printf("%d",Tag);
```

Will man eine andere Zuordnung der Namen und Zahlenwerte erhalten, so können explizite Werte angegeben werden. Im folgenden Beispiel erreicht man die Entsprechung `Mo` =1, `Di` =2 usw.:

```
enum Wochentage {Mo=1,Di,Mi,Do,Fr,Sa,So} TagNummer;
```

Es ist nicht unter jedem Kompiler möglich, Variable vom Aufzählungstyp durch die Operatoren ++ bzw. `--` zu inkrementieren bzw. zu dekrementieren; die ANSI-Vorgabe ist in dieser Frage ungenau.

Verknüpfung verschiedener Typen

C ist eine Sprache, in der praktisch kein Typzwang besteht. Bei Verknüpfungen und Wertzuweisungen erfolgt fast keine Typprüfung. Das folgende Beispiel gibt ein syntaktisch korrektes Programm wieder, das die Ausgabe des Zeichens `'F'` bewirkt (sofern der ASCII-Zeichensatz verwendet wird).

```
main()
  {
  char zeichen;
  zeichen = 'f';
  zeichen -= 32;     /* interpretiere zeichen als int */
  printf("Wert des Zeichens 'f'-32: %c", zeichen);
  }
```

Die Wertzuweisung an eine Variable anderen Typs führt zu einer impliziten Typkonversion. Problematisch ist aber stets die Umwandlung eines vorzeichenlosen Datentyps in den entsprechenden vorzeichenbehafteten Datentyp. In den folgenden Beispielen setzen wir voraus: `x` sei eine `float`-Variable, `i` eine `int`-Variable, `c` eine `char`-Variable.

```
x = i;              /* Umwandlung des int-Werts in float */
i = x;  /* Abschneiden Dezimalteil (kompilerabhängig)*/
i = c;          /* Umwandlung Zeichenwert in Kodenummer */
```

Sogenannte Cast-Anweisungen ermöglichen außerdem die explizite Typumwandlung. Beispiel:

`(float)7` ergibt den Gleitkommawert `7.0`

Dies ist wichtig, wenn für einen Funktionsaufruf als Parametertyp ein anderer als der des aktuellen Parameters benötigt wird. Z.B. ist für die Funktion `sqrt` (Quadratwurzel) ein Parameter vom Typ `double` erforderlich. Benutzt man eine Ganzzahlvariable `i`, so ist statt des Aufrufs

```
i=7; x=sqrt(i);  /* falsch, kann z.B. 0.0000 ergeben */
```

z.B. der folgende Aufruf nötig:

```
x=sqrt((double)i);                        /* korrekt */
```

Man beachte die ungewöhnliche Art der Klammersetzung bei Cast-Anweisungen!

Zeiger

Zu *jedem* Datenobjekt `v` (ausgenommen sind nur Variable der Speicherklasse `register`) kann die Speicheradresse mittels des Adreß-Operators `&` bestimmt werden; `&v` ist damit ein Zeiger auf `v`. Dieser Zeiger kann z.B. einer anderen Zeigervariablen zugewiesen werden oder als Parameter an eine Funktion übergeben werden. Die Umkehrung des Operators `&` ist der Inhalts-Operator `*`, der zu einem Zeiger die betreffende Variable liefert (d.h. ein Symbol für den Wert der durch den Zeiger referenzierten Variablen). Beispiele:

```
v=36.5;         /* float-Variable v erhält neuen Wert. */
*p=v;       /* Die von p referenzierte Speicherzelle   */
           /* erhält den Wert, der in v abgelegt ist. */
p=&v;     /* p zeigt nun auf die Speicherzelle von v. */
(*p) += .5;     /* Der durch p referenzierte Wert wird */
                /* um 0.5 erhöht.                      */
```

Die Vereinbarung einer Zeigervariablen geschieht z.B. in folgender Weise:

```
float *p;    /* p zeigt auf eine float-Speicherzelle */
```

Zeigervariable können inkrementiert werden. Die folgende Anweisung bewirkt, daß `p` auf die nachfolgende Speichereinheit deutet:

```
p++;
```

Die unterschiedliche Länge der von verschiedenen Datentypen benötigten Speicherbereiche (z.B. 2 Byte für `short int`, 6 Byte für `float`, 8 Byte für `double`) wird dabei berücksichtigt.

Als Ausnahmewert für Zeiger, mit dem z.B. das Ende einer linearen Liste oder die Blätter eines Baums markiert werden können, ist in der Definitionsdatei `stdio.h` die Konstante `NULL` definiert.

Strukturierte Datentypen

Feld und Zeichenkette

Für den Begriff Feld wird in der Literatur zu C häufig das Wort Vektor gebraucht, obwohl auch mehrdimensionale Felder definiert werden können. Die Indizierung von Feldkomponenten beginnt stets mit 0. Zwei Felder `v` und `w`, die im folgenden Beispiel je 50 Komponenten `v[0]`, ..., `v[49]` und `w[0]`, ..., `w[49]` vom Typ `float` besitzen, werden durch die Angabe der Komponentenanzahl (nicht des maximalen Index!) in eckigen Klammern vereinbart:

```
float v[50], w[50];
```

Der Feldname ohne Angabe eines Index ist der Zeiger auf das erste Element des Felds. So ist also `w` gleich `&w[0]`. Durch Inkrementieren eines Zeigers, der zunächst den Wert `w` hat, können alle Elemente des Felds erreicht werden. Auch die Operatoren `++` und `--` können benutzt werden:

`w+1`	verweist auf die zweite Komponente (Feldindex 1)
`w+49`	verweist auf die 50. Komponente (Feldindex 49)

Die Ausgabe aller Feldelemente von `w` wird z.B. durch die folgende `for`-Schleife erreicht:

```
for(i=0; i<50; i++)
  { printf("%10g",w[i]); }
```

Der Programmierer muß dafür sorgen, daß Zugriffe auf nicht existierende Feldelemente ausgeschlossen sind. Ein C-Programm würde eine Anweisung wie z.B. den Zugriff `x=w[50];` auf die nicht existierende 51. Komponente ohne Fehlermeldung ausführen aber natürlich kein sinnvolles Ergebnis produzieren.

Es ist nicht möglich, einem Feld ein anderes Feld im Ganzen als Wert zuzuweisen, auch wenn die Felder denselben Typ haben:

```
v=w;                                        /* NICHT ERLAUBT! */
```

Wichtig sind Felder besonders für Zeichenketten (Strings), etwa für eine Folge von bis zu 80 Zeichen. Die folgende Vereinbarung definiert eine passende Feld-Variable:

```
char Zeile[81];
```

Zeichenketten enthalten als Abschluß das Nullzeichen `\0`. Zeichenkettenkonstante werden in Anführungszeichen eingefaßt.

```
Zeile = "Einleitung"; /* Zeile[0]='E'...Zeile[10]=\0 */
```

Vergleichsoperationen wie `<` oder `==` können auf Zeichenketten nicht angewendet werden, auch die Wertzuweisung mit `=` ist nicht möglich. Dazu und zur weitergehenden Bearbeitung von Zeichenketten sind in der Definitionsdatei `string.h` Funktionen vereinbart.

In der Verwendung (und der Schreibweise) von Zeigern im Zusammenhang mit Feldern liegt eine Ursache für die schlechte Lesbarkeit mancher C-Programme: so ist unter Umständen dem Leser eines Programmkodes nicht mehr an jeder Stelle klar, ob eine Variable eine Adresse oder nur einen Wert enthält.

Verbund (structure)

Ein Verbund erlaubt die Zusammenfassung von Komponenten verschiedenen Typs zu einer Variablen. Wir geben zwei Beispiele für Typvereinbarungen:

```
struct MonatsDatum     /* Name der Struktur (Typname) */
       {
       int Monat,Jahr;
       } Eintritt, Austritt;            /* Variablen */
```

Der so vereinbarte Datentyp `MonatsDatum` enthält zwei Komponenten vom Typ `int`. Der Zugriff auf die Komponenten der Variablen `Eintritt` oder `Austritt`, etwa für Wertzuweisungen in einem Programm, geschieht z.B. wie folgt:

```
Eintritt.Monat=7; Eintritt.Jahr:1961;
```

Im folgenden zweiten Beispiel wird der Verbundtyp `MonatsDatum` innerhalb einer anderen Verbunddefinition benutzt:

```
struct Auto            /* Name der Struktur (Typname) */
       {
       int Baujahr;
       struct MonatsDatum Tuev;
       short Unfall;
       } Kfz;    /* Name einer Variablen dieses Typs */
```

Der Datentyp `Auto` enthält Komponenten verschiedenen Typs: Baujahr (ganze Zahl), nächsten TÜV-Termin (Monat und Jahr) sowie eine Angabe über eventuelle Unfälle (kurze ganze Zahl für einen logischen Wert). Der Zugriff auf die Komponenten der Variablen `Kfz` vom Verbundtyp `Auto` geschieht z.B. wie folgt:

```
Kfz.Tuev.Monat = 3;
Kfz.Unfall = 0;
```

Sollen unabhängig von der Stelle, an der die Struktur als Datentyp definiert wurde, weitere Variable dieses Typs vereinbart werden, so bedient man sich der folgenden Syntax:

```
struct Auto Wagen1,Wagen2;  /* Variable vom Typ Auto */
struct Auto KfzBestand[25]; /* Feldvar. vom Typ Auto */
```

Durch Verwendung von Verbundvariablen, die als mindestens eine Komponente einen Zeiger auf Variable desselben Verbundtyps besitzen, können auch dynamische Datenstrukturen gebildet werden.

Variante (union)

Der Zweck von Varianten ist, den Inhalt eines Speicherbereichs verschieden interpretieren zu können, z.B. einmal als `int`-Größe (als Länge wird im folgenden 2 Byte vorausgesetzt) und ein andermal als Paar zweier `char`-Größen (Länge je 1 Byte). Dies entspricht der folgenden Definition:

```
union
    {
    int i;
    struct {char lowbyte,highbyte;} j;
    }x;
```

Nun gilt unter den genannten Voraussetzungen: `x.i` ist eine Variable für eine ganze Zahl zwischen `-32768` und `32767` (z.B. `555`), `x.j.lowbyte` und `x.j.highbyte` sind Variable für Einzelzeichen. Diese können auch als Zahlen zwischen 0 und 255 interpretiert werden. (In diesem Fall als `43` und `2`, denn es gilt `555 = 43 + 2*256`.)

Die Verwendung des Datentyps `union` kann zu nicht übertragbaren Programmen führen.

Datei (FILE)

In der Definitionsdatei `stdio.h` sind in der Regel Funktionen zur Dateibearbeitung deklariert, u.a. auch die in diesem Text verwendeten Funktionen `printf` und `scanf`.

Das Öffnen erfolgt mit einer Funktion `fopen`, die für den programminternen Gebrauch einen Zeiger auf die Datei liefert. Das Schließen erfolgt mit einer Funktion `fclose`. Streng genommen ist `FILE` kein Schlüsselwort der Programmiersprache, sondern eine Strukturdefinition (die ebenfalls in `stdio.h` zu finden ist). Daher wird das Wort `FILE` auch nicht in Kleinschreibung verwendet.

```
#include <stdio.h>
...
FILE *Datei, *fopen();
...
Datei=fopen("A: WERTE.DAT","r");
/*öffne Datei WERTE.DAT in Laufw. A: zum Lesen (read)*/
...
fclose(Datei);
```

Zum Lesen und Schreiben existieren verschiedene Funktionen, z.B. `getc` und `putc` für zeichenweise (byte-weise) Bearbeitung. Diese sind eventuell abhängig von den Bibliotheken des Programmiersystems, wenn dieses nicht dem ANSI-Standard folgt.

Typdefinitionen

Mit dem Schlüsselwort `typedef` können neue Namen für Datentypen festgelegt werden (ähnlich `TYPE`-Vereinbarungen in Pascal). Beispiel:

```
typedef unsigned int NatZahl;     /* Datentyp für na- */
...                                /* türliche Zahlen */
NatZahl N[11];           /* Feld-Variable für natürliche */
                  /* Zahlen mit Komponenten N[0]..N[10] */
```

Der Vorteil bei der Verwendung derartiger Typdefinitionen liegt in der besseren Lesbarkeit des Programmtextes und der daraus folgenden leichteren Wartbarkeit, speziell bei der Übertragung auf andere Computersysteme.

Im Zusammenhang mit `struct` und `union` wurden bereits implizite Typdefinitionen erwähnt. Die folgende Vereinbarung legt Speicherplatz für ein Feld mit 25 Verbund-Komponenten fest, wobei die vorangehende Strukturdefinition `Auto` verwendet wird:

```
struct Auto Bestand[25];
```

2 Anweisungen und Steuerstrukturen

Jede Anweisung muß mit dem Zeichen `;` abgeschlossen werden. Anders als in Pascal ist dieses also kein Trennzeichen zwischen Anweisungen, sondern das Abschlußzeichen.

Außer der Wertzuweisung mit dem Zeichen = stehen für Wertzuweisungen weitere Operatoren zur Verfügung. Ihre Wirkung ist die Verknüpfung des Werts der links stehenden Variablen mit dem Ausdruck rechts und die anschließende Wertzuweisung an die linke Variable.

Mögliche Wertzuweisungen für alle einfachen Größen:

`+=`	Addition und Wertzuweisung
`-=`	Subtrakton und Wertzuweisung
`*=`	Multiplikation und Wertzuweisung
`/=`	Division und Wertzuweisung

Für `int`-Größen stehen außerdem zur Verfügung:

`%=`	Division mit Restbildung und Wertzuweisung
`&=`	bitweises UND und Wertzuweisung
`^=`	bitweises ausschließendes ODER und Wertzuweisung
`|=`	bitweises ODER und Wertzuweisung
`>>=`	bitweise Rechtsverschiebung und Wertzuweisung
`<<=`	bitweise Linksverschiebung und Wertzuweisung

Beispiele:

`i += 10;`	bedeutet	`i = i+10;`
`P *= 1.14;`	bedeutet	`P = P*1.14;`

Ein Vorteil der jeweils ersten Anweisung liegt in der maschinengerechten Schreibweise, die in schnelleren Kode übersetzt werden kann als die zweite. Der professionelle Programmierer schätzt außerdem die Kürze der Anweisung.

Kurze Programmtexte ergeben sich auch durch Verwendung der mehrfachen Wertzuweisung, bei der beliebig viele Operatoren hintereinandergeschaltet werden dürfen, z.B.

```
x = y *= z += 2;
```

Dabei wird die Auswertung von *rechts nach links* vorgenommen, diese Anweisung ist also gleichwertig zu den folgenden drei Anweisungen:

```
z += 2; y *= z; x = y;
```

Dies muß besonders dann beachtet werden, wenn komplexe Wertzuweisungsoperatoren oder Nebenwirkungen mit ++ bzw. -- eingesetzt werden.

Die zahlreichen in C definierten Operatoren unterliegen einer differenzierten Rangfolge, die wir im folgenden wiedergeben; auf Rangplatz 1 stehen die Operatoren mit dem höchsten Gewicht. Nicht alle der genannten Operatoren werden in diesem Text vorgestellt:

Rang 1: ++ -- (Postinkrement, Postdekrement) ( ) [ ] . ->
Rang 2: + - (Vorzeichen) ++ -- (Präinkrement, Prädekrement)
sizeof (cast) ! ~ & * (für Zeiger u. Adressen)
Rang 3: arithmetische Operationen * / %
Rang 4: arithmetische Operationen + -
Rang 5: Bitverschiebungen >> <<
Rang 6: Vergleichsoperationen >= > <= <
Rang 7: Vergleichsoperationen == !=
Rang 8: Bitoperation &
Rang 9: Bitoperation ^
Rang 10: Bitoperation |
Rang 11: und &&
Rang 12: oder ||
Rang 13: bedingte Anweisungen mit ? :
Rang 14: Zuweisungsoperatoren = += -= *= /= %= usw.
Rang 15: Verknüpfung von Ausdrücken ,

Operatorhierarchie in C

Diese Festsetzung der Operatorhierarchie hat zur Folge, daß etwa bei einer logischen Verknüpfung von Vergleichen keine Klammern verwendet werden müssen, z.B. bei:

```
if (c>='a' && c<='z') ...
```

Treten jedoch in den verglichenen Größen Bitoperationen auf, so sind Klammern erforderlich, weil Bitoperationen einen späteren Rangplatz als Vergleichsoperationen einnehmen.

Während die Vorrangigkeit der Operatoren klar geregelt ist, bleibt die Reihenfolge undefiniert, mit der Ausdrücke ausgewertet werden. Dies wäre unkritisch in einer Sprache, die keine Nebenwirkungen zuläßt; in C liegt hierin aber eine reiche Quelle möglicher Unklarheit. Das Standardbeispiel für undefiniertes Verhalten ist die folgende Wertzuweisung an ein Vektorelement:

```
a[i] = i++;                    /* a[1]=1 oder a[1]=2 ? */
```

Anweisungsfolge (Sequenz, Anweisungsblock)

Jede Anweisungsfolge wird in geschweifte Klammern `{ }` eingefaßt. Jede einzelne Anweisung wird durch `;` beendet, auf die schließende geschweifte Klammer folgt kein Semikolon.

Bedingte Anweisung (Einseitige Entscheidung)

```
if (Bedingung)
  { Anweisungsfolge }
```

Beispiel:

```
if (a>1)
  printf("Größer als 1!");
```

Soll, wie im Beispiel, nur eine einzelne Anweisung bedingt ausgeführt werden, so dürfen die `{ }`-Klammern zur Kennzeichnung einer Anweisungsfolge entfallen. Nicht entfallen dürfen die `()`-Klammern, die die Bedingung einfassen.

Alternative

```
if (Bedingung)
  { Anweisungsfolge_1 }
else
  { Anweisungsfolge_2 }
```

Da jede Anweisung durch ein Semikolon beendet wird, erscheint eines speziell auch vor dem Schlüsselwort `else`. Beispiel:

```
if (Zeichen=='\n')
    /* Filter: wandle Zeilenvorschub um in Textmarke */
  printf("<Neue Zeile>");
else
  printf("%c",Zeichen);
```

Bei verschachtelten `if-else`-Anweisungen ist ggf. eine Leeranweisung hinter inneren `else` zu verwenden oder die Blockstruktur eindeutig durch `{}`-Klammern festzulegen.

Bedingte Auswertung

```
(Bedingung) ? Ausdruck_1 : Ausdruck_2
```

Abhängig vom logischen Wert der Bedingung wird der erste oder der zweite Ausdruck ermittelt, der z.B. anschließend einer Variablen als Wert zugewiesen werden kann. Beispiel:

```
Gross = (c>='a' && c<='z') ? c-32 :c;
```

Anstelle dieser bedingten Auswertung könnte mit einer (ausführlicheren) `if-else`-Alternative dieselbe Wirkung erzielt werden:

```
if (c>='a' && c<='z')
  Gross = c-32;
else
  Gross = c;
```

Fallanweisung

Die Fallanweisung wird durch einen Ausdruck gesteuert, dessen Typ sich in `long int` umwandeln lassen muß, z.B. `int` oder `char`. Wir formulieren hier nur eine häufig gebrauchte Sonderform der Fallanweisung, bei der jede Anweisungsfolge durch den Befehl `break` abgeschlossen wird:

```
switch (Ausdruck)
  {
  case Wert_1: Anweisungsfolge_1; break;
  case Wert_2: Anweisungsfolge_2; break;
  ...
  case Wert_n: Anweisungsfolge_n; break;
  default    : Anweisungsfolge_z; break;
  }
```

Die universelle Fallmarke `default` darf entfallen. Wird dann keine passende Fallmarke gefunden, bleibt die gesamte Anweisung wirkungslos; es ergibt sich kein Laufzeitfehler. Man beachte auch, daß die Anweisungsfolgen nicht in `{}`-Klammern eingeschlossen werden. Beispiel:

```
switch(TagNummer)    /* TagNummer ist vom Typ Integer */
  {
  case 1: printf("Montag");     break;
  case 2: printf("Dienstag");   break;
  case 3: printf("Mittwoch");   break;
  case 4: printf("Donnerstag"); break;
  case 5: printf("Freitag");    break;
  case 6: printf("Samstag");    break;
  case 7: printf("Sonntag");    break;
  }
```

Die einzelnen Anweisungsfolgen brauchen nicht durch `break` abgeschlossen zu werden, obwohl dies in den meisten Anwendungen sinnvoll ist. Alternativ könnte auch eine `return`-Anweisung oder ein Sprungbefehl `goto` verwendet werden, die anschließend besprochen werden. Bei einer Anweisungsfolge ohne `break` (oder `return` etc.) werden alle folgenden Anweisungen, auch wenn sie zu anderen Fallmarken gehören, bis zu einem Befehl `break` (oder ähnlich) ausgeführt.

Einige der Anweisungsfolgen dürfen auch ganz fehlen, so daß effektiv Listen von Fallmarken verwendet werden. Beispiel:

```
switch(TagNummer)    /* TagNummer ist vom Typ Integer */
  {
  case 1: case 2: case 3: case 4:
  case 5: printf("Werktag"); break;
  case 6: case 7: printf("Wochenende"); break;
  }
```

Schleifen

In C können alle Schleifen als ereignisgesteuert angesehen werden, gerade auch die Zählschleife (`for`-Schleife); diese ist sogar die allgemeinste Schleifenstruktur. Jedoch führen sematisch äquivalente Konstruktionen in der Regel nicht zu äquivalentem Maschinenkode, so daß unter dem Gesichtspunkt der Geschwindigkeit z.B. eine `while`-Schleife einer `for`-Schleife vorgezogen werden mag.

Wenn in den folgenden Konstruktionen die Rede von einer Bedingung ist, kann jeweils auch immer ein numerischer Ausdruck verwendet werden.

Solange-Schleife

```
while (Bedingung)
  { Anweisungsfolge }
```

Die Schleife mit Eingangsbedingung hat eine Gestalt, die analog aus anderen Programmiersprachen bekannt ist. Wir betrachten als Beispiel die Ausgabe einer Tabelle von Quadratzahlen von 5.0 bis 9.0 in Schritten von 0.05:

```
x = 4.95;
while (x<8.99)
  {
  x += 0.05;
  printf("%f  %f\n",x, x*x);
  }
```

Wenn der Wiederholungsbereich einer Solange-Schleife nur aus einer einzigen Anweisung besteht, können die geschweiften Klammern entfallen:

```
Zeichen = 32;
while (Zeichen<127)          /* Zeichen von 32 bis 126 */
  printf("%c   ",Zeichen++);
```

Wiederhole-solange-Schleife

```
do
  { Anweisungsfolge }
while (Bedingung);
```

Die Bedingung, mit der die Schleife abgeschlossen wird, dient zur Prüfung auf *Fortsetzung*. Diese Konstruktion unterscheidet sich damit von der in anderen Programmiersprachen üblichen Logik einer Wiederhole-*bis*-Schleife, bei der die Bedingung ein Test auf Abbruch ist. Beispiel:

```
x = 4.95;
do
  {
  x += 0.05;
  printf("%f  %f\n",x, x*x);
  }
while (x<8.99);
```

Man beachte, daß die `do-while`-Schleife immer mit einem Semikolon abschließt.

Zählschleife (for-Schleife)

```
for (Anweisungsfolge_1; Bedingung; Anweisungsfolge_2)
  { Anweisungsfolge }
```

Die erste Anweisungsfolge kann der Initialisierung einer Schleifenvariablen dienen, die Bedingung ist ein Test auf Wiederholung der Schleife, die zweite Anweisungsfolge wird nach jedem Schleifendurchlauf ausgeführt und kann beispielsweise zum Inkrementieren oder Dekrementieren der Schleifenvariablen dienen:

```
for (x=5.0; x<9.01; x += 0.05)   /* Zählschleife für */
  {                              /* x=5, 5.05, ...   */
  printf("%f  %f\n",x,x*x);      /*      ..., 9.00   */
  }
```

Die Anweisungsfolgen und die Bedingung zu Beginn einer `for`-Schleife können beliebig festgelegt werden. Daher sind `for`-Schleifen in C im Grunde ereignisgesteuert, sie stellen verallgemeinerte Solange-Schleifen dar. Im einfachsten Fall können die Bedingung und die Anweisungsfolgen weggelassen werden:

```
for (;;) { ... }                      /* Endlosschleife */
```

Zu beachten ist auch, daß bei der `for`-Anweisung keine der definierenden Anweisungsfolgen in `{}`-Klammern eingeschlossen wird und daß aufeinanderfolgende Anweisungen durch Komma und nicht durch Semikolon zu trennen sind:

```
for (i=0,j=1000;  c=getchar()!=EOF;  ++i,--j)
  {
  ...   /* Schleife solange Dateiende nicht erreicht */
  }
```

Schleifen mit Mittelausgang

Es existieren zwei Befehle zur Steuerung der Anweisungsfolge in einem Schleifenkörper: `break` und `continue`.

Der `break`-Befehl bewirkt den Sprung aus dem Schleifenkörper zu der unmittelbar auf die Schleife folgenden Anweisung. Beispiel:

```
for(;;)                                  /* Schleifenanfang */
  {                     /* (formal eine Endlos-Schleife) */
  scanf("%d",&n);
  if (n>0) break;                        /* Mittelausgang */
  printf("Fehlerhafte Eingabe !\n");
  }                                      /* Schleifenende */
```

Durch `break` kann sowohl jede Schleife als auch die `switch`-Anweisung verlassen werden.

Der `continue`-Befehl bewirkt den Sprung innerhalb des Schleifenkörpers zur ersten Anweisung, ohne die Schleife zu verlassen. Die Fortsetzungsbedingung wird erneut bewertet, gegebenenfalls mit Nebeneffekt; bei `for`-Schleifen wird auch `Anweisungsfolge_2` (s.o.) ausgeführt. Beispiel:

```
#include <math.h>

for(;;)                      /* Anfang einer Endlosschleife */
  {
  scanf("%f",&x);        /* Eingabe einer Gleitkommazahl
                          im Format double für Variable x */
  if (x==0) break;         /* Endebedingung: Eingabe = 0 */
  if (x<0) continue;         /* überspringe ggf. Ausgabe */
  printf("%f\n",sqrt(x));
                                     /* setze Schleife fort */
  }                                      /* Schleifenende */
```

Sprungbefehl

Der `goto`-Befehl bewirkt den Sprung zu der auf die Sprungmarke folgenden Anweisung, etwa um mehrere verschachtelte Schleifen gleichzeitig zu verlassen. Als Sprungmarken kommen alle Bezeichner in Frage, die auch für einen Variablennamen verwendet werden könnten; sie werden durch : abgeschlossen. Mit dem `goto`-Befehl darf nur innerhalb derselben Funktion verzweigt werden. Beispiel:

```
if (...) goto Ausnahme;     /* kein : bei Sprungmarke! */
...
Ausnahme: printf("\nUnerwarteter Abbruch!\n");
```

Das Springen in eine Schleife oder einen anderen Anweisungsblock hinein ist syntaktisch zulässig, unter semantischem Gesichtspunkt allerdings nicht zu empfehlen.

return

Das Verlassen eines Unterprogramms (einer Funktion) wird durch `return` veranlaßt, dabei kann ein Rückgabewert als Parameter angegeben werden. Beispiele:

```
if (n<0) return;      /* Rücksprung ohne Wertrückgabe */
return(3*n/m);        /* Rücksprung mit  Wertrückgabe */
```

Zusammenfassen mehrerer Anweisungen

Viele C-Programme weisen einen besonders komprimierten Programmierstil auf. Er beruht zu einem großen Teil auf der schon erwähnten Zusammenfassung mehrerer Anweisungen zu einer einzigen. Beispiel:

```
a += b *= (c<d);
```

Dies ist gleichwertig zu

```
if (c<d) a=a+b; else b=0;
```

Ein bei vielen C-Programmen wichtiges Konzept ist das der Nebenwirkung (Nebeneffekt), wie sie etwa bei der Anweisung `a = b++;` deutlich wird: neben der Wertzuweisung (an die Variable `a`) wird dabei auch eine andere Variable (`b`) inkrementiert.

Die Ausgabe aller Elemente eines Felds `w` kann z.B. durch die folgende `for`-Schleife erreicht werden, bei der überhaupt kein Schleifenkörper auftritt:

```
for(i=0; i<50; printf("%10g",w[i++]);
```

Professionelle C-Programmierer vermeiden aber allzu komprimierte Formulierungen, da gute C-Kompiler auch bei ausführlicherer Schreibweise ebenso guten Kode erzeugen.

3 Der Präprozessor

Jeder C-Programmtext wird automatisch vor der Kompilation durch ein vorgeschaltetes Programm, den sogenannten Präprozessor, bearbeitet. Dieses ist noch kein Durchgang der Übersetzung des Quelltextes, vielmehr wird der Quelltext z.B. durch das Tilgen von Kommentaren, durch das Ersetzen von Kurzzeichen durch ihre Langform, durch das Einspeisen von Definitionsdateien etc. zur Kompilation vorbereitet.

Der Präprozessor erlaubt unter anderem die folgenden Befehle:

`#define`	(globale Textersetzung im Programmkode; Makrodefinition - Parameter sind erlaubt)
`#undefine`	(Aufheben einer Makrodefinition)
`#include`	(Einspeisen einer anderen Quelldatei)
`#pragma`	(spez. Kompiler-Anweisungen, z.B. zur Speicherplatznutzung)

Präprozessoranweisungen sollten in Spalte 1 beginnen. Sie können an beliebiger Stelle in den Quellkode eingefügt werden, brauchen also nicht alle am Anfang aufgeführt zu werden. Beispiele:

```
#include <stdio.h>  /* Header-Datei zur Ein-/Ausgabe */
#include <math.h>   /* Header-Datei für math. Fktnen */
#define e 2.718282  /* Konstantendefinition          */
#define BEGIN {     /* Symboldefinition (analog zur  */
#define END }       /*            Syntax von Pascal) */
#define TAUSCHE(a,b) a+=b;b=a-b;a-=b;    /* Makroproz.*/
#define UPPER(c) ((c>='a'&&c<='z')?c-32:c) /*Makrofkt*/
```

Durch weitere Präprozessorbefehle (`#ifdef`, `#ifndef`, `#else`, `#endif` und andere) kann der Programmierer die bedingte Kompilation von Teilen eines Programms steuern, so daß z.B. derselbe Quellkode auf verschiedenen Computerumgebungen kompiliert werden kann.

Ein Makro ist einer benutzerdefinierten Funktion ähnlich; es dürfen Parameter verwendet werden, deren Typ ungenannt bleibt. So kann z.B. die folgende Makrodefinition für die Betragsfunktion auf Daten jedes numerischen Typs angewendet werden:

```
#define ABS(a) (((a) >= 0) ? (a) : -(a))
```

Im ersten Durchlauf des Übersetzers wird dann ein Programmtext wie etwa

```
if ABS(x-y) < 1E-5 ...
```

durch den Präprozessor in die folgende Textform "expandiert":

```
if (((x-y) >= 0) ? (x-y) : -(x-y)) < 1E-5 ...
```

Dies ist gültiger Programmtext sowohl für `int`-Variable als auch für `float`- oder `double`-Variable. Bei einer analogen *Funktions*definition der Betragsfunktion müßte hingegen der Typ des übergebenen Parameters definiert sein, die Verwendung eines Parameters anderen Typs würde in der Regel zu fehlerhaften Ergebnissen führen oder als Syntaxfehler bei der Übersetzung erkannt werden.

Der Aufruf eines Makros kann allerdings dann unerwünschte Auswirkungen haben, wenn der Programmierer beim Aufruf z.B. mit dem Nebeneffekt einer Inkrementierung arbeitet. So findet man für das Beispiel des oben angegebenen Makros `UPPER`:

Für `i=100;` hinterläßt der Aufruf `UPPER(i++)` in `i` den Wert `103`.
Für `i=65;` hinterläßt der Aufruf `UPPER(i++)` in `i` den Wert `67`.

Erklärung: `i=100` entspricht nach ASCII dem Kleinbuchstaben 'd', `i=65` entspricht dem Großbuchstaben 'A'. Im zu kompilierenden Quellkode wird durch den Präprozessor der Befehl `UPPER(i++)` ersetzt durch:

```
((i++>='a'&&i++<='z')? i++ -32 : i++)
```

Der Grund für die unterschiedliche Wirkung des Makroaufrufs (Erhöhung von `i` um den Wert `3` oder um den Wert `2`) ist die Kurzschlußauswertung des Tests `c>='a'&&c<='z'`.

4 Standardbibliotheken

Zu einem C-Kompiler gehören wesentlich mehrere Sammlungen häufig benötigter Funktionen, etwa für numerische Aufgaben, zur Bearbeitung von Zeichenketten, zur systemnahem Programmierung, zur Fehlerbehandlung (Ausnahmebedingungen) oder zur Verwaltung des Speichers. Diese Sammlungen heißen Standardbibliotheken, und ihr Umfang und ihre Leistungsfähigkeit entscheiden wesentlich über die Güte des betreffenden C-Programmentwicklungssystems. Auch alle Aufgaben der Ein- und Ausgabe werden durch Bibliotheksroutinen bewerkstelligt. Die Verbindung zwischen den Aufrufen von Standardfunktionen im Programmkode und den Bibliotheken wird durch den Vorgang des Bindens ("Linken") hergestellt. Die ANSI-Norm beschreibt auch die Standardbibliotheken, die als unverzichtbare Ergänzung der Sprachdefinition anzusehen sind.

Zu den Bibliotheksroutinen gibt es die bereits erwähnten Definitionsdateien (sog. Header-Dateien). Diese enthalten C-Quellkode, meist Makrodefinitionen von allgemeiner Bedeutung. Sie werden durch einen Einfügebefehl für den Präprozessor eingelesen. Speziell sollte am Anfang jeder Quelldatei der Einfügebefehl `#include <stdio.h>` aufgenommen werden, denn die Datei `stdio.h` stellt wichtige Hilfsmittel für Eingabe- und Ausgabeoperationen und allgemein für die Bearbeitung von Dateien zur Verfügung.

5 Blockstrukturierung

Am Anfang eines jeden Anweisungsblocks, der am Symbol `{` erkennbar ist, können Variable vereinbart werden, die zu diesem Block lokal sind. Ihr Gültigkeitsbereich endet an der zugehörigen schließenden Klammer `}`. Stimmt der in einem inneren Block vereinbarte Name mit einem außen vereinbarten Namen überein, so wird der äußere Name überdeckt.

Das Hauptprogramm ist durch den Funktionsnamen `main` ausgezeichnet.

Unterprogramme können (als Funktionen) definiert werden, auch dort können natürlich lokale Variable vereinbart werden. Funktionen dürfen nicht geschachtelt definiert werden, d.h. innerhalb einer Funktion kann nicht eine andere Funktion als lokales Objekt enthalten sein ("flache" Programmstrukturierung). Der Aufruf von Unterprogrammen darf rekursiv erfolgen.

Als Ergebnistyp einer Funktion kommen neben Zahlentypen einschließlich `char` auch Zeiger, Verbunde und Varianten in Betracht. Es ist aber nicht erforderlich, daß Funktionen überhaupt einen Wert zurückgeben; ein Funktionsaufruf kann als eine eigene Anweisung gelten (vgl. folgendes Beispiel). Zwischen Funktionen und

Prozeduren braucht formal also nicht unterschieden zu werden; es empfiehlt sich jedoch, bei prozedural gebrauchten Funktionen das Schlüsselwort `void` voranzustellen. Daran erkennt der Übersetzer, daß der Funktionsaufruf keinen Wert darstellt, der z.B. wie ein Funktionswert einer Variablen zugewiesen werden dürfte.

Zur Parameterübergabe für einfache Variable und Verbunde (structures) steht zunächst nur die Wertübergabe (call by value) zur Verfügung. Ist Adreßübergabe erforderlich, so wird beim Aufruf als Parameter ein Zeiger auf die betreffende Variable übergeben. Beispiel:

```
void halbiere(float *x)
   /* Deklariere Funktion ohne Resultat. Der Parame- */
   /* ter x ist ein Zeiger auf eine float-Variable.  */
  {
  *x = *x/2;
  return;                                /* Rücksprung */
  }
```

Eine zu verändernde `float`-Variable `a` kann in folgender Weise über ihre Adresse `&a` als Parameter an diese Funktion übergeben werden:

```
if (a>1e4) halbiere(&a);
```

Technisch gesprochen erfordert also die Übergabeart "call by reference" vor dem Variablennamen das Zeichen `&`. Dieser Hinweis gilt speziell auch für die Funktionen zur Dateneingabe, etwa `scanf`. Zum Einlesen einer Ganzzahl für die Variable `n` kann z.B. der folgende Befehl dienen:

```
scanf("%d",&n);
```

Der Übergabemechanismus bei anderen strukturierten Variablen erfordert besondere Vorkehrungen; hier liegen subtile Fehlerquellen.

Ein wesentlicher Schwachpunkt und eine versteckte Fehlerquelle der alten Sprachdefinition war, daß an Funktionen übergebene Parameter weder bezüglich Anzahl noch bezüglich Typübereinstimmung überprüft wurden. Bei einer Vereinbarung wie der folgenden mit leerer Parameterliste wird *keine* Annahme über die Parameter gemacht; ein Aufruf mit beliebiger Parameterliste ist syntaktisch zulässig:

```
int Eingabe();          /* nicht verboten aber unklar */
```

In ANSI-C kann der Programmierer entsprechende Prüfungen vorsehen, erzwungen wird ein solch klarer Programmierstil allerdings nicht. Soll z.B. festgelegt werden, daß eine Funktion keine Parameter annimmt, so sollte das Schlüsselwort `void` anstelle der Parameterliste benutzt werden:

```
int Eingabe(void);                 /* Funktionsprototyp */
```

Es wird empfohlen, jede zu definierende Funktion vorab durch einen Funktionsprototyp zu deklarieren: dabei werden der Ergebnistyp und die Parametertypen angegeben. Ein späterer Aufruf mit nicht passenden Parametern kann so vom

Kompiler erkannt werden. Der Prototyp der oben definierten Funktion `halbiere` ist:

```
void halbiere(float *x);
```

An Funktionen können andere Funktionen als Parameter übergeben werden; dazu verwendet man Zeiger auf Funktionen.

6 Beispielprogramm

Das Programm zur Bearbeitung der Ulam-Aufgabe enthält ein Unterprogramm, die Funktion ohne Parameter `Eingabe(void)`. Das Hauptprogramm steht am Anfang des Quelltextes, die Funktionsdefinition schließt sich an.

```
/* Ulam-Aufgabe                                           */
#include <stdio.h>           /* Präprozessor-Anweisung */

main()
  {                               /* Anfang Hauptprogramm */
  int a;                          /* Variable vom Typ int */
  int Eingabe(void);
       /* Funktionswert vom Typ int, keine Parameter */
  a = Eingabe();  /* Funktionsaufruf (Def. s. unten) */
  printf("%4d",a);
  do                                   /* Schleifenanfang */
    {
    a=((a%2)==0 ? a/2 : 3*a+1);  /* bedingte Auswert.*/
    printf(",%4d",a);
    }
  while(a>1);     /* Ende Wiederhole-solange-Schleife */
  }                                  /* Ende Hauptprogramm */

#define TRUE 1 /* Präprozessor: Konstantendefinition */

int Eingabe(void)               /* Funktionsdefinition */
  {
  int n;      /* lokale Variable, Speicherklasse auto */
  printf("Geben Sie eine positive ganze Zahl ein: ");
  do                                   /* Schleifenanfang */
    {
    scanf("%d",&n);
    if (n>0) break;                      /* Mittelausgang */
    printf("%d  Fehler. Eingabe wiederholen: ",n);
    }
  while(TRUE);                            /* Schleifenende */
  return n;   /* Rücksprung aus Funktion mit Wert n */
  }
```

Kapitel VIII

Objektorientierte Programmierung: Smalltalk

Obwohl zahlreiche experimentelle Programmiersprachen als objektorientiert gelten (z.B. CLOS, Eiffel, ExperCommonLisp, Neon, MacApp) und sogar einige gängige Sprachen, wie etwa C und Pascal, um Elemente des objektorientierten Programmierens erweitert wurden (C+ +, Objective-C, Turbo Pascal ab Version 5.5), gilt doch Smalltalk als der Hauptvertreter dieser Klasse.

Die Sprache Smalltalk ging aus der Grundlagenforschung der "Learning Research Group" ab 1970 bei der Firma Xerox im Palo Alto (Kalifornien) hervor und wurde 1981 in der hier dargestellten Form veröffentlicht. Als Hauptanwendung sehen wir die Möglichkeit zur raschen Entwicklung prototypischer Programme an, z.B. zur Demonstration und Spezifikation eines geplanten Softwaresystems oder zur Simulation eines realen Vorgangs. Die interaktive Arbeitsumgebung von Smalltalk weist durch die hier gegebene Möglichkeit zur Erweiterung des Befehlsvorrats einen hohen Grad an Flexibilität auf. Als negative Eigenschaften muß der Anwender die Probleme eines schwer zu überschauenden Programmsystems und eine eventuell geringe Laufzeiteffizienz in Kauf nehmen; speziell bei größeren Projekten erscheint der formale Nachweis korrekten Programmverhaltens nur schwer möglich.

Werbende Worte charakterisieren Smalltalk als "not so much a language, more a way of life". Dies bezieht sich auf die zu Smalltalk stets bereitgestellte integrierte Entwicklungsumgebung, die neben Übersetzern auch einen Editor, Hilfsmittel zur Fehlersuche (Debugger), einen Dateiverwalter und weitere Funktionen eines Betriebssystems enthält. Smalltalk steht daher sowohl für eine Programmiersprache als auch für eine Programmentwicklungsumgebung mit besonderer Berücksichtigung der Bedienerschnittstelle: die Bedienung ist grafisch orientiert, es wird eine Einzelplatzstation mit Grafikbildschirm vorausgesetzt, wobei bequem ein Zeigegerät (z.B. eine Maus) benutzt wird. Auf dem Bildschirm werden in der Regel mehrere Fenster gleichzeitig verwaltet, in denen Quelltext, Verwaltungsinformation, Ausgabedaten usw. dargestellt werden. Die Art der Bedienung zeigt damit wesentliche Eigenschaften moderner Programmoberflächen, wie sie neuerdings von fensterorientierter Standardsoftware und von Betriebssystemen bekannt sind (GEM, Windows, OS/2-Presentation-Manager). Diese Aspekte des Smalltalk-Systems werden hier nicht behandelt.

Für Programmierer mit Kenntnissen in einer imperativen Sprache, wie BASIC, FORTRAN oder Pascal, können sich bei der Beschäftigung mit Smalltalk anfangs Schwierigkeiten beim Verständnis der zugrundeliegenden Ideen ergeben. Ein Grund liegt in der unüblichen Verwendung neuer Begriffe, die ohne Rücksicht auf die bestehende Terminologie eingeführt wurden. Dies hindert Anhänger objektorientierter Sprachen nicht an Versprechungen über die angeblich besonders leichte Erlernbarkeit des Programmierens in Smalltalk: "Smalltalk is easy to learn and use because it has simple syntaxes and semantics, and few concepts," heißt es im Handbuch zum System Smalltalk/V. Nüchterner Betrachtung halten solche Aussagen nicht stand; auch Voraussagen über eine zu erwartende universelle Verbreitung objektorientierter Programmiersprachen sind mit Zurückhaltung zu bewerten. In Smalltalk finden sich allerdings einige neue Möglichkeiten zur Programmierung, die wegweisend für die Entwicklung anderer Sprachen sein können.

Die wichtigsten Vokabeln bei der objektorientierten Programmierung sind Objekt, Methode, Klasse, Exemplar und Botschaft.

- Ein *Objekt* besteht aus Datenspeichern und zugehörigen Prozeduren (Methoden) zur Manipulation der aktuellen Datenwerte. Diese Werte können nur mit diesen Methoden bearbeitet werden, d.h. ihre Zustände können auf keinem anderen Weg gelesen oder verändert werden.
  Ein Beispiel bilden die ganzen Zahlen `Integer` und die auf sie anwendbaren Operationen und Prozeduren (Methoden), zu denen neben den Rechenoperationen `+`, `*` usw. auch Operationen wie etwa `factorial` (zur Berechnung der Fakultät) und `gcd:` (größter gemeinsamer Teiler) gehören.
  In Smalltalk dürfen Objekte eine sehr viel komplexere Struktur besitzen als in diesem Beispiel.
- Eine *Methode* ist die algorithmische Beschreibung einer Operation, die für alle Objekte einer Klasse zulässig ist; Bestandteil der Definition von Methoden können auch interne (lokale) Variable sein.
  Verschiedene Objektklassen können verschiedene, aber gleichbenannte Methoden aufweisen. So kann beispielsweise sowohl für Objekte der Klasse Bruchzahl (`Fraction`) als auch auf Objekte der Klasse Dezimalzahl (`Float`) jeweils eine Methode für die Division angewendet werden; beide werden durch das Symbol `/` bezeichnet, das Ergebnis ist in den meisten Fällen nicht dasselbe: `5/(3/2)` ergibt die exakte Bruchzahl `10/3`, hingegen ergibt `5.0/(3/2)` die gerundete Dezimalzahl `3.3333333`. In solchen Fällen werden also *Operatoren überladen*.

- Eine *Klasse* wird durch zusammengehörige, gleichartige Objekte gebildet, wobei sowohl deren Datenstruktur als auch alle verfügbaren Methoden beschrieben werden. Ein Beispiel ist die bereits erwähnte Menge aller Bruchzahlen als Klasse `Fraction`. Als Methoden werden neben den algebraischen Operationen z.B. auch `reciprocal` (Bilden des Kehrwerts) und `truncated` (Abschneiden des Bruchteils) und viele andere bereitgestellt.
- Ein *Exemplar* einer Klasse (engl. instance) ist ein konkretes Objekt mit einem Wert, auf das alle Methoden der betreffenden Klasse und der Oberklassen angewendet werden können.
- Eine *Botschaft* ist der Aufruf einer Methode für ein Exemplar. Symbole und Namen von Methoden heißen *Selektoren*.

Zur ersten Orientierung mag die folgende Übersetzungshilfe dienen, die eine grobe Einordnung der neuen Vokabeln zuläßt:

- Methoden können in der Bezeichnung einer imperativen Sprache wie Pascal in etwa mit Prozeduren (bzw. Funktionen bzw. Operatoren) gleichgesetzt werden.
- Eine Botschaft entspricht dem Aufruf einer Prozedur (bzw. einer Funktion bzw. der Anwendung eines Operators).
- Eine Klasse entspricht einem Datentyp.
- Ein Objekt entspricht einer Variablen.

Der wesentliche Unterschied zwischen objektorientierten und imperativen Sprachen liegt in der Verbindung von Daten und Methoden zu einer Einheit "Objekt". Eine vorgegebene Struktur der Objekte kann durch den Programmierer in sehr weiten Grenzen durch Einschränkung oder Erweiterung verändert werden; es können neue Objektklassen definiert werden. Wird eine neue Klasse als Unterklasse einer bestehenden Klasse angelegt, so erbt sie automatisch alle Merkmale der Oberklasse (speziell deren Methoden) und kann um weitere Methoden erweitert werden bzw. es können bestehende Methoden umdefiniert werden.

Alle Bestandteile des Smalltalk-Systems werden als Objekte behandelt: neben Zahlen und Zeichenketten sind also auch Bildschirmfenster, Editoren, Übersetzer, Programme usw. Objekte. Auch Klassen sind Objekte, deshalb können Botschaften an sie gesendet werden. Man unterscheidet deshalb Klassen-Methoden von den Exemplar-Methoden.

So kann z.B. an eine passende Unterklasse der Klasse `Collection` die Botschaft `with:` (Klassen-Methode) gesendet werden, um ein neues Objekt zu erzeugen, beispielsweise ein Feld (Array), mit dem als Parameter genannten Wert. Alternativ kann aber auch ein neues Objekt durch Senden der Botschaft `at:put:` (Exemplar-Methode) an das Objekt `Smalltalk` erzeugt werden.

Alle Klassen sind hierarchisch geordnet, als Ausgangspunkt dient die allgemeine Oberklasse `Object`. Darunter finden sich u.a. folgende Klassen:

`Behavior, Boolean, ClassBrowser, ClassHierarchyBrowser, ClassReader, Collection, Compiler, Context, CursorManager, Directory, DiskBrowser, Dispatcher, DispatchManager, DisplayObject, File, Inspector, Magnitude, Menu, Message, Pane, Pattern, Point, Prompter, Rectangle, Stream, StringModel, TextSelector, UndefinedObject`

Die meisten der genannten Klassen weisen wiederum Unterklassen auf; die Bedeutung einiger von ihnen wird weiter unten erläutert. Aufgrund der großen Zahl von Klassen und Methoden kann in diesem Kapitel nur ein kleiner Teil des Gesamtsystems dargestellt werden.

Als Beispiel betrachten wir in der folgenden Abbildung einen Auszug aus der Klassenhierarchie mit der Klasse `Magnitude` und einige ihrer Unterklassen, zu denen insbesondere die numerischen Datentypen gehören. Neben den Namen der Klassen werden auch Namen von einer oder mehreren charakteristischen Exemplar-Methoden angegeben. So ist z.B. die Methode `cos` (Kosinusfunktion) auf Zahlen, aber natürlich nicht auf Zeichen oder Datumsangaben anwendbar; die Methode `gcd:` zur Bestimmung des größten gemeinsamen Teilers kann auf Ganzzahlen angewendet werden (die wiederum einer der Klassen `LargePositiveInteger`, `SmallPositiveInteger` oder `SmallInteger` angehören), aber nicht auf Bruchzahlen oder Dezimalzahlen. Die Vergleichsoperatoren =, < usw. gelten hingegen für alle Objekte, die zur Klasse `Magnitude` oder einer ihr untergeordneten Klasse gehören.

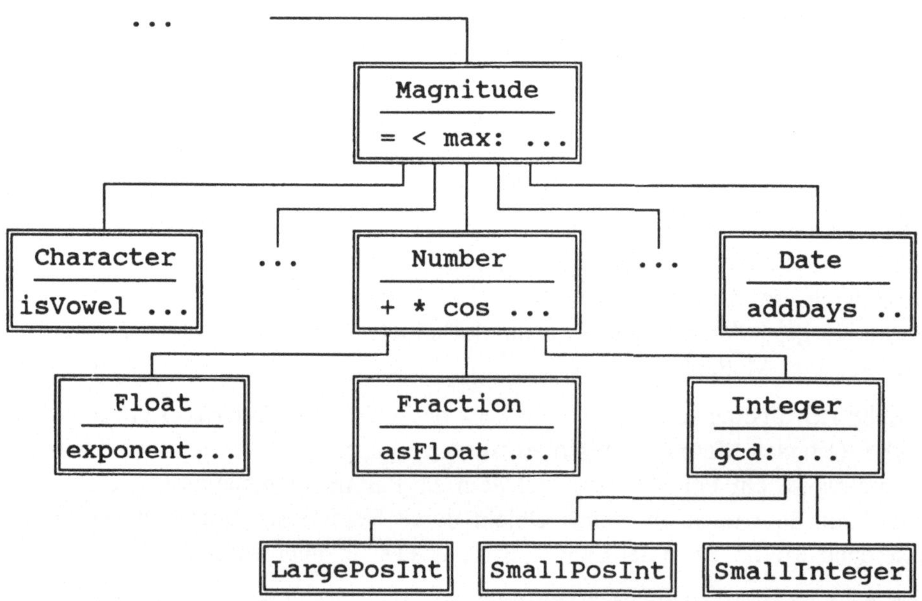

Einige der in Smalltalk vorgegebenen Klassen

Nicht jede Klasse enthält Objekte (Exemplare), manche Klassen werden lediglich aus Gründen der Strukturierung eingerichtet, um Methoden zu definieren, die für alle Unterklassen gültig sind. Solche Klassen werden als *abstrakte Klassen* bezeichnet; ein Beispiel ist `Magnitude`. Methoden, die auf alle Unterklassen anwendbar sind, bieten *generischen Kode*, eine besondere Stärke bei objektorientierter Programmierung.

Zum besseren Verständnis der folgenden Darstellung sollen die Grundzüge der Smalltalk-Syntax an einigen Beispielen dargestellt werden. Bei der Erläuterung von Smalltalk-Anweisungen nimmt der Begriff Botschaft - d.h. der Aufruf von Prozeduren, Funktionen und Operationen - eine zentrale Rolle ein. So stehen speziell auch die arithmetischen Operatoren für Botschaften, die an den jeweils links notierten Operanden gesendet werden. Die Interpretation des Ausdrucks

```
1 + 2
```

ist damit: an das Objekt `1` aus der Klasse `Integer` wird die Botschaft + gesendet, in dieser Klasse als gültige Methode erkannt und mit dem Parameterwert `2` ausgeführt. Das aufgerufene Objekt `1` sendet das Ergebnis `3` zurück. Es fällt schwer, diese Deutung gegenüber der üblichen als intuitiv klarer anzuerkennen, besonders wegen der ungleichgewichtigen Behandlung der Operanden (der linke Operand ist "aktiv", der rechte ist "passiv"). Der Vorteil dieser Sichtweise liegt in der möglichen Freizügigkeit bei der Interpretation einer Botschaft durch verschiedene Klassen; man nimmt sie daher aus Gründen der einheitlichen Sprechweise in Kauf.

Der folgende Text enthält zwei Zahlenkonstanten (Objekte der Klasse `Integer`) und zwei Aufrufe von Methoden (die Botschaften `arcTan` und `*`):

```
(1 arcTan) * 4
```

Die Botschaft `arcTan` wird an das Objekt `1` gesendet, das zur Klasse `Integer` gehört. Dies führt zur Überprüfung, ob eine Methode des angegebenen Namens in dieser oder einer übergeordneten Klasse definiert ist. Bei der Schreibweise von Botschaften ist die Wahl der Groß- und Kleinbuchstaben wesentlich, so würden z.B. `arctan` oder `ARCTAN` zurückgewiesen. Da `arcTan` definiert ist (in der übergeordneten Klasse `Number`), wird die Methode ausgeführt und der Ergebniswert `0.7853982` an den Sender zurückgeliefert. Der angegebene Text ist gleichwertig mit:

```
0.7853982 * 4
```

Danach wird die Botschaft `*` an das zurückgemeldete Objekt gesendet, wobei die Angabe einer weiteren Zahl (`4`) erforderlich ist. In der Sprache der Smalltalk-Beschreibung ist `arcTan` der Name einer unären Methode und `*` das Symbol für eine binäre Methode. Das Ergebnis der Multiplikation wird abschließend zurückgemeldet, d.h. der angegebene Text ergibt den Näherungswert der Kreiszahl π:

```
3.1415927
```

Dieses Ergebnis wird auf der Smalltalk-Arbeitsfläche eingetragen, nachdem der angegebene Text markiert und der Systembefehl "show it" ausgewählt wurde.

Der beschriebene Ablauf bestimmt die Auswertung von Smalltalk-Texten:

1. Senden einer Botschaft,
2. Prüfen und ggf. Ausführen,
3. Zurückmelden des Ergebnisses (sofern vorhanden).

Dabei gelten die folgenden Vorrangregeln: Unäre Selektoren binden am stärksten, es folgen die binären Selektoren, und am Ende stehen die Selektoren mit mehreren Argumenten. Klammern dürfen zur expliziten Kennzeichnung von Vorrangigkeit im Einzelfall verwendet werden. Ansonsten werden die Ausdrücke strikt von links nach rechts ausgewertet. Damit ist der oben angegebene Beispieltext zur Berechnung von π gleichwertig mit jedem der folgenden Ausdrücke:

```
1 arcTan * 4
4 * 1 arcTan
```

Eine weitergehende Vorrangigkeit bei arithmetischen Operatoren, z.B. der Multiplikation vor der Addition, gibt es nicht, denn alle arithmetischen Operationen sind binär und stehen damit auf der gleichen Stufe.

Diese Vorrangregeln bedürfen deutlich der Gewöhnung; besonders beim Umgang mit Objekten der Klasse `Fraction` ist Vorsicht geboten. Beispiele:

```
1 + 1/2       "Ergebnis 1 = (1+1) dividiert durch 2"
1 + (1/2)     "Ergebnis 3/2, nicht 1.5"
```

Ein binärer Selektor ist `gcd:` für Ganzzahlen. Der Doppelpunkt zeigt an, daß ein Argument erforderlich ist, also kein unärer Selektor vorliegt. Beispiel:

```
501 gcd: 510  "Ergebnis 3, gcd=greatest common divisor"
```

Ein Selektor mit zwei Argumenten für Objekte der Klasse `Magnitude` ist `between:and:`. Der folgende Ausdruck enthält weiter mit `arcTan` einen unären Selektor und die binären Selektoren `/` und `*` :

```
1 arcTan * 4 between: 223/71 and: 22/7
```

Das Ergebnis ist `true`, denn die Kreiszahl π (und die hier verwendete Näherung) wird durch die angegebenen rationalen Zahlen von unten und von oben approximiert: es gilt in der Schreibweise der Mathematik $223/71 < \pi < 22/7$.

Wird an ein Objekt eine Botschaft gesendet, die für die betreffende Objektklasse unbekannt ist, so wird der Reihe nach in den hierarchisch übergeordneten Objektklassen nach einer passenden Methode gesucht. Falls auch schließlich in der Klasse `Object` keine Methode gefunden wurde, wird ein Fehler gemeldet.

Innerhalb des gesamten Smalltalk-Systems dürfen Methodennamen mehrfach auftreten, wenn sie zu verschiedenen Klassen gehören. Bei der Suche nach einer passenden Methode wird die zuerst gefundene Methode angewendet.

1 Datenstrukturen: Variable und Objektklassen

Variable können entweder privat oder offen (shared) sein: private Variable gehören zu einem einzelnen Objekt oder einer Methode und sind durch die Schreibweise mit einem führenden Kleinbuchstaben erkennbar. Offene Variable, die mehreren Objekten zugänglich sind, müssen führend einen Großbuchstaben aufweisen.

Das System gibt zahlreiche offene Variable vor; diese umfassen speziell auch die Namen der vordefinierten Klassen. Alle Namen dieser Variablen werden in dem Objekt `Smalltalk` von der Klasse `SystemDictionary` verwaltet und können durch die folgende Botschaft abgerufen werden:

```
Smalltalk keys
```

Weitere wichtige vordefinierte globale Variable sind `Transcript`, ein Textfenster, auf dem Mitteilungen ausgegeben werden können, und `Terminal`, ein Eingabestrom zum Lesen der Tastatur und der Maus. - Das Neuanlegen einer globalen Variablen wird über die Botschaft `at:put:` bewirkt:

```
Smalltalk at: #X put: nil
Smalltalk at: #Vorname put: 'Piet-Joachim'
```

`X` und `Vorname` sind danach Namen von Objekten. Das Symbol `#` kennzeichnet das folgende Wort als Konstante.

`X` besitzt zunächst den Ausnahmewert `nil`, ein Exemplar der Klasse `UndefinedObject`. `Vorname` besitzt den Wert `'Piet-Joachim'`, ein Exemplar der Klasse `String`. Mehrfaches Einrichten von Variablen gleichen Namens ist kein Fehler. Auf die folgende Weise wird ein Feld `X` mit 10 Komponenten erzeugt, die jeweils mit dem Wert `nil` initialisiert sind:

```
Smalltalk at: #X put: (Array new: 10)
```

Globale Variable können durch die Botschaft `remove:` gelöscht werden:

```
Smalltalk remove: #Vorname
```

Ein auffälliges Merkmal ist die Abwesenheit einer starken Typbindung: es ist unmöglich, einem Variablennamen eine feste Objektklasse zuzuordnen. Der globalen Variablen `X` kann nacheinander z.B. eine Ganzzahl, ein Block Programmkode, ein Text und ein Einzelzeichen zugeordnet werden. Obwohl keine Typdeklaration vorgenommen wird, kann doch zu jedem Zeitpunkt mit Hilfe der stets zur Verfügung stehenden Methode `class` ermittelt werden, zu welcher Klasse die betreffende Variable jeweils gehört, d.h. der Typ eines Objekts kann dynamisch bestimmt werden:

```
X := 567890. X class   "Ergebnis: LargePositiveInteger"
X := [N even ifTrue [N:=N/2]]. X class
                                 "Ergebnis: Context"
X := 'Fehlermeldung'. X class    "Ergebnis: String"
X := $A. X class                 "Ergebnis: Character"
```

Weiterhin kann mit Hilfe der Methode `keyAtValue:` zu jedem Wert der Name der zugehörigen offenen Variablen gefunden werden; im negativen Fall wird `nil` zurückgemeldet.

```
Smalltalk keyAtValue: $A          "Ergebnis: X"
```

Klassenvariable sind besondere offene Variable, die mit der Definition einer Klasse angegeben werden; sie dienen zum Austausch von Daten zwischen den Exemplaren dieser Klasse. So gehört z.B. zur Klasse `Date` als Klassenvariable eine Menge von Paaren, die Monatsnamen als Text den Ganzzahlen von 1 bis 12 zuordnen.

Private Variable werden bei Bedarf durch Einschluß in senkrechte Striche | | deklariert. Anwendungen finden sich in später folgenden Kodebeispielen.

Die abstrakte Klasse Magnitude

Die schon in der vorangehenden Abbildung teilweise beschriebene Klasse `Magnitude` ist die wichtigste Smalltalk-Klasse; in ihr werden Objekte bereitgestellt, die durch Vergleich geordnet und durch numerische Operationen verknüpft werden können.

Die am häufigsten benötigte Unterklasse ist `Number`; diese ist eine abstrakte Klasse, die wiederum die Klassen `Integer`, `Fraction` und `Float` enthält. Besondere Beachtung verdient die Klasse `Fraction` zur exakten Darstellung rationaler Zahlen. Jedes Exemplar dieser Klasse enthält zwei Exemplarvariable, `numerator` für den ganzzahligen Zähler und `denominator` für den ganzzahligen Nenner; auf diese Werte kann durch gleichnamige Methoden zugegriffen werden. Beispiele - neben den üblichen Rechenarten - für allgemein definierte Methoden in `Number` sind:

```
14 // 4              "Ergebnis 3; ganzzahliger Quotient"
14 \\ 4              "Ergebnis 2; ganzzahliger Rest"
15.5 \\ 4.7          "Ergebnis 1.4; Rest nach Division"
16.6 roundTo: 3.5    "Ergebnis 17.5; nächstes Vielfaches"
1.1 raisedTo: 5      "Ergebnis 1.61051; Potenzieren"
```

Die Methode `//` ist definiert als Divison mit ganzzahligem Ergebnis, das durch Runden nach minus Unendlich entsteht. Bei positiven Werten werden daher die Nachkommastellen abgeschnitten, bei negativen Werten wird abgerundet. Dabei dürfen als Empfänger und als Parameter alle Objekte aus Unterklassen von `Number` auftreten, also z.B. auch Bruchzahlen. Beispiele:

```
41/3 // 7            "Ergebnis 1 "
-41/3 // 7           "Ergebnis -2 "
```

Weitere Unterklassen von `Magnitude` sind `Association`, `Date`, `Time` und `Character`.

Einzelzeichen der Klasse `Character` werden durch ein vorangestelltes `$`-Symbol gekennzeichnet; sie sind wie üblich gemäß dem zugrundeliegenden Zeichenkode geordnet (ASCII). Das Einzelzeichen "A" mit der Ordnungszahl 65 kann als Konstante `$A` angegeben oder durch Senden von Botschaften erzeugt werden:

`65 asCharacter` oder `Character value: 65`

Die letzte Konstruktion ist lehrreich, weil hier der Empfänger der Botschaft `value:` die Klasse `Character` ist; diese wird als Objekt aufgefaßt, es handelt sich also um eine Klassen-Botschaft. - Es gibt zahlreiche weitere Methoden zum Testen oder Konvertieren von Einzelzeichen, wie z.B. `isUpperCase`, `isVowel`, `asciiValue`.

Die Klasse Boolean

Diese Klasse enthält zwei Unterklassen: `False` und `True`. Jede dieser Unterklassen enthält genau ein Objekt mit dem Namen `false` bzw. `true`.

Zur Verknüpfung logischer Objekte stehen mehrere Methoden zur Verfügung, unter anderem `not`, `and:` und `or:`. Für sie gilt Kurzschlußauswertung; die vollständige Auswertung wird mit `&` statt `and:` und | statt `or:` erreicht. Bei der Anwendung von `and:` und `or:` lauert eine Fehlerquelle, denn das Argument muß jeweils ein Kodeblock sein, der in `[]`-Klammern einzuschließen ist. Beispiele für korrekt geformte logische Ausdrücke sind:

```
Z isDigit or: [Z=$ ]      "Test: Ziffer oder Leerstelle"
Y between: 0 and: 1       "Test: Zahl zwischen 0 und 1"
X even and: [X>0]         "Test: gerade positive Zahl"
```

Beim zweiten Beispiel gehört das Wort `and:` zum Selektor `between:and:`, es ist kein eigenständiger Selektor für die Methode `and:`.

Es ist nicht auf den ersten Blick klar, daß auch der folgende Ausdruck zulässig ist:

```
X:=X+1 > 10     "Erhöhe Wert von X und teste neuen Wert"
```

Die abstrakte Klasse Collection

Diese Klasse dient zur Definition gemeinsamer Methoden für strukturierte Objekte, d.h. Objekte mit mehreren Elementen. Sie enthält u.a. die konkreten Klassen `Array`, `String`, `Interval`, `Set` und `Bag`. Das Fehlen von Typprüfungen in Smalltalk bedeutet hier, daß z.B. die Elemente eines Felds beliebig verschiedenen Typen angehören dürfen. Zum Beispiel ist die folgenden Konstante ein Feld mit vier Elementen von jeweils verschiedenem Typ (Zeichenkette, Einzelzeichen, Bruch, Feld mit zwei ganzzahligen Elementen):

```
#('heterogenes Feld' $A 4/9 (4 9))
```

Die einzelnen Unterklassen von `Collection` unterscheiden sich hauptsächlich in den folgenden Punkten: Bestehen einer Ordnung der Elemente, feste oder variable Anzahl an Elementen, Zulässigkeit von Elementwiederholungen und direkte Adressierbarkeit von Elementen. So ist z.B. ein Exemplar der Klasse `Array` gekennzeichnet durch eine Ordnung der Elemente mit ganzen Zahlen, die auch ihre Adressierbarkeit ermöglicht, durch die jeweils feste Elementezahl und die Zulässigkeit von Wiederholungen. Ein `Set` hingegen verbietet Wiederholungen, hat keine Ordnung und keine Adressierung, aber eine freie Elementezahl. Ein `Bag` ist einem `Set` ähnlich, erlaubt jedoch Wiederholungen der Elemente.

Neben Methoden zur Manipulation von Objekten aus den einzelnen Unterklassen bietet die Klasse `Collection` auch Exemplar-Methoden zur wiederholten Ausführung eines Kodeblocks für alle Elemente eines Objekts. Beispiele dazu finden sich im Abschnitt über Steuerstrukturen.

Die Klasse Stream

Diese Klasse stellt Objekte für Datenflüsse zur Verfügung, d.h. zur Eingabe, Ausgabe und Dateibearbeitung, darüber hinaus auch zur Bearbeitung interner Objekte, die als Folge von Elementen (etwa Einzelzeichen) aufgefaßt werden.

Zu jedem Datenfluß gehören Exemplarvariable; so gibt die Variable `position` die aktuelle Stelle an, an der als nächstes gelesen (Selektor `next`) oder geschrieben wird (Selektoren `nextPut:` für ein Objekt bzw. `nextPutAll:` zum Schreiben mehrerer Objekte). Der Wert der aktuellen Bearbeitungsstelle kann durch die Methode `position:` verändert werden, so daß ein direkter Zugriff auf Datenelemente möglich ist.

Ein neuer Datenstrom für ein indiziertes Objekt wird erzeugt durch Senden der Klassen-Botschaft `on:` an eine passende Klasse, z.B. `ReadStream` oder `WriteStream`, als Argument wird ein indiziertes Objekt der Klasse `Collection`, z.B. ein Feld oder eine Zeichenkette, angegeben.

Die Unterklasse `FileStream` stellt Objekte zum Lesen und Schreiben externer Textdateien zur Verfügung. Exemplare werden erzeugt mit Hilfe der Klassen-Methode `pathName:` , die an die Klasse `File` gesendet wird:

```
Liste := File pathName: 'A:\TELEFON.DAT'
```

Die Klasse `File` ist unabhängig von der Klasse `Stream` und definiert die physikalischen Eigenarten von Dateien im jeweils verwendeten Computersystem; wir gehen hier nicht näher darauf ein.

Im Objekt `Liste` kann nun z.B. zeichenweise oder zeilenweise gelesen werden (Selektoren `next`, `nextLine`), ein Zeichen, eine Zeichenfolge oder ein Zeilenbeginn geschrieben werden (Selektoren `nextPut:`, `nextPutAll:`, `cr`) und das Erreichen des Dateiendes getestet werden (Selektor `atEnd`).

Grafische Klassen

Eine im Vergleich zu anderen Programmiersprachen ungewöhnliche Eigenschaft von Smalltalk ist die Berücksichtigung grafischer Elemente und die dabei gegebenen Möglichkeiten zu interaktiver Darstellung, die auch bewegte Grafik einschließt. Hierin liegt sicherlich eine wesentliche Stärke des Smalltalk-Konzepts. Aus Platzgründen können wir darauf jedoch nicht eingehen.

2 Steuerstrukturen

Kodefolgen, Kaskadierung, Kodeblöcke

Smalltalk-Kode wird formatfrei notiert, d.h. die Aufteilung in Zeilen und Spalten hat keine inhaltliche Bedeutung. Kommentare, die in Anführungszeichen eingeschlossen werden, dürfen an jeder Stelle auftreten, an der eine Leerstelle zugelassen ist. Natürlich müssen gewisse Konventionen eingehalten werden; so darf z.B. zwischem einem Selektorwort und dem ggf. folgenden Doppelpunkt kein Leerzeichen auftreten, und Selektorwörter dürfen keine Leerzeichen enthalten.

Groß- und Kleinbuchstaben werden unterschieden, was beim Erlernen der Sprache öfter zu Fehlern führt.

Nacheinander auszuführende Ausdrücke in einer Kodefolge werden durch das Zeichen `.` getrennt:

```
Smalltalk at: #A put: nil. Smalltalk at: #B put: 0
```

Mehrere nacheinander an denselben Empfänger gerichtete Botschaften, wie in diesem Fall an das Objekt `Smalltalk`, können durch das Zeichen `;` miteinander verknüpft werden (*Kaskadierung*):

```
Smalltalk at: #A put: nil; at: #B put: 0
```

Mit Hilfe des Zeichens ^ wird das Ergebnis einer Anweisungsfolge zurückgemeldet; nachfolgender Kode wird dann nicht mehr ausgewertet. Die Wirkung von ^ entspricht z.B. in der Programmiersprache Modula einer `RETURN`-Anweisung.

Als Parameter vieler Methoden wird ein *Kodeblock* angefordert, der in der Regel einen Rückgabewert bestimmten Typs haben muß. Kodeblöcke werden in `[ ]`-Klammern eingefaßt; im Inneren dürfen private Variable (sog. Blockargumente) vereinbart sein.

Kodeblöcke dürfen auch ineinandergeschachtelt werden. Im folgenden Beispiel greifen wir der systematischen Darstellung vor und benutzten den später genauer beschriebenen `do:`-Selektor, um einen Kodeblock für alle Elemente eines Objekts aus der abstrakten Klasse `Collection` wiederholt auszuwerten; hier sind die Elemente die Zeichen einer Zeichenkette. Im Inneren dieses Kodeblocks befindet sich ein zweiter Block:

```
|anzahl|                                    "lokale Variable"
anzahl:=0.
'Das Echte ist nur echt mit dem weißen Echtheitssiegel'
   do: [:z|                              "z ist Blockargument"
            z isVowel   "teste jedes Zeichen im String"
            ifTrue: [anzahl:=anzahl+1]
        ].
^anzahl   "melde Anzahl der Vokale als Ergebnis zurück"
```

Bedingte Ausführung

Das vorangehende Beispiel zeigt im Inneren des Blocks eine Anwendung einer Botschaft zur bedingten Ausführung (Evaluation) eines Kodeblocks, was einer einseitigen Entscheidung entspricht. Zwei Formen sind möglich:

```
Empfänger (Klasse Boolean) ifTrue: Kodeblock
Empfänger (Klasse Boolean) ifFalse: Kodeblock
```

Auch die folgende verallgemeinerte Konstruktion ist zulässig, die einer Alternative entspricht; dabei kann die Reihenfolge der Schlüsselwörter `ifTrue:` und `ifFalse:` beliebig gewählt werden:

```
Empfänger (Klasse Boolean)
    ifTrue:  Kodeblock_1
    ifFalse: Kodeblock_2
```

Schleifen

Mehrfach-Ausführung eines Blocks

```
Ganzzahl timesRepeat: Kodeblock
```

Der Empfänger der Botschaft `timesRepeat:` muß von der Klasse `Integer` sein; der Kodeblock wird entsprechend oft ausgeführt (evaluiert).

Allgemeine Zählschleife

```
Startwert to: Endwert by: Inkrement do: Kodeblock
```

Die Botschaft `to:by:do:` kann an jedes Objekt der abstrakten Klasse `Number` gesendet werden, die Argumente für Endwert und Inkrement dürfen verschiedenen Unterklassen angehören. Die Angabe von `by:` mit Argument darf entfallen, dann wird `by:1` vorausgesetzt.

Beispiele für die Verwendung von Zählschleifen sind:

```
5 to: 9.33 by: 1/20 do: [ ... ]         "Inkrement 1/20"
5/7 to: 10 sqrt do: [ ... ]             "Inkrement 1"
```

Im zweiten Fall werden die Werte `5/7`, `12/7` und `19/7` durchlaufen.

Im Kodeblock kann eine Blockvariable benutzt werden, welche die Rolle der Schleifenvariablen übernimmt. Dies wird am folgenden sehr einfachen Beispiel deutlich, in dem `summe` eine lokale Variable und `i` eine Blockvariable ist:

```
|summe|                                "summe=lokale Variable"
summe:=0.
1 to: 10 do: [:i| summe:=summe+i].     "i=Blockvariable"
^summe                          "Ergebnis 1+2+3+...+9+10 = 45"
```

Ereignisgesteuerte Schleifen

Es können nur Solange-Schleifen gebildet werden, wobei zu beachten ist, daß der steuernde Ausdruck ein *Block* mit Booleschem Ergebnis ist:

```
Kodeblock (Ergebnis Boolesch)  whileTrue: Kodeblock
Kodeblock (Ergebnis Boolesch) whileFalse: Kodeblock
```

Der erste Kodeblock, der als Empfänger der Botschaft `whileTrue:` bzw. `whileFalse:` fungiert, wird vor jedem Schleifendurchgang ausgewertet.

Die Syntax einer Solange-Schleife weicht geringfügig aber entscheidend von einer Bedingung ab, bei der eine Botschaft an ein *Objekt* der Klasse `Boolean` gesendet wird. Beispiel:

```
[a<0] whileFalse [...]          "eckige Klammern bei a<0 "
a<0 ifFalse [...]         "keine eckigen Klammern bei a<0 "
```

Schleifen über Objekte der Klasse Collection

Die Elemente eines Objekts der Klasse `Collection` können in mehrfacher Form die Ausführung eines Kodeblocks steuern. Die einfachste Form findet man bei der bereits oben erwähnten Methode `do:`, bei der für jedes Element ein Schleifendurchgang erfolgt:

```
Objekt (aus der Klasse Collection) do: Kodeblock
```

Das folgende Beispiel führt zu einer Ausgabe des steuernden Objekts der Klasse `String` in Großbuchstaben:

```
'Ende' do: [:z| Transcript nextPut: z asUpperCase]
```

Wenn der Kodeblock ein Ergebnis der Klasse `Boolean` liefert, können weitere Schleifen konstruiert werden mit den Methoden `select:` (wähle aus), `reject:` (weise zurück) und `collect:` (setze Elemente in Kode ein).

```
Objekt (Klasse Collection)  select:  Kodeblock
Objekt (Klasse Collection)  reject:  Kodeblock
Objekt (Klasse Collection)  collect: Kodeblock
```

Zur Erläuterung betrachten wir die unterschiedlichen Ergebnisse der folgenden drei ähnlichen Anweisungen mit einem steuernden Objekt der Klasse `Array`:

```
#(4 5 6) select: [:n| n factorial > 100]
                              "Ergebnis: (5 6)"
#(4 5 6) reject: [:n| n factorial > 100]
                              "Ergebnis: (4)"
#(4 5 6) collect:[:n| n factorial > 100]
                  "Ergebnis: (false true true)"
```

3 Programmieren

Die Ausführung beliebiger Smalltalk-Anweisungen wird erreicht durch das Aufschreiben des betreffenden Textes in einem beliebigen Textfenster (z.B. dem "System Transcript"), dem Markieren des auszuführenden Textes und der Anwahl des Systembefehls "do it" oder des Systembefehls "show it".

Die Erzeugung neuer Programme geschieht durch Verändern der interaktiven Umgebung, d.h. in der Regel durch Hinzufügen neuer Klassen und durch Definition neuer Methoden. Die Eingabe des dazu erforderlichen Kodes wird in einem Fenster mit der Bezeichnung "Class Hierarchy Browser" vorgenommen. Dort werden alle gültigen Klassen und Methoden angezeigt und können durch Editieren verändert werden. Wir betrachten als Beispiel zwei vorgegebene Definitionen von Exemplar-Methoden aus der abstrakten Klasse `Number`:

```
roundTo: eineZahl
      "Melde: Empfänger gerundet auf das nächst-
       liegende Vielfache von eineZahl"
   ^self + (eineZahl/2) truncateTo: eineZahl
truncateTo: eineZahl
      "Melde: Empfänger betragsmäßig so verkleinert,
       daß ein Vielfaches von eineZahl entsteht"
   ^self // eineZahl * eineZahl
```

Beide Methoden sind binär, erfordern also ein Argument, das hier intern jeweils `eineZahl` heißt. Die erste Methode nimmt Bezug auf die zweite. Der Empfänger der jeweiligen Botschaft wird durch das Wort `self` gekennzeichnet; das Symbol ^ bedeutet, daß der folgende Wert nach Beendigung der Auswertung zurückzumelden ist.

Wir wollen uns an zwei einfachen Beispielen überzeugen, daß ein Aufruf der Methode `roundTo:` korrekte Ergebnisse produziert:

`12 roundTo: 5` liefert `10`, denn `12 + 5/2 = 29/2 , 29/2 // 5 = 2` und `2 * 5 = 10`.

`-12 roundTo: 5` liefert `-10`, denn `-12 + 5/2 = -19/2` , `-19/2 // 5 = -2` und `-2 * 5 = -10`.

An der folgenden Exemplar-Methode `abs` ist zu sehen, daß auch Steuerstrukturen, hier eine Bedingung, zur Definition von Methoden gehören dürfen:

```
abs
      "Melde: Absolutbetrag des Empfängers, Vers. 1"
  self < 0
      ifTrue: [^self negated].
  ^self
```

Dieselbe Wirkung wird durch die alternative Definition der Methode `abs` erreicht, bei der nur einmal die Rückgabe eines Wertes angefordert wird:

```
abs
      "Melde: Absolutbetrag des Empfängers, Vers. 2"
  ^self < 0
      ifTrue: [self negated]
      ifFalse: [self].
```

Definitionen können rekursiv angelegt sein, wie das Beispiel der Exemplar-Methode `factorial` aus der Klasse `Integer` zeigt:

```
factorial
      "Melde: Fakultät des Empfängers"
  self > 1
      ifTrue: [^(self - 1) factorial * self].
  self < 0
      ifTrue: [^self error: 'negative Grundzahl'].
  ^1
```

Das Hinzufügen neuer Methoden geschieht durch Kompilation des vorgelegten Textes. Er wird dabei auf syntaktische Stimmigkeit geprüft, eine Überprüfung auf Passung der Typen von Parametern erfolgt aber nicht. Es ist möglich und in vielen Fällen sogar wünschenswert, gleichartige Bezeichnungen für Methoden in unterschiedlichem Kontext zu verwenden (*Polymorphismus*). So kann etwa ein Sortierverfahren auf einem Feld denselben Namen tragen wie eines auf einer Datei; dies ist für den Anwender sehr bequem.

4 Beispielkode

Eine Lösung der Ulam-Aufgabe kann durch Definition einer neuen Methode `ulam` in der Klasse `Integer` gewonnen werden, die den Nachfolger in der Ulam-Folge berechnet. Wir beachten, daß bei dieser Definition nur einmal die Rückgabe eines Wertes angefordert wird, nämlich des Wertes, der in der Alternative errechnet wird.

```
ulam
      "Melde: Empfänger//2 oder 3*Empfänger+1"
  ^ self even
    ifTrue:  [self//2]
    ifFalse: [3*self + 1]
```

Auf der interaktiven Ebene des Smalltalk-Systems, dem "System Transcript", werden nun die folgenden Anweisungen geschrieben, markiert und ausgeführt:

```
|n|                        "lokale Variable ohne Initialwert"
n:=0.                          "Zuweisung eines Initialwerts"
[n < 1] whileTrue:
  [n:=(Prompter prompt:
       'Eingabe positive ganze Zahl' default: '')
       asInteger].
Transcript nextPut: Lf.              "beginne neue Zeile"
n printOn: Transcript.
[n > 1] whileTrue:                  "Schleife solange n>1"
    [n:=n ulam.
     Transcript nextPutAll:',  '.
     n printOn: Transcript].
```

Als Ergebnis erscheint zunächst die Eingabeaufforderung in einem eigenen kleinen Fenster, Werte `< 1` werden nicht angenommen. Anschließend wird die zum Eingabewert gehörende Ulam-Folge ausgegeben.

Kapitel IX

Funktionale Programmierung: LISP

Funktionale Programmierung bedeutet, daß Programme aus einer Menge von Funktionsdefinitionen und Funktionsanwendungen bestehen. Mit funktionalen Sprachen sollen vornehmlich Aufgaben der Wissensdarstellung und Wissensverarbeitung (symbolische Datenverarbeitung) und nicht in erster Linie numerische oder verwandte Problemstellungen bearbeitet werden. Die wichtigste Datenstruktur ist die Liste, d.h. eine endliche, aber beliebig lange Folge verschiedener Datenelemente. Auch die Texte von Funktionsdefinitionen werden als Liste notiert, ebenso die Aufrufe von Funktionen.

LISP ist die bekannteste Programmiersprache, in der Elemente des funktionalen Programmierens zu finden sind. Sie geht auf Entwicklungen von J. McCarthy am Massachusetts Institute of Technology um 1960 zurück; ihr Name ist abgeleitet von der Bezeichnung LISt Processor. Neben funktionalen Anteilen enthält LISP auch imperative Sprachkonstrukte. Im Lauf ihrer Entwicklung ergaben sich zahlreiche Bereinigungen und Erweiterungen; die folgende Abbildung zeigt einige der wichtigsten Vertreter der LISP-Sprachenfamilie.

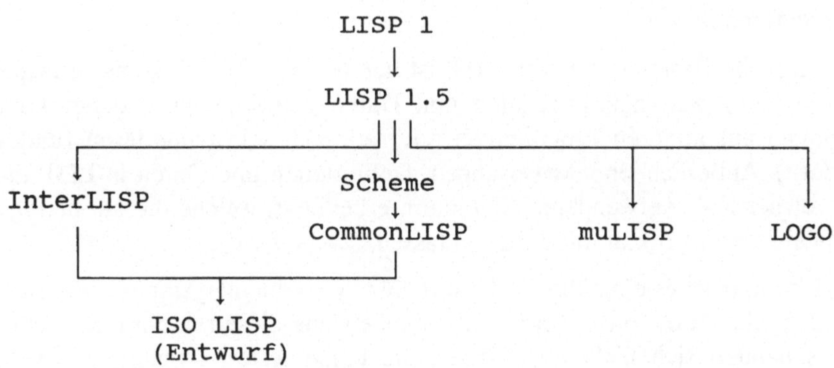

Einige LISP-Dialekte und Weiterentwicklungen

LISP-Dialekte unterscheiden sich nicht nur im Umfang der vordefinierten Datentypen und der verfügbaren Funktionen, sondern auch in der Bezeichnung von Grundfunktionen.

Wir werden in diesem Kapitel allgemeine Prinzipien der LISP-Sprachenfamilie darstellen; über weite Strecken orientieren wir uns an der Implementation PC-Scheme. Der Mächtigkeit der in Scheme implementierten Konzepte können wir hier nicht gerecht werden; zu erwähnen sind besonders die ungewöhnlich starken Mittel für numerische Operationen und die Möglichkeiten zum objektorientierten Programmieren. Bei der Anwendung eines anderen Dialekts als Scheme treten geringe Abweichungen von der hier gewählten Syntax auf.

LISP ist durch eine interaktive, interpretierende Programmierumgebung gekennzeichnet. Dabei gibt es große Unterschiede im gebotenen Komfort: neben fortschrittlichen Umgebungen wie etwa bei InterLISP, das sich mit dem Komfort von Smalltalk messen kann, gibt es auch noch viele eher schlicht zu nennende Programmierumgebungen mit zeilenorientierten Editoren.

In jedem LISP-Dialekt werden zahlreiche Funktionen als Grundwortschatz vorgegeben (primitive Funktionen). Programme bestehen aus getrennt definierten Funktionen, in denen auf die vorhandenen Funktionen zurückgegriffen wird. Sofort nach der Definition wird der Wortschatz durch das jeweils neue "Befehlswort" erweitert.

Bei Funktionen werden die folgenden Unterscheidungen getroffen:

- Übliche Funktionen liefern einen beliebigen zulässigen Wert zurück.
- *Prädikatsfunktion*en geben stets einen Booleschen Wert zurück; ihre Funktionsnamen enden meist mit `p` oder `?`.
- *Spezielle Formen* werten ihre Argumente nicht aus; sie werden in der Regel nicht wegen des Funktionswerts aufgerufen, sondern wegen eines von ihnen induzierten Nebeneffekts (z.B. einer Wertzuweisung oder zur Steuerung des Programmflusses).

Als wesentliche Besonderheit von LISP ist hervorzuheben, daß keine prinzipielle Unterscheidung zwischen Programm und Daten getroffen wird; daher können Programme auf anderen Programmen oder auf sich selbst operieren (und sich verändern). Äußerlich sind Anweisungen, Definitionen und Daten in LISP durch die in reicher Zahl verwendeten Klammern erkennbar, welche die am häufigsten verwendete Datenstruktur, die Liste, einfassen.

In der Literatur ist es eine übliche Unsitte, für Symbolnamen sinnlose Bezeichner zu wählen wie `foo`, `bar`, `baz`; wir schließen uns diesem Gebrauch nicht an, denn es handelt sich nicht um Wörter, die einen festen semantischen Gehalt hätten. Anders ist es natürlich mit Schlüsselwörtern wie `car`, `cdr`, `cons`, `lambda` etc., die im folgenden erläutert werden. Auch beim Begriff "Argument einer Funktion" folgen wir dem bei LISP üblichen Sprachgebrauch.

1 Datenstrukturen

Als Datentypen werden einerseits sogenannte Atome und andererseits Listen bzw. Ausdrücke, die aus Knoten gebildet werden, unterschieden. Als Atome wurden ursprünglich nur solche elementaren Datenobjekte implementiert, die nicht in weitere Komponenten zerlegbar sind, z.B. Zahlen und Einzelzeichen. In modernen LISP-Versionen treten daneben jedoch auch Zeichenketten, Verbunde usw. auf, die nicht im ursprünglichen Sinn unteilbar sind. Formal kommt jedoch jedem Objekt, das keine Knoten- oder Listenstruktur besitzt, das Prädikat atomar zu.

Zu den verschiedenen Datentypen gibt es in der Regel mehrere vordefinierte Erkennungsfunktionen (Erkennungsprädikate) und jeweils weitere nützliche Funktionen, wie z.B. Übertragungsfunktionen, die einen Wert aus einer Darstellung (z.B. als numerische Größe) in eine andere übertragen (z.B. als Zeichenkette).

Atomare Daten

Die wichtigsten atomaren Datentypen sind Zahlen, Einzelzeichen und Zeichenketten sowie Symbole.

Zahlen

Für Zahlen werden meist verschiedene Datentypen angeboten, z.B. Gleitkommazahlen (Real-Zahlen), Ganzzahlen fester Größe und Ganzzahlen beliebiger Größe.

Alle arithmetischen Operationen werden in Listenschreibweise in Präfixnotation angegeben, d.h. das Operatorsymbol geht den Operanden (Zahlenwerten) voraus. Als Operatoren stehen `plus`, `times`, `difference` sowie `quotient` zur Verfügung, die häufig durch die gewohnten Symbole `+`, `*`, `-` und `/` abgekürzt werden dürfen, sowie die Restbildung ganzer Zahlen mit `modulo`.
Beispiele:

```
(plus 16 4)                ;Ergebnis: 20 (16+4)
(times 5 9)                ;Ergebnis: 45 (5*9)
(quotient (plus 7 8) 3)    ;Ergebnis:  5 ((7+8)/3)
(modulo 65 9)              ;Ergebnis:  2 (65 mod 9)
```

Die Funktionen `plus` und `times`, in manchen Dialekten auch `difference` und `quotient`, können auf mehr als zwei Argumente angewendet werden. Die letztgenannten Funktionen werden dann links-assoziativ ausgewertet.
Beispiele:

```
(plus 16 3 21)             ;Ergebnis: 40
(difference 16 3 2 1)      ;Ergebnis: 10
```

Es gibt mehrere Erkennungsfunktionen, die testen, ob ein gegebenes Objekt einen bestimmten Datentyp besitzt, z.B. `number?`, `integer?`, sowie üblicherweise weitere Prädikatsfunktionen wie z.B. `positive?`.

Zeichen und Zeichenketten

Zeichenketten können eine beliebige Länge besitzen und werden in Anführungszeichen eingefaßt; die Wahl von Groß- und Kleinbuchstaben ist wesentlich. Es existieren vordefinierte Funktionen zum Verbinden von Zeichenketten, Löschen von Teilen aus Zeichenketten usw., außerdem eine Erkennungsfunktion `string?`, die testet, ob ein gegebenes Objekt eine Zeichenkette ist.

Einzelzeichen werden in einer besonderen Schreibweise mit einem Rückstrich angegeben, z.B.

```
#\A               ;das Zeichen A
```

Die Ordnung von Einzelzeichen wird durch Prädikatsfunktionen `char<?`, `char<=?` usw. abgefragt. Als Erkennungsfunktion gibt es eine Funktion `char?`.

Logische Werte

Es gibt zwei vordefinierte Boolesche Symbole `#t` und `#f` für die Wahrheitswerte wahr und falsch. Jedoch wird jedes Objekt als logischer Wert interpretiert, wobei nur die leere Liste `()`, `nil` und `#f` als falsch gelten und jedes andere Objekt wahr bedeutet.

Symbole und Bindung

Jedes zulässige Wort heißt Symbol, dazu gehören die vorgegebenen Funktionsnamen ebenso wie vom Benutzter definierte Namen. Bei der Schreibweise von Symbolen werden Groß- und Kleinbuchstaben nicht unterschieden. Einem Namen kann global durch Anwendung einer Funktion `setq` (in manchen Dialekten wie z.B. Scheme: `define`) ein Wert zugewiesen werden; man spricht von der *Bindung* eines LISP-Objekts an ein Symbol. Die Funktion `setq` gehört nicht zum strengen funktionalen Schema, weil ihre Wirkung im Nebeneffekt einer Wertzuweisung liegt.

Der Typ des Wertes (z.B. Zahl, Symbol, Knoten, Liste) ist frei wählbar; es besteht kein Typzwang; der Typ eines Objekts kann durch spezielle Erkennungsfunktionen ermittelt werden:

```
(setq n 30)       ;definiere n als neues Symbol mit Wert 30
(integer? n)      ;Ergebnis: #t (true)
```

Wegen der prinzipiellen Gleichbehandlung von Daten und Programmanweisungen müssen zwei Arten der Wertzuweisung genau unterschieden werden:

a) Einer Wertzuweisung *mit* Auswertung des zweiten Arguments liegt derselbe Mechanismus wie bei der Wertzuweisung in imperativen Programmiersprachen zugrunde. Beispiel:

```
(setq m n)        ;dem Symbol m wird der aktuelle Wert des
                  ;Symbols n zugeordnet (hier 30)
(integer? m)      ;Ergebnis: #t (true)
```

Wird später der Wert von n verändert, so bleibt der Wert von m unberührt. Im folgenden Beispiel wird ein Symbol mit dem Wert eines komplexen Ausdrucks verbunden:

```
(setq ausdruck (plus (times 3 5) 1))
```

Als Resultat wird das Ergebnis der Auswertung des zweiten Arguments an das erste Argument gebunden: dem Namen ausdruck wird also der Zahlenwert 16 (=3*5+1) zugewiesen.

Mit Hilfe der Funktion setq können auch vorgegebene Funktionsnamen umdefiniert werden, z.B. kann wie folgt synomym zum schwer zu merkenden Namen cdr der neue Name restliste definiert werden:

```
(setq restliste cdr)        ;kein Quote-Zeichen vor cdr!
```

b) Die Wertzuweisung *ohne* Auswertung des zweiten Arguments ist eine Besonderheit in LISP. Wir betrachten zunächst das Beispiel analog zu oben:

```
(setq m 'n)      ;dem Symbol m wird das Symbol n zugeordnet
(integer? m)     ;Ergebnis: (), d.h. false
```

Bei Verwendung des "Quote"-Zeichens ' wird das zweite Argument als Zitat ohne vorherige Auswertung an das erste Argument gebunden. Im Beispiel ist der Wert des Symbols m das Symbol n und nicht dessen Wert. Der Wert des an m gebundenen Werts kann durch Anwendung der Funktion eval bestimmt werden (von engl. to evaluate = auswerten):

```
(eval m)          ;Ergebnis: 30
```

Nach einer Wertänderung bei n ergibt sich automatisch eine Wertänderung bei dem an m gebundenen Wert:

```
(setq n 66)
(eval m)          ;Ergebnis: 66
```

Im folgenden Beispiel wird die Liste (plus (times 3 5) 1)) dem Namen ausdruck zugewiesen:

```
(setq ausdruck '(plus (times 3 5) 1))
(integer? ausdruck)   ;Ergebnis: (), d.h. false
```

Dieses Objekt kann durch Anwendung der Funktion eval ausgewertet werden:

```
(eval ausdruck)                        ;Ergebnis 16
```

Zu unterscheiden von der Bindung eines Symbols an ein Symbol ist die Bindung einer Zeichenkette an ein Symbol. Im folgenden Beispiel ist "VW" kein Symbol:

```
(setq Automarke "VW")
```

Die Unterscheidung zwischen Symbolnamen und Zeichenketten muß vom LISP-Programmierer sorgfältig beachtet werden, denn es gibt keine Übertragungsfunktion zwischen ihnen, d.h. der Name eines Objekts kann nicht in seine Notation als Zeichenkette umgewandelt werden.

In manchen LISP-Dialekten ergibt die Auswertung eines Namens, dem noch kein Wert zugewiesen wurde, diesen Namen selbst; in anderen Dialekten wird ein Fehler gemeldet. Die folgenden Objektklassen werten stets zu sich selbst aus: Zahlen, logische Konstante, Zeichen und Zeichenketten. Die getroffene Unterscheidung zwischen Wertzuweisung mit und ohne Auswertung betrifft also vornehmlich Symbole und Listen.

Wenn ein Symbol bereits an einen Wert gebunden wurde, kann diese Bindung durch eine erneute Anwendung von `setq` verändert werden. Alternativ kann aber auch die Funktion `set!` verwendet werden, die im Gegensatz zu `setq` nicht die Definition eines neuen Symbols zuläßt. Beispiel:

```
(set! Automarke "Ford")
```

Mit `set!` können auch lokale Bindungen verändert werden. Ein Beispiel dazu findet sich in der später aufgeführten Funktion `eingabe`.

Ströme (Stream)

Ströme von Zeichen sind Objekte, über die in LISP die Eingabe und Ausgabe abgewickelt wird, in Scheme wird die Bezeichnung Port verwendet. Für die interaktive Arbeit gibt es spezielle Eingabeports, sogenannte Windows, d.h. Bildschirmfenster; das Standardfenster heißt `console`. Erlaubte Funktionsaufrufe sind

```
(newline 'console)            ;Ausgabe Zeilenvorschub
(setq n (read 'console))      ;Einlesen Wert für n
```

Die Ausgabe auf den Bildschirm wird am einfachsten mit der Funktion `display` erreicht, z.B.:

```
(display "Geben Sie eine positive ganze Zahl ein: ")
```

Externe Dateien werden intern als Zeichenstrom behandelt; die Verbindung des Dateinamens mit einem Objekt vom Typ Stream (Port) wird z.B. über eine der Funktionen `open-input-file` oder `open-output-file` erzielt:

```
(define telefonbuch (open-input-file "TELEFON.DAT"))
```

Daten können danach mit Hilfe der Funktionen `read` und `write` gelesen und geschrieben werden. Die Dateien werden mit den analog benannten Funktionen `close-input-file` bzw. `close-output-file` wieder geschlossen.

Von diesen Strömen sind die in modernen LISP-Dialekten vorhandenen *internen Ströme* zu unterscheiden. Dies sind prinzipiell beliebig lange Folgen von Datenobjekten. Sie werden realisiert durch Paare, deren erste Komponente das erste Objekt und deren zweite Komponente eine Vorschrift zur Erzeugung der Folgeobjekte ist.

Knoten und Listen

Trotz des Namens der Programmiersprache LISP sind nicht Listen, sondern Knoten die grundlegenden Bausteine für komplexe Datenstrukturen. Ein Knoten besteht aus der Vereinigung zweier beliebiger Objekte, die z.B. Atome (speziell `nil`) oder Listen und im allgemeinen Fall wiederum Knoten sind. Knoten werden mit Hilfe der *Punkt-Paar-Notation* beschrieben, z.B.

```
(a.b)
```

Listen werden aus endlich vielen Atomen, aus Knoten oder aus anderen Listen aufgebaut. Beispiele für Listen sind

```
(plus x y)          ;Liste mit drei Elementen
((a b) (x y z))     ;Liste mit zwei Elementen (Listen)
()                  ;leere Liste
```

Die leere Liste wird auch durch das Symbol `nil` angegeben, sie wird als Atom behandelt.

Jede Liste kann als Struktur in Punkt-Paar-Notation angegeben werden, dabei gilt das folgende Bildungsgesetz:

- die leere Liste ist das Atom `nil`,
- eine nicht-leere Liste ist ein Paar, dessen linker Teil das führende Listenelement ist und dessen rechter Teil die Restliste darstellt.

Als Beispiel geben wir eine dreielementige Liste in Punkt-Paar-Notation an:

```
(a b c) = (a.(b c)) = (a.(b.(c))) = (a.(b.(c.nil)))
```

Es wird deutlich, daß die Listennotation der Punkt-Paar-Notation vorzuziehen ist.

Grundoperationen auf Knoten und Listen

Für Knoten und Listen stehen zwei Zerlegungsfunktionen (Selektionsfunktionen) zur Verfügung, `car` und `cdr`. Die Namen stehen für heute bedeutungslos gewordene Abkürzungen: car = content of the address register; cdr (sprich »Kudder«) = content of the decrement register. Die Funktion `car` liefert das linke Element eines Knotens bzw. das erste Element einer Liste; die Funktion `cdr` liefert das rechte Element eines Knotens bzw. die Restliste ohne das erste Element. Beispiele:

```
(car '(plus x y))        ;Ergebnis: Atom plus
(cdr '(plus x y))        ;Ergebnis: Liste (x y)
```

Die Verkettung `car cdr` liefert das zweite Element einer Liste:

```
(car (cdr '(plus x y)))    ;Ergebnis: Atom x
```

Betrachtet man vornehmlich die Manipulation von Listen, so ist die Wirkung der zwei Zerlegungsfunktionen unsymmetrisch: `car` ist das erste Element einer Liste, während `cdr` stets eine Liste ist. Die Unsymmetrie wird aufgelöst, wenn man die Struktur der Punkt-Paare in den Vordergrund rückt.

In vielen LISP-Dialekten ist es zulässsig, für die Hintereinanderausführung mehrerer Zerlegungsfunktionen eine Kurzschreibweise zu verwenden, z.B. darf statt `(car (cdr ...))` dann `(cadr ...)` geschrieben werden.

Die Umkehrung der Zerlegungsfunktionen ist die Konstruktionsfunktion `cons`, mit der ein Objekt am Beginn einer Liste angefügt wird bzw. zwei Objekte zu einem Knoten zusammengefügt werden. Beispiele:

```
(cons 'a '(x y))           ;Ergebnis: Liste (a x y)
(cons '(a b) '(x y))       ;Ergebnis: Liste ((a b) x y)
```

Als weitere Konstruktionsfunktion wird in vielen Dialekten `append` vorgegeben, mit der Argumente vom Typ Liste in beliebiger Anzahl zu einer Liste vereinigt werden:

```
(append '(a b) '(x y))     ;Ergebnis: Liste (a b x y)
```

Für ein gegebenes Datenobjekt kann mit der Prädikatsfunktion `atom?` getestet werden, ob es ein Atom oder eine nichtleere Liste bzw. ein aus Knoten gebildetes Objekt ist:

```
(atom? e)    ;ergibt entweder #t (wahr) oder #f (falsch)
```

Bereits oben wurde erwähnt, daß die leere Liste `()` und gleichwertig `nil` als Atom aufgefaßt wird. Die Prädikatsfunktion `null?` testet, ob ein gegebenes Objekt die leere Liste (gleichwertig `nil`) ist.

Mit Hilfe der genannten Funktionen können vielfältige andere Funktionen gebildet werden.

Beispielsweise kann das letzte Element einer Liste auf die folgende Weise bestimmt werden: bei wiederholtem Aufruf von `cdr` wird das Ergebnis der Funktion `null?` betrachtet. Wird schließlich `#t` gemeldet, dann ist der `cdr` die leere Liste, und der `car` dieser (einelementigen) Liste gibt das gewünschte letzte Element an. Der Kode für diese Funktion wird weiter unten als Beispiel einer rekursiven Funktionsdefinition angegeben.

Die Prädikatsfunktion `eqv?` testet zwei Objekte auf Gleichheit; dies können Atome oder Listen sein.

Weitere strukturierte Datentypen

Viele LISP-Dialekte stellen außer den genannten Datentypen weitere zur Verfügung, z.B. Verbunde (sog. Strukturen) und Vektoren als Folgen fester Länge von

Objekten verschiedenen Typs, die durch Ganzzahlen indexiert sind. Wir gehen in diesem Rahmen nicht darauf ein.

Eigenschaftslisten

An jedes Symbol kann neben einem Objekt auch eine sogenannte *Eigenschaftsliste* gebunden werden. Diese kann eine beliebige Zahl von Eigenschaftswerten enthalten, wobei jeder Wert noch einen Eigenschaftsindikator besitzt, über den der zugehörige Wert bestimmt werden kann. Hier besteht eine Ähnlichkeit zu den Komponenten eines Verbunds in Pascal; im Gegensatz dazu kann in LISP eine Eigenschaftsliste dynamisch wachsen oder schrumpfen.

Mit der Funktion `putprop` wird eine Eigenschaftsliste um einen Wert mit Indikator erweitert, z.B. um den Wert `"Werka GmbH"` mit Indikator `haendler`:

```
(putprop 'automarke "Werka GmbH" 'haendler)
```

Ein vorhandener Wert wird mit der Funktion `getprop` abgerufen:

```
(getprop 'automarke 'haendler);    Ergebnis: "Werka GmbH"
```

Vorhandene Wert-Indikator-Paare werden mit der Funktion `remprop` ("remove property") aus der Eigenschaftsliste gelöscht:

```
(remprop 'automarke 'haendler);    Ergebnis: "Werka GmbH"
```

Mit der Funktion `proplist` erhält man zu einem Symbol die Liste aller Eigenschaftsindikatoren und zugehörigen Eigenschaftswerte.

2 Ausdrücke und Steuerstrukturen

Ein LISP-Ausdruck besteht typischerweise aus einer Liste, die in ihrer einfachsten Form aus einem Funktionsnamen und mehreren Parametern besteht, z.B.

```
(plus x y)                     ;entspricht x+y
```

Der Interpreter wertet zunächst alle Elemente der Liste aus und übergibt die ausgewerteten Objekte an das Funktionsobjekt; als Ergebnis wird der Wert der Funktionsanwendung gemeldet.

Die Aufteilung der Programmtexte auf Zeilen ist beliebig, mit der Einschränkung, daß alle Texte, die nach einem Semikolon notiert werden, als Kommentare gelten. Das Zeilenende markiert das Kommentarende; innerhalb von Ausdrücken können Kommentare also nicht auftreten.

Die Argumente einer Funktionsanwendung können selbst Funktionsanwendungen sein:

```
(plus (times 5 x) (times 7 y))  ;entspricht 5x+7y
```

Durch Voranstellen des Quote-Zeichens `'` wird die Interpretation einer Liste als Funktionsobjekt unterdrückt.

Wird statt einer Liste ein Atom an den Interpreter gegeben, so wird das gegebene Objekt ausgewertet.

Folgen schließender Klammern `))))`, wie sie besonders bei Funktionsdefinitionen häufig auftreten, können in vielen LISP-Dialekten durch das Einzelsymbol `]` ersetzt werden (jedoch nicht in PC-Scheme).

Ursprünglich ist in funktionalen Sprachen als einzige Steuerstruktur die Alternative vorgesehen, und es besteht natürlich die Möglichkeit zum Aufruf einer Funktion, speziell auch zum rekursiven Funktionsaufruf. Diese Möglichkeiten reichen tatsächlich auch aus, um jedes Programm zu realisieren, denn durch Rekursion kann man insbesondere jede Schleife nachbilden, indem sogenannte restrekursive Funktionsdefinitionen verwendet werden. Neuere LISP-Dialekte bieten jedoch viele weitere Steuerstrukturen, von denen wir nur die wichtigsten vorstellen. Alle werden durch spezielle Formen realisiert.

Die aus imperativen Sprachen bekannte Möglichkeit zur Sequenzierung von Anweisungen, die unter funktionalem Gesichtspunkt ein Fremdkörper ist, wird durch eine spezielle Form mit Namen `begin`, `sequence` oder `proc` zur Verfügung gestellt. Wir werden sie hier nicht benutzen.

Alternative und Fallunterscheidung

Die Alternative besteht aus einer Liste, die nach dem Schlüsselwort `if` drei Elemente enthält. Dabei kann das letzte Element (der Nein-Ausdruck) wegfallen:

```
(if Bedingung Ja-Ausdruck Nein-Ausdruck)
```

Beispiel:

```
(if (number? x) (+ x 1) 'x)   ;erhöhe um 1, sofern x eine
        ;Zahl ist, ansonsten melde x ohne Auswertung zurück
```

Alternativen dürfen geschachtelt werden, z.B. darf der Ja-Ausdruck wiederum eine Alternative enthalten usw.

Da dies zu unübersichtlich langen Schachtelungen führen kann, sollte dann die Fallunterscheidung verwendet werden. Sie besteht aus einer Liste, deren erstes Element das Schlüsselwort `cond` ist und die weitere Listen von Bedingungen und Ausdrücken enthält. Auf einen Test können mehrere auszuwertende Ausdrücke folgen:

```
(cond (test1 Ausdruck1a Ausdruck1b)
      (test2 Ausdruck2a Ausdruck2b Ausdruck2c)
      ...
      (testN AusdruckN)
)
```

Im cond-Ausdruck werden die Bedingungen der Reihe nach geprüft; beim ersten positiven Resultat werden die in dieser Liste folgenden Ausdrücke evaluiert, anschließend wird die gesamte Konstruktion verlassen. Das folgende orientierende Beispiel ist unvollständig:

```
(cond ((eqv? (car liste) '+) ...) ;wende Summenregel an
      ((eqv? (car liste) '*) ...) ;wende Produktregel an
      ((eqv? (car liste) '/) ...) ;Quotientenregel
)
```

Wenn keine der aufgeführten Bedingungen zutrifft, bleibt die Wirkung des Ausdrucks undefiniert. Daher sollte als letzte Bedingung stets #t verwendet werden (universeller Sonst-Zweig). In einigen Dialekten darf statt dessen das leichter verständliche Schlüsselwort else eingesetzt werden.

Logische Verknüpfungen

Mit der Funktion not wird der Wahrheitswert eines Arguments negiert. Mit den Funktionen and bzw. or können Listen von Ausdrücken eingeleitet werden, deren Auswertung der Reihe nach erfolgt, bis sich schließlich ein falsches (bei and) respektive ein wahres Resultat ergibt (bei or); dieses Resultat wird jeweils gemeldet. Die restlichen Ausdrücke werden dann nicht ausgewertet, es handelt sich also um eine Kurzschlußauswertung. Sind bei and alle Ausdrücke wahr, so wird der Wert des letzten Ausdrucks gemeldet. Sind bei or alle Ausdrücke falsch, so wird #f gemeldet.

Rekursion

Bei Funktionsdefinitionen wird häufig von Selbstaufrufen der betreffenden Funktion Gebrauch gemacht. Damit können speziell auch iterative Konstruktionen nachgebildet werden. Als Beispiel geben wir eine rekursive Funktion zur Bestimmung des letzten Elements einer nicht-leeren Liste an:

```
(define letztes (lambda (liste)
        (if null? (cdr liste) (car liste)
        (letztes (cdr liste))       ;Rekursion!
        )
))
```

Do-Schleife

Iterative Konstruktionen können mit Hilfe der do-Anweisung übersichtlicher als mit einer rekursiven Funktionsdefinition formuliert werden.

Eine do-Anweisung wird als Liste mit den folgenden Elementen notiert:

```
(do ((Variable Init Anweisung)) (Endtest Meldung) Rumpf)
```

Dabei wird mindestens eine Variable mit einem Initialwert versehen, und im folgenden Ausdruck wird festgelegt, welche Aktion vor jedem Schleifendurchlauf auszuführen ist, z.B. das Inkrementieren. Der Ausdruck **`Endtest`** liefert ein Prädikat zum Abbruch der Schleife, als Ergebnis der `do`-Anweisung wird der Ausdruck **`Meldung`** ausgewertet und gemeldet. Bei jedem Schleifendurchlauf werden die als `Rumpf` bezeichneten Ausdrücke am Ende der Liste ausgewertet.

Im folgenden einfachen Beispiel werden die Zahlen von 1 bis 5 durchlaufen und ihre Quadrate ausgegeben:

```
(do ((i 1 (+ i 1)))          ;Zählschleife für i=1,2,3...
    ((> i 5) (display "Ende") )         ;Abbruch bei i=6
    (display (* i i))(display " ") ;Rumpf (2 Ausdrücke)
)                                 ;Ergebnis:1 4 9 16 25 Ende
```

Die Liste `(Variable Init Anweisung)` darf wiederholt verwendet werden. Es ist damit möglich, mehrere Variable mit Initialwert und Anweisung festzulegen, so daß es in manchen Fällen ausreichend ist, eine Schleife ohne `Rumpf` zu formulieren. Hier besteht eine Parallele zur `for`-Schleife in C.

Im nächsten Beispiel wird eine derartige Funktion zur Längenbestimmung einer Liste vorgestellt, in der eine `do`-Konstruktion mit zwei Variablen, `liste` und `n`, auftritt:

```
(define laenge (lambda (liste)
        (do ((liste liste (cdr liste))
            (n 0 (+ n 1)))    ;Hilfsvariable
            ((null? liste) n) ;Abbruchbedingung
                              ;kein do-Rumpf
        )
))
```

Eine iterative Formulierung der Funktionsdefinition zur Bestimmung des letzten Listenelements, wie sie oben rekursiv angegeben wurde, kann durch eine ganz ähnliche Schleife ohne `Rumpf` gewonnen werden:

```
(define letzte (lambda (liste)
        (do ((liste liste (cdr liste)))
            ((null? (cdr liste)) (car liste))
        )
))
```

Umgekehrt kann eine rekursive Formulierung der Funktionsdefinition zur Längenbestimmung einer Liste wie folgt lauten:

```
(define laenge (lambda (liste)
        (if (null? liste) 0
            (+ (laenge (cdr liste)) 1)
        )
))
```

3 Blockstruktur von Programmen

Die bei Funktionsdefinitionen zu benutzende Syntax geht auf die Lambda-Notation des Logikers A. Church zurück; die Wahl des Kennzeichners `lambda` für Funktionsdefinitionen wurde von den Begründern der LISP-Sprachen übernommen. Hinter dieser Bezeichnung existiert keine tiefere Bedeutung.

Die allgemeine Form einer Definition mit z.B. zwei Argumenten ist

```
(lambda(parameter1 parameter2) (definition))
```

Dabei steht `(definition)` für eine eventuell recht lange Liste von LISP-Ausdrücken. Die Eingabe eines `lambda`-Ausdrucks wird vom LISP-System zu einer Prozedurdefinition ausgewertet; in der Regel wird dieses Objekt an ein Namenssymbol gebunden, im folgenden Beispiel an das Symbol `f`:

```
(define f (lambda(parameter1 parameter2) (definition)))
```

Beim Aufruf der betreffenden Funktion ist eine entsprechende Anzahl von Parametern anzugeben, z.B. zwei für `f`:

```
(f wert1 wert2)
```

Soll eine Funktion eine beliebige Zahl von Parametern erhalten, so werden diese als Liste übergeben. Der Typ der aktuell zu übergebenden Parameter ist nicht festgelegt: da alle Objekte in LISP prinzipiell als gleichrangig behandelt werden, könnte sowohl ein Atom beliebigen Typs als auch eine Liste oder eine Funktion übergeben werden. Mit Hilfe von Erkennungsfunktionen und Fallunterscheidungen können in der Funktionsdefinition unterschiedliche Aktionen für die verschiedenen Werte festgelegt werden.

Als einfaches Beispiel betrachten wir zunächst eine Prädikatsfunktion mit einem Parameter, die bei der am Ende des Kapitels folgenden Definition der Funktion `ulam` verwendet wird.

Wir erarbeiten die folgende Definition für die Funktion `gerade?` nicht aus Gründen der Originalität, sondern weil dies ein einfach zu überblickendes und damit lehrreiches Beispiel ist. Häufig ist eine entsprechende Funktion bereits als primitive Funktion vorgegeben, z.B. unter dem Namen `even?`. In der folgenden Definition wird auch nicht auf eine (ebenfalls häufig vorhandene) primitive arithmetische Funktion `modulo` Bezug genommen:

```
(define gerade? (lambda(k)     ;einzelner Parameter
  (= k (* (quotient k 2) 2)    ;quotient=Ganzzahl-Division
))
```

Wird `gerade?` mit einem nicht-numerischen Parameter aufgerufen, so wird ein Fehler gemeldet. Diese unerwünschte Fehlermeldung wird unterdrückt, wenn zunächst der Typ des an `k` gebundenen Werts abgefragt wird. Wir erweitern daher die Definition wie folgt:

```
(define gerade? (lambda(k)
  (if (integer? k)
      (= k (* (quotient k 2) 2))    ;Ja-Zweig
      #f)                           ;Nein-Zweig
))
```

Die Definition könnte nun noch weiter verfeinert werden, z.B. zur differenzierten Behandlung von Gleitkommazahlen, zur Behandlung von Listen aus Zahlen usw.

Die Parameter einer Funktion, hier ist es nur einer mit Namen k, sind Platzhalter. Sie werden ähnlich behandelt wie Namen für Parameter in Pascal- oder Modula-Unterprogrammen bei Wertübergabe.

Zusätzlich können für den Bereich der einzelnen Funktionsdefinition auch lokale Variable definiert werden. Davon wird in der folgenden Beispielfunktion Gebrauch gemacht, indem eine Variable n eingeführt wird:

```
(define eingabe
(let ((n 1))     ;lokale Variable für die Umgebung dieser
                                                ;Definition
  (lambda()          ;kein Parameter des Lambda-Ausdrucks
    (newline 'console)
    (display "Geben Sie eine positive ganze Zahl ein: ")
    (set! n (read 'console))                ;lokale Bindung
    (cond ((and (integer? n) (> n 0)) n)        ;Eingabe ok
          (#t   (display "Fehler. Eingabe wiederholen:")
                (eingabe))    ;Eingabe falsch: Rekursion
  ) )                          ;Ende cond / Ende lambda
))                              ;Ende let / Ende define
```

Die Funktion `eingabe` ist parameterlos; sie erzeugt jedoch einen Wert, indem interaktiv von der Tastatur eine Eingabe angefordert wird. Da die Eingabe eventuell nicht als numerischer Wert interpretiert werden kann, muß diese in einer lokalen Variablen, hier `n`, zwischengespeichert und überprüft werden. Wesentlich neu an dieser Konstruktion ist die Verwendung der Funktion `let`, mit der für den Gültigkeitsbereich des Lambda-Ausdrucks das Symbol n eingeführt wird. Der Name wird zunächst an den Wert 1 gebunden, diese Bindung wird aber durch die folgende `set!`-Konstruktion geändert, indem `n` an den vom Anwender eingegebenen Wert gebunden wird. Dieser wird nur dann als Funktionsergebnis zurückgeliefert, wenn er vom passenden Typ ist (positiv ganzzahlig), andernfalls wird restrekursiv die Funktion `eingabe` erneut aufgerufen.

Bei der Behandlung von Variablen in Funktionsdefinitionen und ihrer Bindung an Werte gibt es zwei prinzipiell entgegengesetzte Verfahren, die dynamische und die lexikalische Bindung. Bei der letzteren kann die aktuelle Bedeutung jeder Bindung aufgrund der Syntax des Programmtextes erschlossen werden, dies entspricht dem aus imperativen Sprachen wie etwa Pascal bekannten Verfahren. Bei dynamischer Bindung wird die aktuelle Bedeutung jeder Bindung erst zum Zeitpunkt der Funktionsanwendung ermittelt, d.h. aufgrund der Semantik; dies kann besonders dann zu unübersichtlichen Verhältnissen führen, wenn Funktionen als Objekte an andere Funktionen übermittelt werden. Alle hier angegebenen Beispiele beziehen sich auf die Syntax von Scheme, bei der lexikalische Bindung gilt.

Das nächste Beispiel zeigt eine Funktionsdefinition, deren erster Parameter eine Funktion ist. Die Funktion berechnet den Differenzenquotienten (als Näherungswert der ersten Ableitung) an einer gegebenen Stelle `x` mit einer gegebenen Differenz `delta`:

```
(define dq (lambda(f x delta)          ;Differenzenquotient
  (/ (-(f(+ x delta)(f x)) delta)
))
```

Ein erlaubter Aufruf der Funktion `dq` ist z.B.

```
(dq sin 0 1e-12)                       ;Ergebnis:  1.
```

Nicht erlaubt ist z.B. der folgende Aufruf, denn der Operator `+` darf nicht auf Funktionsnamen angewendet werden:

```
(dq (+ sin cos) 0 1e-12)               ;unzulässig!
```

4 Programmbeispiel

Zur Berechnung des Nachfolgers in der Ulam-Funktion kann die folgende Funktionsdefinition angegeben werden:

```
(define ulam (lambda(n)
  (if (gerade? n) (/ n 2)
      (+ (* 3 n) 1)     )
))
```

Erlaubte Aufrufe der Funktion `ulam` sind z.B.:

```
(ulam 17)            ;Ergebnis:  52 = 3*17+1
(ulam (* 7 11))      ;Ergebnis: 232 = 3*77+1
```

Zur Erzeugung einer Ulamfolge zu einem gegebenen Startwert kann die folgende Funktion dienen, in der eine Wiederholung mit der `do`-Anweisung erzielt wird, bis schließlich der Endwert 1 erreicht ist:

```
(define ulamfolge (lambda (n)
        (do ((n n (ulam n) ))          ;Initialisierung
            ((= n 1) 1)                ;Abbruch bei n=1
            (display n)(display ", ")          ;Rumpf
        )                                      ;Ende do
))
```

Zur letzten Funktionsdefinition ist anzumerken, daß die Funktion `ulamfolge` für jeden bekannten zulässigen Eingabewert das Ergebnis 1 zurückmeldet. Dies wird in der Liste `((= n 1) 1)` nach der Abbruchbedingung festgelegt. Es ist also z.B. korrekt, wenn auch wenig einfallsreich, einen geschachtelten Funktionsaufruf wie folgt zu verwenden:

```
(sqrt (ulamfolge 17)) ;Berechne Wurzel aus 1, erhalte 1.
```

Als Nebeneffekt wird im Rumpf der Schleife auf dem Ausgabebildschirm die zum Eingabewert gehörende Folge gemäß dem Bildungsgesetz erzeugt, im Beispiel erzeugt der Nebeneffekt der `display`-Anweisungen also

```
"17, 52, 26, 13, 40, 20, 10, 5, 16, 8, 4, 2, "
```

Die interaktive Erzeugung einer Ulamsequenz erfordert die Eingabe des Startwerts über Tastatur. Dazu verwenden wir die vorher definierte Funktion `eingabe`; der Aufruf lautet

```
(ulamfolge (eingabe))
```

Kapitel X

Logische Programmierung: Prolog

Dem logischen Programmieren liegt der Gedanke zugrunde, das für ein Problem bedeutsame Wissen als Folge von Aussagen und von Regeln (sog. Klauseln) zu formulieren und anschließend eine Frage zu stellen, die vom Computersystem als ein zu beweisendes Theorem behandelt wird. Prolog als Hauptvertreter für dieses Konzept wird daher als eine deklarative Sprache bezeichnet. Man programmiert keinen Algorithmus; diese neue Form des Programmierens weist zunächst gar keine imperativen (prozeduralen) Elemente auf. Die Strategie zum Theorembeweis ist in Prolog fest vorgegeben.

Jede Klausel ist weitgehend unabhängig von anderen Klauseln und meist ohne Bezug auf andere Programmteile verständlich, so daß Programmtexte sehr viel näher an der Umgangssprache sind als bei anderen Programmiersprachen. Wie bei funktionalen Sprachen stehen auch bei Prolog Aufgaben der symbolischen Datenverarbeitung im Vordergrund.

Ein Beispiel ist die Erstellung eines sogenannten Expertensystems, das nach der Vorgabe der Grundtatsachen und Schlußregeln eines begrenzten Wissensgebiets bei komplexen Fragen eine Antwort deduziert (Beispiel: Fehlerdiagnose für größere technische Anlagen). Prolog-Systeme können auch "lernen", denn während des Ablaufs eines Programms können durch das Programm weitere Klauseln zur "Wissensgrundlage" hinzugefügt werden.

Der Name der Sprache Prolog ist eine Abkürzung für "PROgramming in LOGic", denn die Verwendung von Klauseln stammt aus der Prädikatenlogik, die Schlußfolgerungen des Prolog-Systems basieren auf einem logischen Prinzip, dem sogenannten Resolutionsverfahren (J. A. Robinson). Die ersten Prolog-Interpreter wurden ab etwa 1970 einerseits in Marseille von A. Colmerauer und andererseits in Edinburgh von R. Kowalski und M. van Emden vorgestellt. Prolog ist eine europäische Entwicklung, die in gewisser Konkurrenz zu LISP gesehen wird, da beide

Sprachen zur Bearbeitung von Aufgaben der "Künstlichen Intelligenz" (besser: Wissensverarbeitung) eingesetzt werden.

Es existiert noch keine verbindliche Übereinkunft über den Umfang und die Einzelheiten der Syntax. Für praktische Zwecke war allerdings die Darstellung des in Edinburgh entwickelten Dialekts durch W. F. Clocksin und C. S. Mellish wegweisend [42]. Die folgende Darstellung ist an dieser Vorgabe orientiert.

Prolog ist prinzipiell eine interpretierte Sprache; neuerdings werden auch Kompiler angeboten. Ein einfacher Beispieldialog mit einem Prolog-System besteht erstens aus der Angabe von (speziellen) Fakten und (allgemeinen) Regeln. Im folgenden Beispiel werden 10 Fakten formuliert, es gibt hier zunächst noch keine Regel:

```
plz("Frankfurt a. M.",6000).
plz("Darmstadt",6100).
plz("Wiesbaden",6200).
plz("Gießen",6300).
plz("Fulda",6400).
plz("Mainz",6500).
plz("Saarbrücken",6600).
plz("Ludwigshafen",6700).
plz("Mannheim",6800).
plz("Heidelberg",6900).
```

Zweitens können danach an das System Fragen gestellt werden. Möglich ist z.B.:

```
?- plz("Fulda",Postleitzahl).
```

Hier steht `Postleitzahl` für eine Variable, die nun durch das System so mit Werten belegt wird, daß die Aussage wahr wird. Die erste Antwort des Systems lautet:

```
Postleitzahl = 6400
More? (Y/N) :
```

Da die gemeldete Antwort eindeutig ist, sollte auf die interaktive Frage `More?` mit `N` geantwortet werden, denn die Suche nach einer anderen Lösung müßte erfolglos bleiben.

Fragen können auch ohne Verwendung von Variablen formuliert werden, z.B. zur Überprüfung einer Tatsache:

```
?- plz("Fulda",6400).                % Antwort: Yes
```

Wird bei einer Frage überhaupt keine passende Antwort gefunden, so antwortet das System mit "No", z.B. in jedem der folgenden Fälle:

```
?- plz("Bremen",Postleitzahl).
?- pzl("Fulda",Postleitzahl).         % Prädikat unbekannt
```

In der negativen Antwort liegt Mehrdeutigkeit, ähnlich wie in einem umgangssprachlichen Dialog: »Wissen Sie, ob das Schreiben an die Firma Schmitz schon abgeschickt wurde?« - »Nein.« - Im Gegensatz zur sprachlichen Konvention wird vom Prolog-System auch eine unverständliche Frage mit `No` beantwortet, z.B. wie oben bei einem Schreibfehler.

Bei dem oben angegebenen kleinen Beispiel kann eine Frage an das Prolog-System interpretiert werden als Anfrage an eine relationale Datenbank; die Gleichwertigkeit der 10 Fakten mit einer 10-zeiligen Tabelle ist offensichtlich. Dabei kann nach jeder Größe gefragt werden, also auch bei bekannter Postleitzahl nach dem zugehörigen Ortsnamen:

```
?- plz(Ort,6400).
```

Hier wird eine Variable `Ort` verwendet. Die Ausgabe des Ergebnisses dieser Frage ist allerdings mit einer technischen Schwierigkeit verbunden: der gefundene Text "Fulda" wird als Liste angezeigt, wobei die Einzelzeichen durch ihr ASCII-Äquivalent ersetzt sind:

```
Ort = [70,117,108,100,97]
```

Ein sinnvolleres Ergebnis wird mit der folgenden Formulierung der Frage erzielt:

```
?- plz(X,6400), name(Ort,X).
```

Dabei steht das Komma für die Konjunktion ("und"), das vom System vorgegebene Prädikat `name` wandelt die Liste der ASCII-Werte in die Zeichenfolge um. Als Ausgabe erhält man

```
X = [70,117,108,100,97]
Ort = Fulda
```

Auch komplexere Fragen können gestellt werden, z.B. nach den Namen der Orte mit Postleitzahlen größer als 6100 und kleiner als 6500:

```
?- plz(X,P), name(Ort,X), P>6100, P<6500.
```

Es werden dann alle zutreffenden Lösungspaare, eines nach dem anderen jeweils mit Rückfrage (`More? (Y/N) :`), angezeigt. Weiter unten wird gezeigt, wie das System zur sofortigen Bearbeitung aller Lösungen bewegt werden kann (Stichwort `fail`).

In Ergänzung der angegebenen Fakten könnte nun folgende Regel angefügt werden, die anstelle des Ortsnamen den Text "kein Eintrag" ergibt, wenn die vorgegebene Postleitzahl außerhalb des Bereichs von 6000 bis 6900 liegt:

```
plz("kein Eintrag",X):- X<6000; X>6900.
```

Dabei steht das Semikolon für die Disjunktion ("oder"), das Symbol `:-` steht für "falls", d.h. die rechte Seite drückt eine Bedingung für die Gültigkeit der linken Seite aus.

Ein Prolog-Programm enthält theoretisch überhaupt keine algorithmischen Komponenten, die etwa die Reihenfolge auszuführender Anweisungen festlegen; es gibt zunächst auch keine Möglichkeit, Anweisungen zu erteilen. Vielmehr besteht ein Prolog-Programm aus einer Problembeschreibung, die Fakten, Regeln und Fragen enthält.

Wichtige Begriffe bei der logischen Programmierung sind Prädikat, Faktum, Regel, Klausel und Ziel.

- Ein *Prädikat* wird gebildet durch einen Prädikatsnamen und eine in Klammern eingeschlossene Folge von Argumenten. Der Prädikatsname muß führend einen Kleinbuchstaben aufweisen. Die Anzahl der Argumente kann auch Null sein; sie wird als *Stelligkeit* des Prädikats bezeichnet; Prädikate mit verschiedener Stelligkeit dürfen denselben Namen tragen. Zur Verdeutlichung des gemeinten Prädikats wird gelegentlich dem Namen die Stelligkeit mit einem Schrägstrich angefügt. Beispiel: `plz/2`. Statt Prädikatsname wird auch der Begriff *Funktor* verwendet.
- Ein *Faktum* ist eine (als wahr zu wertende) Aussage, die zu einem Prädikat gehört. Fakten enthalten keine Variable.
- Eine *Regel* dient zur Angabe einer allgemeingültigen Aussage in der Form

  Kopf `:-` Rumpf`.`

  Der Kopf bezeichnet das Prädikat; im Rumpf werden die Bedingungen formuliert, deren Gültigkeit die Gültigkeit des Kopfes implizieren. Regeln enthalten (meist) Variable; ihr Geltungsbereich ist die betreffende Regel.
- *Klauseln* ist der Oberbegriff für die Fakten und Regeln, die ein Prädikat festlegen.
- Ein *Ziel* ist die Formulierung einer Frage an das Prolog-System, wobei in der Regel Variable verwendet werden. Zur Beantwortung versucht das System, das Ziel zu erreichen, indem die Variablen nacheinander mit möglichen Werten belegt werden. Man spricht davon, daß die Variablen "gebunden" (oder synonym: "instantiiert") werden.

In der Bezeichnungsweise relationaler Datenbanken entspricht einem Prädikat eine Relation, ein Argument ist ein Feld der Relation, ein Faktum entspricht einem Datensatz. Die Angabe eines Ziels entspricht einer Datenbank-Anfrage (Query). Bereits aus dieser Analogie wird klar, daß sich Prolog oder eine verwandte Sprache gut zur Abfrage und zur Manipulation entsprechender Datenbanksysteme eignet.

Neben den genannten Begriffen werden in der Literatur zu Prolog zahlreiche weitere Fachbegriffe verwendet, die zum großen Teil aus der Aussagenlogik und der Prädikatenlogik stammen. Wir verweisen dazu auf den bereits erwähnten Band [42] und auf [44].

Jedes Prolog-System besitzt einen Grundvorrat an vorgegebenen Prädikaten (Systemprädikate oder sog. built-in-Prädikate), von denen wir hier einige der wichtigsten vorstellen. Programmieren in Prolog besteht zu einem wesentlichen Teil darin, den Grundwortschatz um neue Prädikate zu erweitern.

1 Datenstrukturen

In Prolog-Ausdrücken treten neben Variablen auch nicht-variable Symbole auf. Variable müssen durch einen Großbuchstaben oder durch einen Unterstrich eingeleitet werden. Eine Sonderrolle spielt die sogenannte anonyme Variable, die nur durch den Unterstrich _ bezeichnet wird.

Variable werden vor ihrer Verwendung nicht deklariert. Prinzipiell kann innerhalb eines Ausdrucks eine Variable an jeden Wert jedes beliebigen Datentyps gebunden werden (engl. to instantiate, dt. instantiiert); in Prolog existiert also kein Typzwang. Es gibt vordefinierte Prädikate, mit denen der aktuelle Typ einer Variablen geprüft werden kann, z.B. `integer/1`. Allerdings existieren Variable nicht global, d.h. unabhängig von einem Prolog-Ausdruck. Auch können einmal gebundene Variable innerhalb eines Ausdrucks nicht willkürlich ein weiteres Mal gebunden werden, denn es gibt keinen allgemeinen Operator für die Wertzuweisung. Nur das Binden einer bislang ungebundenen Variablen ist möglich. Ein Operator für die Wertzuweisung wäre als imperatives Konstrukt ein Fremdkörper; somit ist z.B. eine aus anderen Sprachen wohlbekannte Anweisung wie X := X+1 in Prolog völlig unmöglich. Das Aufheben einer Bindung kann nur über den Mechanismus des Backtracking erfolgen, auf den weiter unten eingegangen wird. Weiterhin läßt die Syntax von Prolog auch keine Funktionsdefinitionen zu.

Ähnlich wie bei LISP wird eine wesentliche Unterscheidung getroffen zwischen Daten, die das Prädikat `atomic/1` erfüllen, und Daten, die dieses Prädikat nicht erfüllen. Dies entspricht in groben Zügen der aus anderen Sprachen geläufigen Unterscheidung zwischen einfachen und strukturierten Datentypen.

Zu den Typen der Art `atomic` gehören Zahlen, Symbolatome (Folgen nichtalphanumerischer Zeichen, z.B. für Operatoren) und Textatome (Namen aus alphanumerischen Zeichen für nicht-variable Objekte, z.B. für Prädikate). Der Datentyp, für den das Prädikat `atomic` die Antwort `No` ergibt, ist die Liste.

Zahlen

Die Bearbeitung arithmetischer Problemstellungen ist sicher keine Hauptanwendung dieser Sprache. In vielen Implementationen stehen für numerische Größen nur Ganzzahlen zur Verfügung; die Bereitstellung eines Datentyps für Gleitkommazahlen in einigen Implementationen ist ein Bonus. Als Operatoren stehen in jedem Fall zur Verfügung `+`, `*`, `-` und `/` (bei Ganzzahlen Division ohne Rest), sowie die Restbildung ganzer Zahlen mit `mod`. Als Vergleichsoperatoren für Variable und Zahlenkonstanten stehen die folgenden Operatoren zur Verfügung: = (Gleichheit), \= (Ungleichheit), < (kleiner als), =< (kleiner oder gleich), > (größer als) und >= (größer oder gleich).

Der Test auf Gleichheit hat jedoch einen eventuell unerwarteten Nebeneffekt: wird innerhalb einer Klausel eine noch ungebundene Variable mit einem anderen Objekt verglichen, so wird die Variable an den betreffenden Wert gebunden, der Test fällt positiv aus. - Handelt es sich um einen arithmetischen Ausdruck, der ausgewertet werden soll, ist statt dessen der Operator `is` zu verwenden, dessen Wirkung einer Wertzuweisung nahekommt, sofern die Variable links noch nicht gebunden ist:

```
% Voraussetzung: X, Y, Z sind ungebundene Variable
X = 16              % Bindung an die Konstante 16
Y = 16 + 5          % Bindung an den Ausdruck 16 + 5
Z is 16 + 5         % Bindung an die Konstante 21
```

Es gibt üblicherweise weitere Prädikate zur Berechnung gängiger Funktionen, z.B. für den Absolutbetrag, die Quadratwurzel, transzendente Funktionen usw. sowie Prädikate wie `even` (Test einer Ganzzahl auf Teilbarkeit durch 2).

Logische Werte

Eine auf den ersten Blick erstaunliche Eigenschaft von Prolog liegt darin, daß es keinen Datentyp für Boolesche Größen gibt. Jedoch werden Prädikate mit prozeduraler Wirkung zur Verfügung gestellt, z.B. `fail`, `not` und `true`, deren Wirkung teilweise den Konstruktionen nahekommt, die in anderen Sprachen mit logischen Ausdrücken gebildet werden.

Symbole

Symbole sind entweder Textatome oder Symbolatome; sie werden als Namen von Funktoren verwendet.

Zulässige Textatome, die z.B. für benutzerdefinierte Konstante, Prädikate oder für Operatoren stehen, können auf zwei Weisen angegeben werden:

- sie bestehen entweder aus Buchstaben, Ziffern und dem Zeichen _ zur Gliederung, wobei an der ersten Stelle ein Kleinbuchstabe stehen muß,
- oder es sind beliebige Folgen von Zeichen, die in Hochkommata eingefaßt werden.

Auf die Schreibweise mit Groß- und Kleinbuchstaben muß genau geachtet werden.

Symbolatome, die z.B. für benutzerdefinierte Operatoren stehen, werden hingegen nur aus Sonderzeichen gebildet, wie etwa `#`, `%` oder `&`; sie enthalten weder Ziffern noch Buchstaben.

Listen und Zeichenketten

Eine Liste besteht aus einer endlichen Folge beliebiger Objekte, die z.B. Atome oder im allgemeinen Fall wiederum Listen sind. Die leere Liste wird durch [] angegeben; die Elemente nicht-leerer Listen werden durch Komma voneinander getrennt.

Der Zugriff auf die Listenelemente erfolgt ähnlich wie in LISP über das erste Element, das auch als Kopf der Liste bezeichnet wird (was nicht mit dem Kopf einer Regel verwechselt werden darf). Dazu kann eine Liste durch `[ | ]` in das Kopfelement einerseits und die Restliste andererseits zerlegt werden.

Als wichtige Prädikate stehen u.a. zur Verfügung: `member/2` (ein Element ist Mitglied einer Liste), `length/1` (Länge einer Liste) und `append/2` (hänge ein Element an das Ende einer Liste).

Als Beispiel zur Listenbearbeitung, bei der in aller Regel von rekursiven Definitionen Gebrauch gemacht wird, geben wir eine eigene Definition des Prädikats `length` an. Da Systemprädikate nicht umdefiniert werden dürfen, trägt das Prädikat den Namen `laenge`:

```
laenge([],0).                    % leere Liste hat Länge 0
laenge([Kopf|Rest],N):- laenge(Rest,N1), N is N1 + 1.
```

Eine Vereinfachung ergibt sich durch Verwendung einer anonymen Variablen, die durch _ gekennzeichnet wird, denn der Wert von `Kopf` spielt keine Rolle:

```
laenge([],0).
laenge([_|Rest],N):- laenge(Rest,N1), N is N1 + 1.
```

Allgemein gilt, daß Listen auch in Prolog, ähnlich wie in LISP, zum Aufbau komplexer dynamischer Datenstrukturen (Bäume etc.) genutzt werden können.

Zeichenketten werden als Listen der zugehörigen Kodenummern aufgefaßt (sog. ASCII-Listen bei Zugrundeliegen des ASCII-Satzes). Bei ihrer Notation im Programmtext werden sie in Anführungszeichen eingefaßt; Hochkommata sind nicht zugelassen, weil diese Symbolatome kennzeichnen.

Strukturen

Strukturen stellen die allgemeine Form für die Angabe von Fakten und Regelköpfen und die Formulierung von Zielen zur Verfügung. Sie bestehen aus einem Funktor und einer in runde Klammern eingefaßten Folge von Argumenten, z.B.

```
Funktor(Argument1,Argument2,Argument3)
```

Die festgelegte Zahl der Argumente wird als Stelligkeit (engl. arity) bezeichnet. Als Argumente sind Variable, atomare Werte, Listen und wiederum Strukturen erlaubt. Einfache Beispiele wurden bereits angegeben, z.B.

```
plz("Saarbrücken",6600)              % Stelligkeit 2
```

Die Möglichkeit zur Verwendung von Strukturen als Argument läßt auch Bildungen wie die folgenden zu, die an den Datentyp Verbund erinnern, der z.B. aus Pascal bekannt ist. Beide Funktoren `termin` und `kfz` besitzen die Stelligkeit 4:

```
termin(tag(24),monat(4),jahr(1993),
        zeit(h(13),m(45)))
kfz(marke("Opel"),baujahr(1983),
     tuev(monat(1),jahr(1992)),unfall(0))
```

2 Beeinflussung der Lösungssuche

Zwar kann Prolog in der Theorie als rein deskriptive Sprache bezeichnet werden, doch enthält sie in der Ausführung einige, wenn auch ungewohnte, imperative Elemente. Eine wesentliche Voraussetzung zu ihrem Verständnis ist es, das Verfahren zur Lösungssuche zu kennen. Daran wird unter anderem auch deutlich, daß es eine wesentliche Rolle spielen kann, in welcher Reihenfolge Klauseln angegeben wurden, und daß die Konjunktion bzw. die Disjunktion nicht in jedem Fall kommutativ wirken, d.h. daß Aussagen, die mit "und" bzw. "oder" verknüpft sind, nicht ohne Folgen miteinander vertauscht werden können.

Das Prolog-System bearbeitet eine Frage nach den folgenden Regeln:

- Wird eine aus mehreren Teilzielen bestehende Frage an Prolog gestellt, so werden die Teilziele von links nach rechts bearbeitet. Wird dabei eine Variable an einen Wert gebunden, so gilt diese Bindung für den gesamten Ausdruck.
- Vorhandene Klauseln werden von oben nach unten (von alt nach neu) durchlaufen.
- Ist ein Teilziel durch eine Regel zu befriedigen, deren Rumpf mehrere Aussagen umfaßt, so müssen diese alle erfüllt werden, bevor das nächste Teilziel bearbeitet wird (Depth-first-Suche).
- Kann ein Teilziel nicht positiv beantwortet werden, so wird die Lösung für das vorangehende Teilziel verworfen und die Bindungen von Variablen auf dieser Stufe gelöst. Dann wird eine weitere Lösung gesucht (Backtracking).

Als Beispiel betrachten wir die Berechnung der Fakultät einer ganzen Zahl. Dazu definieren wir für das Prädikat `fak/2` erstens das Abbruchkriterium (für Argumente <2 soll das Ergebnis stets 1 sein) und zweitens die allgemeine Regel. Dabei müssen zwei Hilfsvariable verwendet werden, denn es ist nicht zulässig, im Stil eines Prozeduraufrufs mit beliebigen Parametern einen Ausdruck wie z.B. `fak(N-1,H)` zu benutzen:

```
fak(N,1):- N < 2.                    % Regel 1
fak(N,M):- H1 is N - 1,              % Regel 2
           fak(H1,H2),
           M is N * H2.
```

Diese Definitionen werden mit korrekten Resultaten beantwortet, wenn Fragen der folgenden Art gestellt werden:

```
fak(6,X).                          % Antwort X = 720
fak(5,120).                        % Antwort Yes
```

Das Vertauschen der Anordnung der zwei Regeln hat hingegen ein fehlerhaftes Verhalten zur Folge: jede Frage führt dann zu einer nicht abbrechenden Rekursion.

Auch ein Vertauschen der Bedingungen in Regel 2 führt zu einem unbrauchbaren Programm:

```
fak(N,M):- fak(H1,H2),             % falsche Regel 2
           H1 is N - 1,
           M is N * H2.
```

Wir betrachten als nächstes die weiteren Möglichkeiten zur Programmierung im imperativen Sinn, die durch spezielle Prädikate und die Möglichkeit zur Verwendung rekursiver Definitionen gegeben sind.

Bedingung

Zur Formulierung einer bedingten Aussage sei an ein bekanntes Ergebnis der Aussagenlogik erinnert: die Implikation "aus a folgt b" ist gleichbedeutend mit der Disjunktion "nicht a oder b". Dieses Ergebnis wird verwendet, um z.B. die Bedingung (in Pascal-Notation) `IF n<0 THEN m:=n-1` in Prolog wie folgt zu formulieren; vorausgesetzt wird, daß `M` noch nicht gebunden ist:

```
(N>=0 ; M is N - 1)                % ; für "oder"
```

Sind Bedingung oder Folgerung zusammengesetzte Ausdrücke, so müssen weitere Klammern verwendet werden.

Wiederholung

Das Äquivalent zu Schleifen in imperativen Programmiersprachen ist in Prolog auf drei Weisen zu erhalten: durch Rekursion, wie etwa auch in Smalltalk oder LISP, durch Backtracking oder mit Hilfe des Prädikats `repeat`/0. Auf die beiden erstgenannten Möglichkeiten wird weiter unten eingegangen.

Das Prädikat `repeat` bewirkt, daß die folgenden Ziele so lange (ggf. durch Backtracking) ausgewertet werden, bis diese alle erfüllt sind. Bei Verwendung eines Nebeneffekts, etwa zur Dateneingabe oder Datenausgabe, kann so eine Schleife wie im imperativen Sinn programmiert werden. Beispiel:

```
..., repeat, read(N),      % Nachbildung einer Repeat-
     integer(N), N>0.      % until-Schleife
```

Logische Verknüpfungen

Zur Verknüpfung von Zielen oder Bedingungen in einem Rumpf einer Regel stehen die Symbole `,` und `;` (Und-Verknüpfung, Oder-Verknüpfung) zur Verfügung; Klammern dürfen verwendet werden.

Zur Negation eines Ausdrucks gibt es ein Prädikat `not/1`, das dann erfolgreich ist, wenn das Argument erfolglos bleibt. Bei der Verwendung ist Vorsicht geboten, wenn das Argument von `not` Variable enthält: gibt es eine Bindung, für die das Argument erfüllt ist, dann meldet `not` Mißerfolg und setzt gebundene Variable wieder frei. Im folgenden Beispiel sind drei Klauseln vorgegeben:

```
rund(kreis).                        % Faktum 1
eckig(quadrat).                     % Faktum 2
eckig(X):- not(rund(X)).            % Regel
```

Wird nun nach den betreffenden Eigenschaften für `kreis` und `quadrat` gefragt, so sind die gemeldeten Lösungen korrekt. Wird jedoch z.B. nach der Eigenschaft eckig(ellipse) gefragt, erhält man eine postive Antwort, was natürlich nicht korrekt ist:

```
eckig(ellipse).                     % Antwort: Yes
```

Über ein Objekt "ellipse" wurden bislang keine Angaben gemacht. Sollte dann aber bei dieser Anfrage nicht die Antwort "No" sein? Der Grund für die positive Antwort ist: bei der Auswertung von `not(rund(ellipse))` führt die Frage nach `rund(ellipse)` zu keinem Erfolg; das Prädikat `not` bewirkt danach die Meldung "Yes". Die Wirkung des Prädikats `not` in Prolog ist also nicht immer so einfach vorherzusehen wie die des aus anderen Sprachen bekannten Operators zur Negation logischer Werte.

Speziell gilt auch nicht, daß `not(not(X))` gleichwertig zu `X` ist: gibt man diese Tautologie (überflüssigerweise) als *erste* Klausel für ein Prädikat an, so führt jede Anfrage nach diesem Prädikat zu einem fehlerhaften Programmverhalten: das System gerät in eine Endlosschleife, weil diese erste Klausel nie verlassen wird.

Rekursion

Bei der Angabe von Regeln wird im Rumpf häufig eine rückbezügliche Definition verwendet, was zu einem rekursiven Auswerten einer Frage führt. Beachtet man die Strategie zum Theorembeweis, können speziell auch iterative Verfahren nachgebildet werden. Als Beispiel geben wir die rekursiv formulierten Klauseln zur Berechnung einer Potenz mit positivem ganzen Exponent an:

```
pot(Bas,0,1).                 % Jede Basis hoch 0 ergibt 1
pot(Bas,Exp,Erg):- integer(Bas), Exp > 0,
                   H1 is Exp - 1, pot(Bas,H1,H2),
                   Erg is H2 * Bas.
```

Als zweites Beispiel betrachten wir eine rekursive Definition zur Bestimmung des letzten Elements einer Liste:

```
letztes([],X):- !, fail.                        % Regel 1
letztes([Kopf],Kopf).
letztes([Kopf|Rest],X):- letztes(Rest,X).       % Regel 2
```

Die Bedeutung der Prädikate `!` (Cut) und `fail` wird anschließend angegeben.

Diese Definition kann vereinfacht werden durch Verwendung der anonymen Variablen `_` in Regel 1 statt `X` und in Regel 2 statt `Kopf`:

```
letztes([],_):- !, fail.
letztes([_],_).
letztes([_|Rest],X):- letztes(Rest,X).
```

Backtracking

Im Lösungsalgorithmus des Prolog-Systems ist, wie oben beschrieben, das Backtracking verankert: beim Scheitern eines Unterziels werden die Variablenbindungen des vorangehenden Ziels gelöst, und es wird eine neue Lösung gesucht. Durch die Verwendung der zwei Prädikate `fail`/0 und `!`/0 (engl. cut = Schnitt) kann der Programmierer den Ablauf des Backtracking steuern.

Das Prädikat `fail` wird immer als "falsch" ausgewertet. Damit kann ein Backtracking erzwungen werden. Eine sinnvolle Anwendung besteht z.B. in Verbindung mit einem Prädikat, das einen Nebeneffekt produziert, etwa eine Ausgabe von Werten. Durch den Zwang zum Backtracking können in einem Anlauf alle Lösungen anstelle nur einer Lösung bearbeitet werden. Beispiel:

```
plz_liste:- plz(X,Y), name(Ort,X),      % Regel
            write(Ort), tab(5),
            write(Y), nl, fail.
plz_liste.                              % Faktum
```

Die Wirkung eines Aufrufs des Prädikats `plz_liste` ist: Die Regel sammelt alle gewünschten Daten, ist aber auch nach vielfacher Befolgung formal erfolglos. Der Grund für ihre Existenz ist der damit erzielte Nebeneffekt (Datenausgabe). Das anschließend angegebene triviale Faktum macht die Anwendung des Prädikats schließlich doch noch erfolgreich. (Die hier verwendeten Prädikate zur Ausgabe werden im folgenden Abschnitt erklärt.)

Das Prädikat `!` (cut) wird immer als "richtig" ausgewertet und ist ohne direkte Auswirkung. Sein Effekt liegt darin, den Bereich, innerhalb dessen ein Backtracking durchgeführt werden darf, zu beschneiden:

- Steht `!` am Ende einer Regel und wird dieses erreicht, so wird keine andere Lösung gesucht, das Backtracking ist also ausgeschlossen.

- Steht `!` hingegegen im Inneren einer Regel und wird der Cut überschritten, so werden andere Lösungen nur noch durch Betrachtung der nachfolgenden Ziele gesucht.

Eine wichtige Anwendung des Cut liegt darin, die Suche nach weiteren Lösungen zu unterbinden, wenn vorab bekannt ist, daß eine gefundene Lösung eindeutig sein muß; man spricht dann von einem deterministischen Prädikat. Eine andere Anwendung besteht in der Verknüpfung der zwei Prädikate Cut und `fail`, um z.B. gewisse Ausnahmen allgemeiner Regeln festzulegen. Das folgende Beispiel ist allgemein formuliert:

```
eigenschaft2(ausnahme).             % Faktum
eigenschaft1(ausnahme):- !,fail.    % Regel 1 Sonderfall
eigenschaft1(X):-eigenschaft2(X).   % Regel 2 Normalfall
```

Erläuterung: Die zweite Regel besagt, daß das Prädikat `eigenschaft1` für alle Objekte gilt, für die das Prädikat `eigenschaft2` gilt. Regel 1 im Zusammenhang mit dem Faktum behandelt den Sonderfall für das Objekt mit Namen `ausnahme`, auf das nur das Prädikat `eigenschaft2` zutrifft.

Prädikate zur Eingabe und Ausgabe

Die Prädikate `read`/1 und `write`/1 dienen ausschließlich den Nebeneffekten, Datenwerte einzulesen oder auszugeben. Das Prädikat `nl`/0 bewirkt die Ausgabe eines Zeilenvorschubs, das Prädikat `tab`/1 gibt die als Argument genannte Zahl von Leerstellen aus. Beim Backtracking werden ihre Auswirkungen nicht zurückgenommen.

Bildschirm und Eingabetastatur werden als eine Datei `user` behandelt (ggf. gilt ein anderer Name). Das Ansprechen beliebiger anderer Dateien wird durch die Prädikate `see`/1 bzw. `tell`/1 ermöglicht; ihre Verwendung öffnet die als Argument genannte Datei als Eingabekanal bzw. Ausgabekanal. Es ist nicht möglich, mehrere Dateien gleichzeitig zu bearbeiten.

Die zur Programmausführung benötigten Klauseln können durch einen Befehl `consult (Dateiname)` aus Textdateien eingelesen werden. Die neuen Klauseln werden an das Ende der bestehenden Datensammlung angehängt.

3 Programmstruktur

In Prolog-Programmen kann weder in Bezug auf Variable noch in Bezug auf Prädikate von einer Blockstruktur gesprochen werden.

Wie bereits erwähnt, ist der Gültigkeitsbereich von Variablen auf den Rumpf einer Regel oder Frage beschränkt; dort noch nicht belegte Variable können in einer vom Programmierer kontrollierten Weise (höchstens einmal) gebunden werden.

Als eine dringend wünschenswerte Erweiterung muß ein bislang noch fehlendes Konzept zur Modularisierung gelten, das über die Möglichkeit zur Speicherung von Klauseln in verschiedenen Dateien hinausgeht: werden während einer Programmausführung durch mehrere `consult`-Aufrufe verschiedene Dateien mit Prädikaten eingelesen, so kann es leicht zu unerkannten Namenskonflikten kommen.

Die vom Programmierer angegebenen oder aus einer bestehenden Datei eingelesenen oder durch ein Programm erzeugten Klauseln und die damit eventuell neu eingeführten Prädikate sind stets global bekannt und global verfügbar. Es dürfen auch einander widersprechende Klauseln auftreten, die Anwendung einer bestimmtem Klausel wird durch den Algorithmus zur Lösungssuche bestimmt.

Prolog ermöglicht die Formulierung sehr kompakter Programme; die in imperativen Sprachen übliche Verwendung der Zeilenzahl eines Programms als ungefähres Maß für die Leistung eines Programmierers wäre hier völlig unangemessen.

Klauseln werden danach unterschieden, ob sie bei Backtracking mehrere verschiedene Lösungen produzieren können oder ob nur höchstens eine Lösung möglich ist. Letztere heißen deterministische Klauseln. Fast alle Systemprädikate sind deterministisch, die wichtigste Ausnahme ist `repeat`. Selbstdefinierte Prädikate sind in der Regel nicht deterministisch, sie können aber durch Verwendung des Cut deterministisch gemacht werden.

Vorhandene Klauseln, die durch einen Programmierer vorgegeben oder durch die Ausführung eines Programms erzeugt wurden, können gelöscht werden (Prädikat `retract`/1). Neue Klauseln können vor bzw. hinter allen vorhandenen Klauseln eingefügt werden (Pädikate `asserta`/1 bzw. `assertz`/1). Das Erzeugen neuer Klauseln oder das Löschen vorhandener Klauseln durch Programme kann zu extrem unübersichtlichen Strukturen führen. Es wird geraten, von diesen Möglichkeiten nur sparsamen Gebrauch zu machen.

Als erste Regel für die Programmierung in Prolog sollte gelten, daß die Klarheit des Programms absoluten Vorrang gegenüber einer eventuellen Verringerung der Ausführungszeit besitzt.

4 Programmbeispiel

Die Berechnung einer Zahlenfolge nach dem Bildungsgesetz von Ulam ist eine für diese Programmiersprache ungewöhnliche Aufgabenstellung, doch kann auch sie in Prolog bearbeitet werden. Zur Berechnung des Nachfolgers in der Ulamsequenz kann die folgende Definition dienen:

```
ul(N,1):- N < 2 .
ul(N,M):- even(N), M is N / 2.
ul(N,M):- M is 3*N+1.
```

Das erste Argument des Prädikats `ul/2` ist der Ausgangswert, der zweite der Folgewert.

Zur Erzeugung und Bildschirmausgabe der zu einem gegebenen Startwert gehörenden Ulamfolge kann das folgende Prädikat `ulam/2` dienen, bei dem die Wiederholung durch rekursiven Aufruf erzielt wird, bis schließlich ein Wert <2 (also der Endwert 1) erreicht ist:

```
ulam(N,1):- N < 2 .
ulam(N,M):- even(N), M is N / 2, write(M),
            ((M is 1); trenne), ulam(M,X).
ulam(N,M):- M is 3*N+1, write(M),
            trenne, ulam(M,X).
```

Hilfsweise wird das Prädikat `trenne/0` verwendet, das nur dem Nebeneffekt einer Ausgabe der Zeichenfolge `",    "` dient:

```
trenne:- name(Trenner,",    "),write(Trenner).
```

Die interaktive Erzeugung einer Ulamsequenz erfordert die Eingabe des Startwerts über die Tastatur. Dazu verwenden wir das zusätzlich definierte Prädikat `eingabe/1`:

```
eingabe(N):-
 name(Text1,"Geben Sie eine positive ganze Zahl ein: "),
 name(Text2,"Fehler. Eingabe wiederholen: "),
           write(Text1),
           repeat,
           read(N),
           ((integer(N),N>0); write(Text2)),
           integer(N), N>0.
```

Der Aufruf des gesamten Programms kann nun mit Hilfe eines passenden Prädikats der Stelligkeit 0 erfolgen, das ebenfalls den Namen `ulam` tragen darf, da es sich um eine andere Stelligkeit als bei `ulam/2` handelt:

```
ulam:- eingabe(N), nl, write(N), trenne, ulam(N,X), !.
```

Wir wiederholen, daß dieses Beispiel nicht als Vorbild für den in Prolog üblichen Programmierstil angesehen werden soll; es wird angeboten, um die Parallelen bzw. Unterschiede zu den anderen in diesem Buch behandelten Programmiersprachen zu verdeutlichen.

Literatur

Allgemein

[1] Dijkstra, E. W.; Feijen, W. H. J.: Methodik des Programmierens. o.O.(Bonn): Addison-Wesley 1985

[2] Engel, A.: Elementarmathematik vom algorithmischen Standpunkt. Stuttgart: Klett 1977

[3] Engesser, H.; Claus, V.; Schwill, A.: Duden »Informatik«. Mannheim: Bibliographisches Institut 1988

[4] Hahn, R.: Höhere Programmiersprachen im Vergleich. Wiesbaden: Akademische Verlagsgesellschaft 1981

[5] Horowitz, E.: Fundamentals of Programming Languages. Berlin: Springer 1983

[6] Loeckx, J.; Mehlhorn, K.; Wilhelm, R.: Grundlagen der Programmiersprachen. Stuttgart: Teubner 1986

[7] Ludewig, J.: Sprachen für die Programmierung. Mannheim: Bibliographisches Institut 1985

[8] Marcotty, M.; Ledgard, H.: The World of Programming Languages. New York: Springer 1987

[9] Schauer, H.; Barta, G.: Konzepte der Programmiersprachen. Wien: Springer 1986

[10] Schneider, H. J.: Problemorientierte Programmiersprachen. Stuttgart: Teubner 1981

[11] Wirth, N.: Algorithmen und Datenstrukturen. 3. Aufl. Stuttgart: Teubner 1983

[12] Wirth, N.: Systematisches Programmieren. 5. Aufl. Stuttgart: Teubner 1985

Zur den Programmiersprachen BASIC und COMAL

[13] Christensen, B. R.: Das COMAL-80 Buch. München: Oldenbourg 1986

[14] Däßler, K.: Elementar-BASIC. Einführung und Norm DIN 66 284. Berlin: Springer 1988

[15] Hainer, K.: Numerik mit BASIC-Tischrechnern. Stuttgart: Teubner 1983

[16] Kemeny, J. G.; Kurtz, T. E.: Back to BASIC. Reading (Mass.): Addison-Wesley 1985

[17] Kemeny, J. G.; Kurtz, T. E.; Elliot, B.: True BASIC Reference Manual. Reading (Mass.): Addison-Wesley 1985. Deutsche Übersetzung: Achern: Pfotenhauer 1987

[18] Löthe, H.; Quehl, W.: Systematisches Arbeiten mit BASIC. 2. Aufl. Stuttgart: Teubner 1984

[19] Menzel, K.: BASIC in 100 Beispielen. 4. Aufl. Stuttgart: Teubner 1984

Zur Programmiersprache FORTRAN

[20] Kießling, I.; Lowes, M.: Programmierung mit FORTRAN 77. 4. Aufl. Stuttgart: Teubner 1987

[21] Müller, K. H.; Streker-Seeborg, I.: FORTRAN 77 Programmierungsanleitung. 3. Aufl. Mannheim: Bibliographisches Institut 1984

Zur Programmiersprache Pascal

[22] Däßler, K.; Sommer, M.: PASCAL: Einführung in die Sprache, DIN-Norm 66 256, Erläuterungen. Berlin: Springer 1985

[23] Erbs, H.-E.; Stolz, O.: Einführung in die Programmierung mit PASCAL. 3. Aufl. Stuttgart: Teubner 1986

[24] Jensen, K.; Wirth, N.: Pascal User Manual and Report. Berlin: Springer 1978

[25] Mittelbach, H.; Wermuth, G.: TURBO-PASCAL aus der Praxis. Stuttgart: Teubner 1987

[26] Ottmann, T.; Widmayer, P.: Programmierung in PASCAL. 4. Aufl. Stuttgart: Teubner 1988

[27] Weber, W. J.: PASCAL in Übungsaufgaben. Stuttgart: Teubner 1986

[28] Wilson, I. R.; Addyman, A. M.: Pascal. 3. Aufl. München: Hanser 1984

Zur Programmiersprache Modula-2

[29] Dal Cin, M.; Lutz, J.; Risse, T.: Programmierung in Modula-2. 4. Aufl. Stuttgart: Teubner 1989

[30] Wirth, N.: Programming in Modula-2. 4. Aufl. Berlin: Springer 1988

[31] Wirth, N.: Algorithmen und Datenstrukturen mit Modula-2. 4. Aufl. Stuttgart: Teubner 1986

Zur Programmiersprache C

[32] Kernighan, B. W.; Ritchie, D. M.: The C Programming Language. Englewood Cliffs (N.J.): Prentice Hall 1978. [Dt.: München: Hanser 1983]

[33] Kernighan, B. W.; Ritchie, D. M.: Programmieren in C. 2. Ausgabe: ANSI C. München: Hanser 1990

[34] Rosler, L.: The Evolution of C - Past and Future. In: AT&T Bell Lab. Tech. Journal vol. 63, no. 8 (October 1984), S. 1685-1699

[35] Stroustrup, B.: Die C++ Programmiersprache. Bonn: Addison-Wesley 1987

Zur objektorientierten Programmierung (Smalltalk)

[36] Goldberg, A.: SMALLTALK 80. The Interactive Programming Environment. Reading (Mass.): Addison-Wesley 1984

[37] Goldberg, A.; Robson, D.: SMALLTALK 80. The Language. Reading (Mass.): Addison-Wesley 1989

[38] Hoffmann, H.-J. (Hrsg.): Smalltalk verstehen und anwenden. München: Hanser 1987.

Zur funktionalen Programmierung (LISP)

[39] Darlington, J.; Henderson, P.; Turner, D.A. (Eds.): Functional Programming and its Applications. Cambridge (UK): University Press 1982

[40] Henderson, P.: Functional Programming - Application and Implementation. Englewood Cliffs (N.J.): Prentice Hall 1980

[41] Winston, P. H.; Horn, B. K. P.: LISP. 2. Aufl. Reading (Mass.): Addison-Wesley 1984

Zur logischen Programmierung (Prolog)

[42] Clocksin, W. F.; Mellish, C. S.: Programmieren in Prolog. Berlin: Springer 1990

[43] Coelho, H.; Cotta, J. C.: Prolog by Example. Berlin: Springer 1988

[44] Kleine Büning, H.; Schmitgen, S.: PROLOG. 2. Aufl. Stuttgart: Teubner 1988

[45] Lloyd, J. W.: Foundations of Logic Programming. 2. Aufl. Berlin: Springer 1987

Stichwortverzeichnis

MikroComputer-Praxis

Fortsetzung

Könke: **Lineare und stochastische Optimierung mit dem PC**
157 Seiten. DM 26,80. Buch mit Diskette DM 58,–

Koschwitz/Wedekind: **BASIC-Biologieprogramme**
191 Seiten. DM 26,80

Kühlewein/Nüßle: **FRAMEWORK-Praxis für kaufmännische Berufe**
Band 1: Modelle auf Kommandoebene
248 Seiten. DM 28,80. Buch mit Diskette DM 48,–
Band 2: Modelle auf Programmebene
Buch mit Diskette in Vorbereitung

Lehmann: **Fallstudien mit dem Computer**
256 Seiten. DM 29,80. Buch mit Diskette DM 58,–

Lehmann: **Lineare Algebra mit dem Computer**
285 Seiten. DM 29,80. Buch mit Diskette DM 58,–

Lehmann: **Projektarbeit im Informatikunterricht**
236 Seiten. DM 28,80. Buch mit Diskette DM 68,–

Löthe/Quehl: **Systematisches Arbeiten mit BASIC**
2. Aufl. 188 Seiten. DM 26,80

Lorbeer/Werner: **Wie funktionieren Roboter**
2. Aufl. 144 Seiten. DM 26,80

Mehl/Stolz: **Erste Anwendungen mit dem IBM-PC**
284 Seiten. DM 29,80

Menzel: **BASIC in 100 Beispielen**
4. Aufl. 244 Seiten. DM 27,80. Buch mit Diskette DM 58,–

Menzel: **Dateiverarbeitung mit BASIC**
237 Seiten. DM 29,80

Menzel: **LOGO in 100 Beispielen**
234 Seiten. DM 27,80

Mittelbach: **Einführung in TURBO-PASCAL**
234 Seiten. DM 27,80. Buch mit Diskette DM 58,–

Mittelbach: **Simulationen in BASIC**
182 Seiten. DM 26,80

Mittelbach/Wermuth: **TURBO-PASCAL aus der Praxis**
219 Seiten. DM 27,80. Buch mit Diskette DM 58,–

Nievergelt/Ventura: **Die Gestaltung interaktiver Programme**
124 Seiten. DM 26,80

Ottmann/Schrapp/Widmayer: **PASCAL in 100 Beispielen**
258 Seiten. DM 28,80

Otto: **Analysis mit dem Computer**
239 Seiten. DM 27,80

Preuß: **TURBO-C**
240 Seiten. DM 26,80. Buch mit Diskette DM 58,–

v. Puttkamer/Rissberger: **Informatik für technische Berufe**
284 Seiten. DM 27,80

Šonje: **SPSS/PC+ für Einsteiger**
ca. 220 Seiten. Buch mit Diskette DM 48,–

Weber: **PASCAL in Übungsaufgaben.** Fragen, Fallen, Fehlerquellen
152 Seiten. DM 26,80

Weber/Hainer: **Programmiersprachen für Mikrocomputer.** Ein Überblick
208 Seiten. DM 27,80

Die Disketten – *einzeln nicht lieferbar!* – sind unter MS-DOS und den jeweiligen Sprachen auf IBM-PC und kompatiblen lauffähig.

Preisänderungen vorbehalten

Springer Fachmedien Wiesbaden GmbH